土壤红外光声光谱原理及应用

杜昌文 著

科学出版社

北京

内 容 简 介

本书介绍红外光声光谱在土壤学研究中的应用。首先从红外光谱原理及光谱分析方法入手，分别介绍红外光声光谱的原理和用于光谱数据分析的 Matlab 软件基础；然后以中国典型农田土壤和设施土壤为材料，阐述红外光声光谱在土壤学中的应用，包括土壤分类与鉴定、土壤肥力评估和土壤微结构表征等；既而构建土壤红外光声光谱信息系统，提出了土壤光谱属性的概念。本书附录包括典型黏土矿物、典型土壤腐殖物、我国典型农田土壤以及我国典型生态系统土壤中红外光声光谱图。

本书可供高等院校和科研院所土壤与农业可持续发展相关专业的师生、科技工作者以及管理者学习和参考。

图书在版编目（CIP）数据

土壤红外光声光谱原理及应用／杜昌文著. —北京：科学出版社，2012
ISBN 978-7-03-034193-8

Ⅰ. 土… Ⅱ. 杜… Ⅲ. 红外光谱 – 光声光谱法 – 应用 – 土壤学 – 研究
Ⅳ. S15

中国版本图书馆 CIP 数据核字 （2012） 第 082474 号

责任编辑：张 震／责任校对：刘小梅
责任印制：徐晓晨／封面设计：无极书装

科 学 出 版 社 出版
北京东黄城根北街 16 号
邮政编码：100717
http://www.sciencep.com

北京京华虎彩印刷有限公司 印刷
科学出版社发行　各地新华书店经销

＊

2012 年 5 月第 一 版　开本：B5（720×1000）
2017 年 4 月第二次印刷　印张：20 3/4
字数：410 000

定价：158.00元
（如有印装质量问题，我社负责调换）

序

  土壤圈处于水圈、生物圈、岩石圈和大气圈的交汇处，也是地球所有圈层中最为活跃的部分。土壤是人类生存的载体，不但是粮食生产的承担者，也为人类提供了适宜的生态环境。中国人多地少，面对生存和发展的重压，土壤学研究显得尤为重要。

  土壤是十分复杂的物质，有机物和无机物互作，动物、植物和微生物共生，固相、液相和气相共存。传统的土壤学分析方法是基于实验室的化学分析，这些分析方法为土壤学研究提供了强有力的支撑，但由于土壤的复杂性，分析过程十分繁杂，多在破坏土壤原样品的情况下才能实现，且有些指标很难反映土壤的真实情况。随着社会和科学技术的发展，土壤学的研究和应用面临着很多新的挑战，传统土壤分析方法在很多方面都很难适应时代需求，现代土壤学发展需要运用新的技术和手段。土壤信息量十分巨大，如何从这些信息中梳理出规律性东西是土壤学研究面临的挑战之一。国际土壤学会为此专门成立了土壤数字化制图管理工作组，通过土壤信息的数字化为土壤管理提供技术平台。但随之而来的问题是如何大量获取土壤信息，因为这是土壤数字化的基础。用传统的化学分析方法获取土壤信息因速度慢和成本高而成为土壤数字化的瓶颈。土壤学家们尝试通过遥感的方法来获取土壤信息，尽管遥感法在获取某些宏观信息方面有着独特优势，但是，由于时空和地理等多种不确定因素的影响，遥感法获取的土壤信息误差太大以至于在应用中无法接受，科学家们不得不寻找新的方法。因此，国际土壤学会又成立了土壤近距离传感（proximal soil sensing）工作组，其中红外光谱分析方法成为目前土壤近距离传感方法中最重要的手段，并开始在澳大利亚大规模应用，同时澳大利亚联邦科学与工业组织（Commonwealth Scientific and Industrial Research Organisation，CSIRO）也正在构建全球土壤红外光谱库，以期全球共享，进一步推动土壤数字化及其应用。土壤光谱分析涉及海量的数据运算，而现代数学工具、计算机和软件技术则为这些计算提供了强有力的支撑，如现代化学计量学为光谱信息的过滤、转换、挖掘等提供了有效手段，离开计算机和软件技术，土壤光谱分析将无法实现。这也从一个侧面表明多学科的交叉有利于推动学科发展。

  该书作者杜昌文博士于 2005 年赴以色列理工学院从事博士后研究，期间在国际上首次开展了土壤红外光声光谱的研究。他工作勤奋，出色的研究工作得到合作导师——以色列理工大学 Avi Shaviv 教授的高度评价。2006 年回国后杜昌文博士克服困难，想方设法将该工作延续下去，成为我国为数不多的土壤光谱研究者之一。他相继得到中国科学院知识创新重要方向性项目、国家自然科学基金面上项目和国家自然科学基金重点项目的资助，并取得了一系列研究成果，近 5 年来先后 8 次在国际专业学术会议上报告相关学术成果，推动了我国土壤光谱的研究和应用，在国内外产生了较为广泛的影响。因此，现在由杜昌文博士总结这方面的研究结果和经验并出版《土壤红外光声光谱原理及应用》一书，无疑是一件很有意义的事情。

该书采用红外光谱的手段，以数学模型为支撑，分析土壤性质、结构和组成，研究了土壤中物质与能量的转化过程，首次提出了土壤红外光谱属性的概念，并分析了红外光谱属性和土壤理化属性以及土壤空间属性间的关系，是目前国内外唯一一本论述红外光声光谱在土壤学中应用的专著。该书内容呈现典型的多学科交叉的性质，从物理、化学、仪器、设备、软件到数学等领域均有涉及，但核心点还是红外光谱在土壤学研究中的最新应用。该书内容丰富，将基础研究和相应技术开发相结合，具有较好的理论和应用价值。此外，该书还介绍了土壤主要组成（有机物和无机物）、我国典型农田土壤以及我国典型生态系统土壤的红外光声光谱图，具有重要的参考意义。

希望作者在该书的基础上再接再厉，在土壤红外光谱研究领域开拓创新，不断取得新成就。同时，也希望该书的出版能够进一步推动土壤红外光声光谱的研究和应用。

中国科学院南京土壤研究所研究员
土壤与农业可持续发展国家重点实验室学术委员会主任　周健民
中国土壤学会理事长
2011 年 12 月

前　言

土壤分析是土壤学研究中的常规性工作，现代农业对土壤信息的需求量十分巨大，传统的化学分析方法很难适应海量的土壤数据获取（土壤数字化），而仪器分析的方法则为海量土壤信息的获取提供了可能。近 20 年来，在仪器分析方法中，红外光谱在土壤分析中显示出了独特的优势，具有重要的应用潜力。

传统红外光谱（透射光谱和反射光谱）在 20 世纪 50 年代就已应用于土壤分析，但由于方法本身的原因，在土壤定性或定量分析中都受到一定的限制。红外光声光谱是光声理论的重要应用，尽管光声理论发现于 1880 年，但由于软硬件的限制，在红外光谱上的应用却延后了 100 年，直到 1980 年才开始商业化应用。红外光声光谱与传统红外光谱的本质差别在信号获取的方式上，即红外光声光谱采用了光声转换理论，这种信号获取方式赋予了其原位和逐层扫描的功能，同时也摆脱了高吸收样本的限制，更加适用于土壤分析，具有广阔的应用前景。我们首次将红外光声光谱应用于土壤分析，取得了一系列研究进展，本书是近 5 年来有关研究的阶段性总结。

本书由三部分内容组成：第一部分（第一、第二章）是光谱分析基础，分别介绍了红外光声光谱的原理和用于光谱数据分析的 Matlab 软件基础，旨在为土壤学研究者提供相关知识背景，以便更好地分析和理解红外光谱在土壤学中的应用，熟悉红外光谱和 Matlab 软件的读者可以略过此部分。第二部分（第三、第四、第五章）是红外光声光谱在土壤学研究中的应用，基于 Matlab 软件并结合化学计量学的方法，利用红外光声光谱进行土壤分类与鉴定、土壤肥力评估，既而构建土壤红外光声光谱信息系统，提出了土壤光谱属性的概念；基于红外光声光谱原位和逐层扫描分析功能，初步探讨了土壤中有机无机复合物的组成、结构及其相互作用。第三部分内容为附录，包括典型黏土矿物中红外光声光谱图、典型土壤腐殖物中红外光声光谱图、我国典型农田土壤中红外光声光谱图以及我国典型生态系统土壤中红外光声光谱图，可为土壤学有关研究提供参考。

杜昌文

2011 年 12 月于南京

目　　录

第一章 红外光谱原理及其在土壤学中的应用

第一节 分子振动与红外光谱

一、 概述

　　在仪器分析方法中，光学分析是基于物质与电磁辐射间的相互作用，这种相互作用取决于该物质的性质。在光学分析方法中，光谱法是重要的分析方法之一，这种方法主要体现辐射能与物质组成和结构之间的关系。电磁辐射按频率（波长）可分为不同的区域（图1-1），形成了不同光谱分析法，其中红外光谱是迄今最为重要的分析方法之一（Stuart，2004）；该方法最大的特点在于几乎所有形态的样本均可以采用这种方法进行研究，即不论是固态、液态和气态样本还是

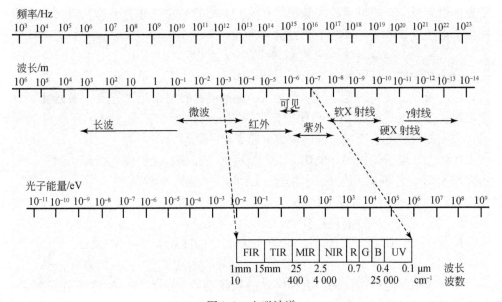

图 1-1　电磁波谱

糊状、块状和粉状样本，都可以采用不同的检测附件进行研究。随着现代科学技术的发展，很多新型的检测附件不断被研制和应用，使得不同形态的样本能得到更为有效的检测（Gunzler and Gremlich，2002；李民赞，2006）。

波长连续的红外辐射通过物质后，其中某些波长的辐射被物质吸收，将通过物质后的红外辐射按波长逐一记录下来即为该物质的红外光谱，测定这种光谱的仪器称为红外光谱仪。从 20 世纪 50 年代以来，红外光谱仪不断得到改进，已从色散型红外光谱仪发展到干涉型傅里叶转换红外光谱仪，色散型红外光谱仪和干涉型红外光谱仪在不同的分析领域均得到广泛的应用，后者分辨率高、扫描速度快且波长范围宽，但价格较昂贵。

二、 分子结构与吸收光谱

分子是保持物质理化性质的基本微粒，在物质的结构中，分子由若干个原子组成。分子在不断地运动，在外界条件的作用下，不同物质的分子通过扩散、碰撞、能量传递而发生理化反应。在一定条件下分子的运动会达到一种平衡状态，并可以产生稳定的光谱吸收。分子的光谱吸收除了包含有原子吸收的特征外，还具有自己的吸收特征。

分子光谱形成机理和原子光谱相似，也是由于能级间的跃迁所引起的，但分子光谱更为复杂，与分子的内部运动有关，运动的形式可分为平动、转动、振动和电子运动（Hollas，2002），因此分子的运动能（E）为

$$E = E_{平} + E_{转} + E_{振} + E_{电} \tag{1-1}$$

分子平动的能量是温度的函数，是连续变化的，不会量子化，不产生吸收光谱，因此与光谱有关的能量为转动能量、振动能量和电子运动能量。根据量子力学理论，分子运动能级是量子化的，即分成间断的能级，每个分子存在转动能级、振动能级和电子能级，最简单的双原子分子能级见图 1-2。

实际上，电子能级的间隔比图 1-2 所示的大得多，而转动能级则比图 1-2 所示的小得多，各种运动能级的间隔（能级差）是极不相同的，对于多数分子 $E_{电}$、$E_{振}$ 和 $E_{转}$ 分别具有以下数值：

$E_{电}$ 为 1 ~ 20 eV（相对应的波长为 0.05 ~ 1 μm）；

$E_{振}$ 为 0.05 ~ 1 eV（约为 $E_{电}$ 的 1%，相对应的波长为 1 ~ 100 μm）；

$E_{转}$ 小于 0.05 eV（约为 $E_{电}$ 的 0.1%，相对应的波长为 100 ~ 10 000 μm）。

由分子电子能级、振动能级和转动能级跃迁产生的光谱分别称为电子光谱、振动光谱和转动光谱，它们对应的范围如下：

电子光谱：紫外可见区（$E_{电}$、$E_{振}$ 和 $E_{转}$ 均改变）；

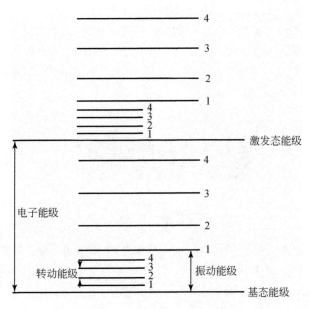

图 1-2 双原子分子能级示意图

振动光谱：近红外、中红外区（$E_振$和$E_转$改变）；

转动光谱：远红外、微波区（$E_转$改变）。

本书主要研究中红外光谱在土壤学研究中的应用，因此所涉及的光谱主要是指振动光谱，即主要通过振动能级和转动能级的变化特征定性与定量地研究物质的结构与组成。

三、 分子振动吸收与红外光谱

振动能级的跃迁可在中红外区产生光的吸收。红外辐射的光子具有一定的能量（E），其能量的大小与频率有关，可表达为

$$E = h\nu_光 \tag{1-2}$$

式中，h 为普朗克常量（6.626×10^{-34} J·s）；$\nu_光$为光频。红外光的频率越高，波长就越短，其能量也就越高。红外辐射的频率也常常用波数（ν）来表示，是指单位长度内所包含的波的数目，单位 cm^{-1}，光速是波长与频率的乘积，可有

$$\nu（\text{cm}^{-1}） = 10^4/\lambda（\mu m） \tag{1-3}$$

分子振动吸收光谱的产生是由于分子振动从低能级的基态跃迁到高能级的激发态时吸收了一定波长入射红外光的能量，这种能级间的跃迁必须满足如下的能量守恒条件：

$$\Delta E = E' - E_0 = hv_{光} \tag{1-4}$$

式中，$v_{光}$ 为入射光频率；ΔE 为振动激发态能量 E' 和振动基态能量 E_0 之差。

最简单的双原子分子可以看作一个谐振子，键的振动频率可以通过 Hook 定律近似地表示，在这个近似的体系中，两原子及其连接的化学键可以看作用弹簧连接的两个原子（图 1-3）。

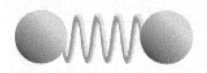

图 1-3　两原子的 Hook 近似体系

根据 Hook 定律，弹簧的振动（v）与两端物体（原子）的质量及弹簧的力学常数（k）有关，可表达为

$$v = \frac{1}{2\pi} \sqrt{\frac{k}{m}} \tag{1-5}$$

式中，v 为振动频率；k 为力学常数；m 为物体（原子）的质量。

量子力学表明，其能量是量子化的，形成如下的间断能级：

$$E_{振} = (n + 1/2)hv_{振} \tag{1-6}$$

式中，n 为振动的量子数（$n = 0$，1，2，3…），当分子从基态（$n = 0$）跃迁到第一激发态（$n = 1$）时，能量差为

$$\Delta E = E_1 - E_0 = (1 + 1/2)hv_{振} - (0 + 1/2)hv_{振} = hv_{振} \tag{1-7}$$

结合方程（1-1）可有 $v_{振} = v_{光}$，可见当入射光频率等于分子振动频率时，该谐振子将吸收入射光子的能量从基态跃迁到第一激发态，红外光谱上就出现了位于该频率的吸收峰，这是基频带。每一种振动模式都有它的基态和激发态，分子能否吸收红外光由基态跃迁到激发态取决于跃迁的概率。量子力学分析表明，这样的跃迁只有当该振动模式改变分子或基团的偶极矩时才可能发生，相应的模式称为红外活性的，否则称为非红外活性的，这一原则称为红外振动光谱的选择原则（Steele，2002）。

红外振动通常可以分为两种基本类型：伸缩振动和弯曲振动。伸缩振动是指同一平面内两个原子间距离的增加或减少，而弯曲振动是指两个原子的位置发生面外弯曲使得化学键的位置取向发生改变，如 CO_2 分子发生的振动（图 1-4）。

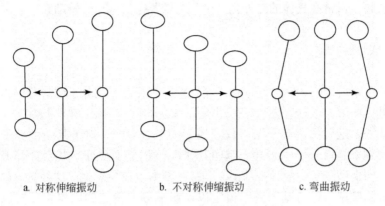

a. 对称伸缩振动　　　　　b. 不对称伸缩振动　　　　　c. 弯曲振动

图 1-4　CO_2 分子的振动模式示意图

在绝对零度以上的温度下，所有分子中的原子都处于连续的运动之中，由此产生红外吸收，而分子吸收的谱带数由分子运动的自由度决定。一个分子的运动自由度就是确定分子内全体原子的空间位置所需要的独立坐标的数目，也就是描绘全体原子运动所需要的独立参量的数目。含有 n 个原子的分子，其振动光谱理论上有 $3n-6$ 个吸收，这是因为每一个原子在空间有三个运动的自由度。由于分子的整体运动没有改变分子的偶极矩，因此无红外吸收，分子的振动和转动整体各有 3 个自由度，这使得分子的吸收光谱最多有 $3n-6$ 个谱线；对于线性分子而言，如乙炔，分子的转动运动只有 2 个自由度，因此最多只有 $3n-5$ 个谱线。例如，水的振动自由度为 $3\times3-6=3$，而直线分子 CO_2 的振动自由度则为 $3\times3-5=4$。事实上分子的吸收谱带数往往低于这一数值，其原因有以下几个方面。

（1）红外吸收必须是分子在运动过程中产生偶极矩变化时才有响应，而有的运动没有发生偶极矩变化，也就没有红外活性。但这些谱带可以在拉曼光谱中找到。

（2）有些振动其吸收的频率相同或过于相近，因而导致吸收带的简并。

（3）有些吸收太弱，被噪声掩盖而无法检出。

（4）出现能级简并。

但是另外的因素又可能使谱图上带的数目增加，那就是除基本频率（base band）外，泛频（overtone band）和组频（combination band）额外给出的带。泛频是指某一振动模式由基态跃迁至第二激发态或者更高能态时，其他模式则处于基态的情况。此时除了基频带外，还有吸收带对应于基频带的 2 倍或数倍。组频是指有不止一个模式的振动由基态跃迁至第一激发态时，其频率是相应的 2 个或数个模式的基频之和。不过泛频和组频较基频的跃迁概率小得多，相应的吸收谱带也较弱。此外振动 – 转动频（vibrational- rotational band）也会导致一些或高或低的吸收频，通常在气体的红外光谱中存在较复杂的振动 – 转动频。

四、 基团基频

红外光谱可以用振动方程进行光谱分析，也可以利用分子的对称因素和点阵图解法进行归属，但这些方法只适用于简单的分子。基团频率法是基于实验为依据的归纳法，这种图谱解释法不仅适用于简单的分子，对于复杂的分子同样适用。基团频率是指分子中的某一基团其振动频率很少受分子其余部分振动的影响，对于同类型分子中的同一基团，其振动频率也较为固定，这种类型的振动称为优良基团频率，保持基团频率恒定以及影响频率恒定的因素主要有以下几个方面。

（一）分子中的原子质量

有机化合物通常是以碳原子为骨架，如果与碳原子相连接的原子的原子质量远远小于或者大于碳原子的原子质量，如氢原子，则这些基团的振动吸收频率较为固定。氢原子的质量与分子其余部分比较起来非常小，可以认为氢原子在做自由振动，而与分子结构的其余部分无关。v_{CH}（2800 ~ 3000 cm^{-1}）、v_{OH}（3300 ~ 3600 cm^{-1}）、v_{NH}（3300 ~ 3500 cm^{-1}）等伸缩振动频率之所以变化不大，原因就在于此，它们属于优良基团频率。如果碳原子与原子质量大的原子连接，如C—Cl、C—Br、C—I 等，其振动频率都较为固定，与此相对应，C—N、C—C 等键由于原子质量相近，振动频率变化范围则很大。

（二）原子间的力常数

根据振动光谱的基本方程可知波数与力学常数有关，如果一个基团涉及很多化学键，则与多个力学常数有关，而该基团的吸收频率就可能存在较大的范围。例如，C—N 和C—C 键，前者有 5 个键与分子其余部分相关联，后者则多达 6 个键，因此 C—N 和C—C 的伸缩振动极不固定，而对于只有一个键与分子其余结构相联系的基团，如O—H、C—H、C ═N 等则具有较为固定的伸缩振动吸收频率。

红外光谱吸收强度的量度既可以用于定量分析也是用于化学定性分析的主要依据。定性分析通常是粗略地估计各个吸收峰的强度，并按照表 1-1 中所列的表观摩尔吸光系数的范围决定强度级别，并用符号进行表示。

表 1-1 红外吸收强度及其表示符号

表观摩尔吸光系数（ε）	表示符号
200	VS（很强）
75 ~ 200	S（强）
25 ~ 75	M（中等）
5 ~ 25	W（弱）
0 ~ 5	VW（很弱）

表观摩尔吸光系数可表示为

$$\varepsilon = \frac{1}{cl}\lg\left(\frac{I_0}{I}\right) \qquad (1\text{-}8)$$

式中，c 为浓度（$mol \cdot L^{-1}$）；l 为样品厚度（cm）；I 和 I_0 分别为入射光强度和透射光强度。

对于两原子分子，其振动吸收频率可以通过方程（1-9）进行计算。

$$v = \frac{1}{2\pi c}\sqrt{\frac{k(m_1 + m_2)}{m_1 \times m_2}} \qquad (1\text{-}9)$$

式中，v 为波数（cm^{-1}）；m_1、m_2 分别为原子质量（g）；c 为光速；k 为键力学常数（dyn[①] $\cdot cm^{-1}$）；$\pi = 3.1416$。对于单键力学常数 $k = 5 \times 10^5$ dyn $\cdot cm^{-1}$，双键力学常数 $k = 10 \times 10^5$ dyn $\cdot cm^{-1}$，三键力学常数 $k = 15 \times 10^5$ dyn $\cdot cm^{-1}$。

例如，对于 C—O 伸缩振动，由方程（1-9）计算可得 $v = 1100$ cm^{-1}，其他一些常见化学键的振动吸收频率见表1-2，通过方程（1-9）可以近似计算出相应的振动吸收频率。由于分子结构和原子组成的不同，实际的振动吸收频率和理论计算值会存在一些出入，特别是多原子的复杂结构的分子体系。有关不同物质的红外吸收特征将在第二章具体介绍。

表 1-2 常见化学键的振动吸收频率

化学键	吸收区/cm^{-1}
C—C、C—O、C—N	800 ~ 1300
C＝C、C＝O、C＝N、N—O	1500 ~ 1900
C≡C、C≡N	2000 ~ 2300
C—H、N—H、O—H	2700 ~ 3800

---

① 1dyn = 10^{-5} N，后同。

五、 基团红外吸收的位移及其影响因素

物质某一化学键的振动往往不是孤立的，而要受其他分子或相邻基团的影响，有时还要受溶剂以及测定条件等外部因素的影响。因此在光谱分析中不但要知道基团的红外特征谱带出现的频率和强度，同时还应了解影响该谱带的因素。通常影响基团特征吸收的内部因素是电效应和氢键，以下以羰基为例，对影响羰基红外吸收位移的因素做简要分析。

电效应包括诱导效应和共轭效应，都是由于化学键电子的重新分布引起的。由于取代基具有不同的电负性，通过静电诱导作用，引起分子中电子分布的变化，从而引起键力学常数的变化，改变了基团的特征吸收，这种效应通常称为诱导效应，用以下几个化合物示意 $C=O$ 键的红外吸收频率的位移。

一般电负性大的基团（或原子）吸电子能力强，在烷基酮 $C=O$ 上，由于 O 的电负性（3.5）比 C（2.5）大，因此电子云的密度是不对称的，O 原子附近大一些，C 原子附近小一些，其伸缩振动频率为 1715 cm^{-1}；当 $C=O$ 上的烷基被卤素取代时，由于 C 吸电子的能力较强（3.0），使得电子云向 C 原子移运，增加了 $C=O$ 的力学常数，振动频率升高到 1800 cm^{-1}；随着卤素取代数目或卤素原子电负性的增加（F 的电负性为4.0），静电诱导效应增大，$C=O$ 振动频率向高频移动。

$$\nu_{C=O}/cm^{-1} \qquad 1715 \qquad\qquad 1800 \qquad\qquad 1828 \qquad\qquad 1928$$

共轭效应实际上是邻近基团的作用，形成多重键的 π 电子在一定程度上可以移动。例如，1,3-丁二烯的 4 个 C 原子都在同一平面上，4 个 C 原子共有全部 π电子，结果中间的单键具有双键性质，而两个双键的性质有所削弱，就形成共轭效应；共轭效应使得电子云密度平均化，使得原来的双键键长增加，热力学常数降低，振动吸收频率则向低频移动，如酮与苯环的共轭，使得 $C=O$ 的伸缩振动频率降低。

$$\nu_{C=O}/cm^{-1} \qquad 1715 \qquad\qquad 1685 \qquad\qquad 1665 \qquad\qquad 1660$$

　　此外当有孤对电子的原子接在双键上时也会产生类似的共轭效应，如酰胺类物质，由 C $=$ O 键与氮原子上的孤对电子产生共轭效应，使得电子云密度降低，其振动吸收频率也就降低；在这类化合物中由于氮原子也会产生诱导效应，使得振动频率升高，但其作用小于共轭效应，因此总体还是表现为向低频移动。

　　C 和 N 原子容易和 H 原子形成氢键，使得含碳和含氮基团的伸缩振动频率降低，如羧酸，游离的羧酸 C $=$ O 的振动频率为 1760 cm^{-1} 左右，而在固态或液态时，其频率则在 1700 cm^{-1} 左右，主要是由于羧基间形成氢键，使得 C $=$ O 键长增加，从而使振动频率下降。

六、　红外吸收谱线形状

　　由于原子体系中的各能级存在着固有宽度，也由于原子热运动及原子之间（光学）碰撞等因素的影响，原子辐射出来的光谱线总有一定的频率（或波长）展宽，使光谱线中各个单色分量的强度随着频率的变化，呈现出"钟形"的分布，这种谱线强度按频率的分布称为谱线形状（spectral-line shape）。在中心频率处，强度最大；在两侧，强度对称地下降。辐射频谱分布曲线上的两上半最大强度点之间的频率宽度，称为谱线宽度或半值宽度，简称线宽。

　　理想单色光的频率是一个确定的常量。在光强按频率分布的函数图上，理想单色光可用它的频率值上的一条垂直几何线表示，几何线的长度表示光强大小。但是任何实际光束的光强按频率分布图都不是这样。由于发光原子的能级存在着一定的固有宽度和寿命，也由于原子热运动或原子之间的碰撞，所以，原子发射的光谱线总有一定的频率宽度。光谱线强度随频率变化的函数图总呈现出钟形的分布，在中心频率处，光强最大；在中心频率两侧，光强对称地减小为零。有时也用光强下降至 $1/e$ 来定义线宽。

　　典型的谱线形状有洛伦兹线形和高斯线形，与之相应的线宽称洛伦兹线宽和高斯线宽。由洛伦兹线形原子系统能级的寿命所引起的光谱线的展宽，称为谱线的自然宽度（Lorenz-Fonfria and Padros，2004）。由于发光原子与周围原子的碰撞使光波相位无规则变化而引起的谱线展宽，称为碰撞宽度。两种情况的谱线形状都属洛伦兹线形。当两种情况同时存在时，谱线的宽度等于两种线宽之和。由于高斯线形发光原子无规则热运动，使接受器所探测到的光的频率发生变化，造成谱线在一定频率区域内连续加宽，这称为多普勒加宽，相应的谱线形状为高斯线形，谱线宽度称为多普勒线宽。如果非均匀加宽谱线加宽机制对所有发光原子的影响都相同，称为均匀加宽；如果对不同发光原子所产生的影响不同，称为非均匀加宽。前者的特点是，所有原子对谱线的各种频率成分都有贡献；后者的特点是，谱线的各种频率成分由不同原子所贡献。自然加宽、碰撞加宽为均匀加宽，热运动引起的多普勒加宽为非均匀加宽。

第二节　红外光谱仪及其发展

一、　概述

红外光谱仪的发展经历了三代，第一代是基于棱镜对红外辐射的色散而实现分光的，属棱镜式红外分光光度计。其缺点是光学材料制造较麻烦，分辨率较低，而且仪器要求严格，需要恒温、恒湿。第二代是基于光栅的衍射而实现分光的，属光栅式红外分光光度计，与第一代相比，分辨能力有很大提高，且能量较高，价格便宜，对恒温、恒湿要求不高，是红外分光光度计发展的方向。随着电子技术的发展，出现了第三代红外光谱仪，这就是基于干涉调频分光的傅里叶变换红外光谱仪，它的出现为红外光谱的应用开辟了许多新的应用领域。

色散型红外光谱仪如图 1-5 所示，整台设备由光学系统、电学系统和机械系统组成。由红外光源发出两束红外光，一束通过样品，另一束作为参比，然后光束进入单色器后成为单色光射出，该单色光进入到检测器转变为电信号。当样品产生红外吸收时，两束光的强度不等，产生与光强差成正比的电信号，经放大器

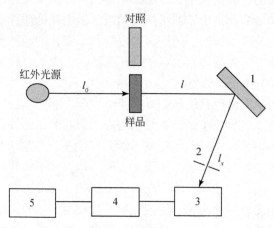

图 1-5　色散型红外光谱仪结构示意图

1. 色散系统，由棱镜、栅格、单色器组成；2. 狭缝；3. 检测器；4. 放大器；5. 光谱记录仪；
l_0、l、l_x 分别为入射光强度、透射光强度和指定波长 x 的透射光强度

后通过记录仪记录，即不同波长下样品的红外吸收强度，亦即红外光谱。色散型红外光谱的最大弱点在于单色器分辨率不高，对于灵敏度要求不高样本可以适用，但对要求快速测定且高灵敏度的样本则不太适合，而干涉型的傅里叶转换红外光谱仪则能满足这种要求。

傅里叶转换红外光谱仪的基本原理是基于两束光的干涉图，其基本结构如图 1-6 所示。入射红外光经干涉仪（分光器）分成两束光，一束光进入动镜，一束光进入定镜，两束光经过动镜和定镜反射后又回射到分光器，重新复合并产生干涉，干涉光进入检测器后产生干涉图 [$I(x)$]，干涉图记录的是干涉信号，实际上是一个时间谱，即检测器的响应与时间的关系，是动镜与定镜步长差（x）的函数，如果样本在某一频率产生吸收，则正弦波振幅与样品浓度成正比。干涉图经过傅里叶转换后由空间函数转换成频率（v）函数，即得到傅里叶转换红外光谱 [$S(v)$]。

$$I(x) = \int_{-\infty}^{+\infty} S(v)\,\mathrm{e}^{-\mathrm{i}2\pi vx}\mathrm{d}v \tag{1-10}$$

$$S(v) = \int_{-\infty}^{+\infty} I(x)\,\mathrm{e}^{+\mathrm{i}2\pi vx}\mathrm{d}x \tag{1-11}$$

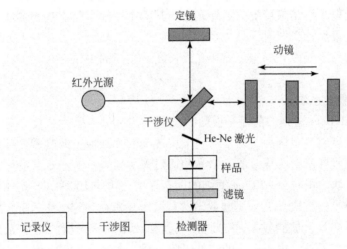

图 1-6　干涉型傅里叶转换红外光谱仪结构示意图

傅里叶转换红外光谱仪的分辨率一般为 $2\sim4\ \mathrm{cm}^{-1}$，最高能达到 $0.1\ \mathrm{cm}^{-1}$，分辨率越高仪器造价越高。与色散型红外光谱仪相比，傅里叶转换红外光谱仪具有很多优势，最主要的优点有三个。①多重性优点（multiple advantage 或者 fellgett advantage）。色散型红外光谱仪在每一个波长上只采集一个数据，而干涉型红外光谱仪则是连续采集，每个波长上可采集成百上千个数据，因而信噪比高很多。②能量输出优点（throughput advantage 或者 jacquinot advantage）。大多数红外光谱仪的限制因子是单位时间能量的输出，尤其对于受能量和噪声影响大的检测器，需要更高的能量输出，而干涉型的红外光谱仪就能显著提高能量输出，也有利于提高光谱信噪比。③激光参照优点（laser reference advantage 或者 connes advantage）。色散型红外光谱仪的频率主要通过机械控制，而且还需要校正，频率的精确性较差；傅里叶转换红外光谱仪的频率通过参比可见激光后确定，能提高频率的精确性。

目前常用的红外光谱仪的检测器有两种：一种是三甘氨酸硫酸酯热电型检测器（deuterated triglycine sulfate，DTGS），灵敏度相对低一些；另一种是高灵敏度水银镉碲化物检测器（mercury cadmium telluride，MCT），但这种检测器必须在很低的温度下工作，通常采用液氮冷却。

二、 红外光谱检测原理

（一） 红外透射光谱

红外透射光谱是最传统的红外光谱，其基本原理是基于被测物质具有特征红外吸收，一束红外光照射样品，经样品吸收后进入检测器，依据 Lambert-Beer 法则，被测物的吸光度 A 与浓度 c 和光程长度 d 之间的关系为

$$A = \varepsilon c d \tag{1-12}$$

式中，ε 为吸光系数。

Lambert-Beer 法则的前提是被测物没有光的反射、散射和荧光等其他现象发生。对于液态或气态样品，通常需要采用透明的样品池，此时需要标准参照以消除池壁的吸收和反射所导致的入射光和透射光的损失；对于难溶的固态样品，通常采用压片法，即将 $1 \sim 20$ mg 磨细的固态样本，再与 $100 \sim 200$ mg KBr（或其他没有红外吸收的物质）充分研磨混匀，利用压片机在一定的压力下将混匀后的样品压成圆形样片，被测物要均匀地分散到样片中，否则所测定的光谱重现性不好，误差大；另外，由于水分的红外吸收很强，尤其在 3400 cm^{-1} 和 1600 cm^{-1} 左右具有很强的吸收，形成比较强的干扰，因此样本要尽量干燥，同时制片过程应避免水汽。

（二） 红外漫反射光谱

红外漫反射光谱是对固体样品粉末进行直接测量的方法。由于红外漫反射光谱不需要制样，不改变样品的形状，对样品的透明度要求不高，不会损坏样品的

外观及性能，所以可以同时对多种组分进行测定，比较适合原位测定。

在红外光谱的应用中，很多待检材料是光学上不透明的散乱材料，对于这种材料 Lambert-Beer 法则是不成立的，因此多采用红外漫反射光谱。当入射光射至粉状试样表面时，一部分光在表层产生镜面反射，另一部分光折射入表层颗粒内部，经部分吸收后射至内部颗粒界面再次发生反射和折射，如此多次重复，最后由样品表层朝各个方向反射出来，这种辐射称为漫反射（图 1-7）。

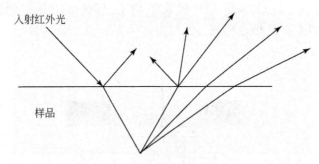

图 1-7　红外漫反射光谱原理示意图

漫反射强度与样品浓度的关系可以用 Kubelka-Munk 方程表示［式（1-13）］。

$$\frac{K}{S} = \frac{(1 - R_\infty)^2}{2R_\infty} \tag{1-13}$$

式中，K 为粉体样品的吸收系数；S 为粉体样品的散射系数；R_∞ 为绝对反射率（全部漫反射光的强度与入射光强度之比）。式中 K、S、R_∞ 均是波长的函数。在实际应用中通常用相对反射率代替绝对反射率，即将试样的反射光强度与标准样的反射光强度之比定义为相对反射率 R，将方程（1-13）经过变换可得到式（1-14）。

$$\frac{K}{S} = \frac{(1 - R)^2}{2R} = f(R) \tag{1-14}$$

式中，K 与被测物质的摩尔吸光系数具有类似的意义，因此在散射系数不变的条件下，$f(R)$ 也是一个与试样浓度成正比的量，因此，在漫反射条件下，$f(R)$ 近似满足 Lambert-Beer 法则。

影响红外漫反射测定的最主要因素为待测试样粒度，即供试样品平均粒径、粒径分布以及样品形状，由粒度不同而引起的光谱在长波区会出现较大的移动。

（三）红外衰减全反射光谱

衰减全反射（attenuated total reflectance，ATR）光谱的原理是采用了内部反射现象，在液体、黏稠的半液态和固态样品的分析中，水平衰减全反射（horizon ATR，HATR）附件成功地替代了透射池和 KBr 压片的方法（图 1-8）。一束红外光以一定的角度射入 ATR 晶体后（ATR 晶体没有红外吸收），进入与晶体待测样品的界面，样品产生特征吸收后又返回 ATR 晶体，反射光在 ATR 晶体内再次反射进入样品，如此反复若干次后进入检测器，即得到衰减全反射红外光谱。依据红外光在 ATR 晶体内反射的次数可以分为单反 ATR 和多反 ATR，单反 ATR 是指入射光只在 ATR 晶体里反射一次，适合吸收强的样本，多反 ATR 则指入射光在 ATR 晶体中多次反射，适合于吸收较弱的样本（Du and Zhou，2009）。此外，依据入射角的不同可以分为水平 ATR 和垂直 ATR。因此 ATR 附件的种类繁多，功能不一，各有特点，价格也相差很大，如钻石 ATR 就非常昂贵。

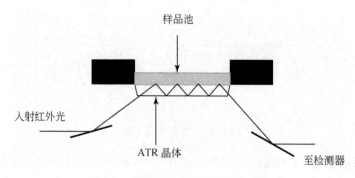

图 1-8　衰减全反射光谱原理示意图

HATR 的特点是固定的光程和可以再现有效的光程，因此既适合定性又适合定量测量。测量的过程很简单，只要把样品放在晶体表面上即可，省略了样品制备过程。仓外 ATR 适合于放不进样品仓的超大样品。仓外 ATR 的样品面板高于仪器的样品仓盖板，所以可以分析测量超大样品。应用的实例包括：制造业大物件上的涂料、大样品上涂层组分和涉及卫生保健的皮肤分析等。

红外衰减全反射光谱是图谱采集技术极其活跃的研究领域，其中 ATR 晶体的材料组成是最重要的研究热点，这种材料要求有低溶解性和高折射率，如有机硒锌、锗、碘化铊、钻石等。通常在测定过程中样品会对 ATR 晶体造成不同程度的损伤，因此一般 ATR 晶体，如硒化锌的使用寿命不长，为了克服物理和化学侵害对 ATR 元件的影响，实现 ATR 元件和固体镀层或薄膜之间的光学接触，不同的研究中需要选择相适应的 ATR。作为一类表面技术，ATR 在与界面现象/行为有关的研究中仍然备受关注；随着计算机和多媒体图视功能的运用，ATR 技术实现了非均匀样品和不平整样品表面微区无损测量，获得了在微区空间分布的官能团和化合物的红外光谱图，如用于确定碳纤维的最佳表征条件。将 ATR 样品池连接一个进口和一个入口则可以实现流动检测，这十分有利于气体或液体样品的监测。

（四）　红外光声光谱

Bell 于 1880 年在研究光纤通信时发现了光声效应，一束光照射在样品上时，如果在一定的照射频率上开关入射光时可以在样品附近产生可以听得见的声音，而且 Bell 进一步发现，高吸收的样品能产生更强的声音，而低吸收的样品产生的声音则较弱（Bell，1880）；依据这个原理 Bell 构建了一套光声测量系统用于测量物质的性质，但由于在光声信号产生原理、检测器以及红外光源上需要进一步改进，因此该装置过于简单而无法应用（Brunn et al.，1988）。直到 20 世纪 80 年代，由于傅里叶红外光谱仪、低噪声高灵敏度微音器以及计算机技术的发展，光声光谱开始成为非常有价值的分析方法（Rosencwaig and Gersho et al.，1976）；Rockley 等（Rockley and Devlin，1977；Rockley and Waugh，1978；Rockley，1979，1980；Rockley et al.，1981a，1981b）将其应用于化学和物理等材料的表征中，有力地推动了光声理论在红外光谱中的应用。

红外光声光谱（photoacoustic spectroscopy，PAS）的基本原理如图 1-9 所示（Du et al.，2007）。一束红外光入射到光声附件，通过 KBr 窗口照射到光声池中的样品，样品受到红外光照射后产生热效应，并将热传导给样品池中的气体（通常为氦气），气体受热后会膨胀与收缩从而产生热波，热波可被敏感的麦克风（微音器）检测，即为光声信号，光声信号转化成电信号经过放大后就得到红外光声光谱。热波在样品光激发处产生并开始传递，但衰减很快，这个衰减过程也决定了探测深度，因此不同的调制频率就可以探测到不同深度的样品，当调制频率增加时，样品探测深度减小，反之增大。

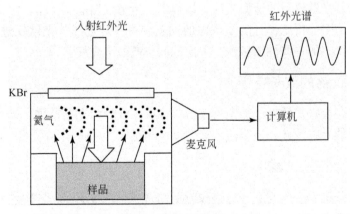

图 1-9　红外光声光谱原理示意图

红外光声光谱分析不需要或者需要很少的样品前处理，而且能直接探测样品不同深度的信息，这种直接快速的分析方法适合用于很弱和很强吸收的样品，同时也适合用于不同形态样品的分析。总体上红外光声光谱分析对样品无破坏，所需样品量可以很少也可以很多，样品表面形态对光谱影响小，光谱范围可以从紫外到远红外区域，可用于几乎所有的固体分析，也可以用于液体和气体分析。红外光声光谱功能的多样性使其在工业和研究中具有广泛的应用。

（五）光纤技术在近红外光谱分析中的应用

光纤在通信领域的应用引起了通信技术的革命。光纤在光谱技术领域的应用使光谱仪器从实验室走向现场，通过在线分析实现了对工艺过程的优化控制，这是光谱技术应用的一个重大革命性转变（Regan et al.，1997；Sakamoto et al.，2005）。光谱技术与光纤技术结合的优越性主要表现在以下几个方面：①通过光纤的长距离传输可实现生产过程的快速在线检测，据有关资料介绍，通过光纤，红外光谱仪器可以远离采样现场 100 m 进行在线检测；②可减少分析仪器的光学零件，减少光学系统的调整难度，便于分析装置的小型化；③通过特定的光纤探头，可以方便地进行无损定位分析，甚至可以实现体内分析；④可在困难条件下或危险环境中采样分析，如有毒、充满易燃易爆样品的环境；⑤光纤对电磁干扰不敏感，可在条件复杂的工业现场稳定工作；⑥光纤技术的采用也使实验室分析的方式更加方便、灵活。

三、 红外光谱分析仪器的主要性能指标

在近红外光谱仪器的选型或使用过程中，考虑仪器的哪些指标来满足分析的使用要求，这是分析工作者需要考虑的问题。对一台近红外光谱仪进行评价时，必须要了解仪器的主要性能指标，下面就简单做一下介绍。

（一）仪器的波长范围

对任何一台特定的近红外光谱仪，都有其有效的光谱范围，光谱范围主要取决于仪器的光路设计、检测器的类型以及光源。

（二）光谱的分辨率

光谱的分辨率主要取决于光谱仪器的分光系统，对用多通道检测器的仪器，还与仪器的像素有关。分光系统的带宽越窄，其分辨率越高，对光栅分光仪器而言，分辨率的大小还与狭缝的设计有关。仪器的分辨率能否满足要求，要看仪器的分析对象，即分辨率的大小能否满足样品信息的提取要求。有些化合物的结构

特征比较接近，分析结果越精准，对仪器分辨率的要求越高。例如，二甲苯异构体的分析，一般要求仪器的分辨率小于 1 nm。

（三）波长准确性和重现性

光谱仪器波长准确性是指仪器测定标准物质某一谱峰的波长与该谱峰的标定波长之差。波长的准确性对保证近红外光谱仪器间的模型传递非常重要。为了保证仪器间校正模型的有效传递，波长的准确性在短波近红外范围要求高于 0.5 nm，长波近红外范围高于 1.5 nm。波长的重现性是指对样品进行多次扫描，谱峰位置间的差异，通常用多次测量某一谱峰位置所得波长或波数的标准偏差表示（傅里叶变换的近红外光谱仪器习惯用波数 cm^{-1} 表示）。波长重现性是体现仪器稳定性的一个重要指标，对校正模型的建立和模型的传递均有较大的影响，同样也会影响最终分析结果的准确性。一般仪器波长的重现性应好于 0.1 nm。

（四）吸光度准确性与重现性

吸光度准确性是指仪器对某标准物质进行透射或漫反射测量，测量的吸光度值与该物质标定值之差。对那些直接用吸光度值进行定量的近红外方法，吸光度的准确性直接影响测定结果的准确性。吸光度重现性是指在同一背景下对同一样品进行多次扫描，各扫描点下不同次测量吸光度之间的差异。通常用多次测量某一谱峰位置所得吸光度的标准偏差表示。吸光度重现性对近红外检测来说是一个很重要的指标，它直接影响模型建立的效果和测量的准确性。

（五）吸光度噪声

吸光度噪声也称光谱的稳定性，是指在确定的波长范围内对样品进行多次扫描，得到光谱的均方差。吸光度噪声是体现仪器稳定性的重要指标。将样品信号强度与吸光度噪声相比可计算出信噪比。

（六）杂散光

杂散光定义为除要求的分析光外其他到达样品和检测器的光量总和，是导致仪器测量出现非线性的主要原因，特别对光栅型仪器的设计，杂散光的控制非常重要。杂散光对仪器的噪声、基线及光谱的稳定性均有影响。一般要求杂散光小于透过率的 0.1%。

（七）扫描速度

扫描速度是指在一定的波长范围内完成 1 次扫描所需要的时间。不同设计方式的仪器完成 1 次扫描所需的时间有很大的差别。例如，电感器件多通道近红外光谱仪器完成 1 次扫描只需 20 ms，速度很快；一般傅里叶变换仪器的扫描速度在 1 次/s 左右；传统的光栅扫描型仪器的扫描速度相对较慢。

四、 红外光谱分析的特点

红外光谱分析技术之所以能在短短的 10 年内，在众多领域得到应用，进而在数据处理及仪器制造方面有如此迅速的发展，主要是因为它在有机化合物的分析测定中有诸多独特的优越性，因此堪称是一种"多快好省"的较为理想的现代分析技术。然而，红外光谱分析技术具有很多优点，同时也存在明显的不足。

（一） 红外光谱分析技术的优点

1. 分析速度快

光谱的测量过程一般可在 1 ~ 2 min 内完成，通过建立的定标模型可迅速测定出样品的化学成分或性质。

2. 分析效率高

通过一次光谱的测量和已建立的多个定标模型，可同时对样品的多种成分和性质进行测定。

3. 非破坏性分析技术

红外光谱测量过程中不损伤样品，从外观到内部都不会对样品产生影响，鉴于这一点该技术在活体分析和医药临床领域正得到越来越多的应用。

4. 分析成本低、无污染

在样品分析过程中不消耗样品本身，不使用任何化学试剂，分析成本大幅度降低，且对环境不造成任何污染，属于"绿色分析"技术。

5. 样品一般不需预处理、操作方便

由于红外光较强的穿透能力和散射效应，根据样品物态和透光能力的强弱可选用透射和漫反射测谱方式。通过相应的载样器件可以直接测量液体、固体、半固体和胶状类等不同物态的样品。

6. 测试重现性好

由于光谱测量的稳定性，测试结果较少受人为因素的影响，与标准或参考方法相比，红外光谱一般显示出更好的重现性。

7. 便于实现在线分析

由于红外光谱在光纤中良好的传输特性，通过光纤可以使仪器远离采样现场，很适合于生产过程和恶劣、危险环境下的样品分析，实现在线分析和远程监控。

（二）红外光谱分析技术的不足

1. 灵敏度相对较低

对组分的分析而言，其含量一般应大于 0.1% 才适合采用红外光谱分析技术。当然这个数值并不是理论限值，随着红外分析技术的不断发展，相信它的最小检出限还将会有所突破。

2. 分析技术要求高

因为需要选取大量代表性样品进行化学分析，提供其组分或性质的已知数据来建立和维护模型，所以需要较多的化学分析知识、分析费用和时间，同时红外光谱分析需具备较高的硬件和软件要求。另外，红外光谱分析结果的准确性与定标模型建立的质量和模型的合理使用有很大关系，由于分析必须要依赖模型，所以红外光谱分析技术不适合作为样品和所测项目经常变化的分散性样品检测的手段。

第三节　土壤组成基团红外光谱的吸收谱带特征

一、 概述

土壤是有机物与无机物共存的复合物；土壤有机物主要由各种烃类、醇类、酚类、酯类、酮类、酸类、胺类以及芳香族物质等组成，而无机物则主要由各种矿物、氧化物及阴离子等组成。测定得到物质的红外光谱后所需要做的工作就是光谱解析，通过吸收频率确定可能的吸收基团，而这些基团的吸收是光谱定性与定量分析的基础。通常情况下基团的吸收频率相对稳定，这为红外光谱的解析提供了便利条件。当然，光谱解析还应适当考虑倍频、泛频等复杂因素的干扰，否则可能会导致相应的误译。

由于土壤组成复杂，土壤组成的谱带特征分析主要依赖于基频，因此，本书参考有关文献（Wilson，1994；Nakamoto，1997a，1997b，2002；Nyquist et al.，1997；Busca and Resini，2000；Zecchina，2002；Stuart，2004）综合分析和介绍中红外区的基团吸收特征。

二、 土壤有机物的吸收特征

土壤有机物中含有大量的烷烃类物质，因此有机物分子中含有丰富烷烃 C—H 和 C—C 键，而这些化学键信息可以反映在分子的红外光谱中，如 C—H 伸缩振动和 C—H 转动。C—H 伸缩振动一般出现在 2800 ~ 3000 cm^{-1}。C—H 键的伴随基团不同，其振动频率将有所不同。如果是甲基，其不对称的 C—H 伸缩振动出现在 2870 cm^{-1}，而对称伸缩振动则出现在 2960 cm^{-1}；对于亚甲基，其不对称的 C—H 伸缩振动出现在 2930 cm^{-1}，而对称伸缩振动则出现在 2850 cm^{-1}。C—H 转动频率一般出现在 1500 cm^{-1}，甲基 C—H 一般出现 2 个转动吸收频率：1380 cm^{-1} 处的对称吸收频和 1470 cm^{-1} 处的非对称称吸收频。亚甲基 C—H 则有 4 个转动吸收频率：1465 cm^{-1}（剪式振动）、720 cm^{-1}（面内摇摆振动）、1305 cm^{-1}（面外摆摇振动）和 1300 cm^{-1}（扭曲转动）。分子质量的大小或分子链的长短不一样，C—H 的转动吸收也会发生明显移动，而且也可能出现或多或少的吸收谱带。烷烃类 C—H、C—C 键的振动吸收频率总结见表 1-3。

表 1-3 脂肪族 C—H 振动吸收频率

波数/cm^{-1}	归属
3250 ~ 3300	炔烃 C—H 伸缩振动
3000 ~ 3100	烯烃 C—H 伸缩振动
2960	烷烃甲基 C—H 对称伸缩振动
2930	烷烃亚甲基 C—H 非对称伸缩振动
2870	烷烃甲基 C—H 非对称伸缩振动
2850	烷烃亚甲基 C—H 对称伸缩振动
2100 ~ 2260	炔烃 C≡C 伸缩振动
1600 ~ 1680	烯烃 C=C 伸缩振动

波数/cm^{-1}	归属
1470	烷烃甲基 C—H 非对称伸缩转动
1465	烷烃亚甲基 C—H 剪式振动
1400	烯烃 C—H 面内摇摆转动
1380	烷烃甲基 C—H 对称伸缩转动
1305	烷烃亚甲基 C—H 面外摇摆转动
1300	烷烃亚甲基 C—H 扭曲转动
600 ~ 1000	烯烃 C—H 面外摇摆转动
720	烷烃亚甲基 C—H 面内摇摆转动
600 ~ 700	炔烃 C—H 转动

土壤有机物中也含有大量的芳香族化合物,而芳香族化合物碳氢键也具有丰富的红外吸收,具有 5 个特征吸收区域(表1-4)。C—H 伸缩振动出现在 3000 ~ 3100 cm^{-1},与脂肪族 C—H 的伸缩振动(< 3000 cm^{-1})能明显区分开;在 1200 ~ 1700 cm^{-1} 区域出现一系列较弱的组频和泛频吸收,而泛频吸收则能反映苯环的取代模式。C =C 骨架伸缩振动出现在 1430 ~ 1650 cm^{-1} 波数处;C—H 转动出现在 1000 ~ 1275 cm^{-1}(面内转动)和 690 ~ 900 cm^{-1}(面外转动)。芳香族化合物面外转动吸收很强,该吸收也反映了苯环上结合的氢原子数,因此可表征苯环的取代模式(图1-10)。

表1-4 芳香族 C—H 红外吸收特征

波数/cm^{-1}	归属
3000 ~ 3100	C—H 伸缩振动
1200 ~ 1700	组频和泛频吸收
1430 ~ 1650	C =C 伸缩振动
1000 ~ 1275	C—H 面内转动
690 ~ 900	C—H 面外转动

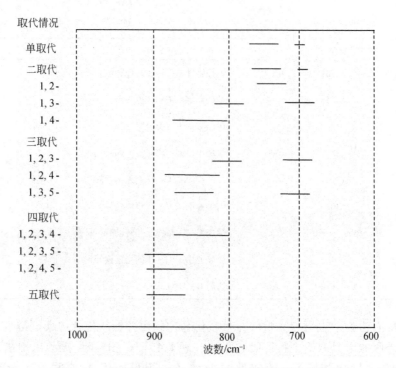

图 1-10　芳香族的面外转动吸收与苯环取代模式的关系

由于 O—H 和 C—O 的伸缩振动，醇类、酚类等物质也产生了特征红外吸收（表 1-5），氢键对这两种吸收影响较大。醇类物质中 O—H 伸缩振动吸收带宽，谱带中心区位于 3600 cm^{-1}，而酚类物质中 O—H 的中心区则位于 3500 ~ 3550 cm^{-1}；醇类和酚类物质中的 C—O 伸缩振动吸收强（1000 ~ 1300 cm^{-1}）。这两种化合物也产生转动吸收，在指纹区产生复杂的转动吸收带。酯类吸收主要特征是强的 C—O—C 伸缩振动吸收，其吸收频率位于 1100 cm^{-1} 处，芳香族酯类位于 1250 cm^{-1}，而周期性酯类则在 900 ~ 1250 cm^{-1} 波数区域具有较宽的吸收谱带。脂肪族和芳香族酮中的 C＝O 键分别在 1720 ~ 1730 cm^{-1} 和 1680 ~ 1720 cm^{-1} 处产生吸收，而脂肪族和芳香族醛中的 C＝O 键则分别在 1720 ~ 1740 cm^{-1} 和 1680 ~ 1720 cm^{-1} 处产生吸收。这些物质中 C＝O 伸缩振动吸收受氢键以及与其邻近原子键合形式影响，如 C＝O 键如果与 C＝C 键结合会导致其吸收向低小波数方向移动，当然醛类物质也有 C—H 伸缩振动和特征吸收（2700 ~ 2900 cm^{-1}）。酯类中 C＝O 和 C—O 均能产生很强的红外吸收，芳香酯和脂肪酯的红外吸收明显不同。脂肪酯中的 C＝O 和 C—O 分别在 1730 ~ 1750 cm^{-1} 和 1100 ~ 1300 cm^{-1} 处产生吸收，而芳香酯中的 C＝O 和 C—O 分别在 1700 ~ 1730 cm^{-1} 和 1250 ~ 1310 cm^{-1} 处产生吸收。羧酸中的 O—H 键在 2500 ~ 3300 cm^{-1} 处产生一个宽的吸收带，同时具有 C =O 吸收带（1700 cm^{-1}）和 C—O 吸收以及 O—H 吸收特征；醛酐类物质具有双峰吸收特征（1800 ~ 1840 cm^{-1} 和 1740 ~ 1780 cm^{-1}），同时也具有 C—O 吸收特征。

表 1-5 含氧化合物的红外吸收特征

波数/cm^{-1}	归属
3600	醇类 O—H 伸缩振动
3500 ~ 3550	酚类 O—H 伸缩振动
2500 ~ 3300	羧酸 O—H 伸缩振动
2700 ~ 2900	醛类 C—H 伸缩振动
1800 ~ 1840	醛酐 C =O 伸缩振动
1740 ~ 1780	醛酐 C =O 伸缩振动
1730 ~ 1750	脂肪酯 C =O 伸缩振动
1720 ~ 1740	脂肪醛 C =O 伸缩振动
1700 ~ 1730	芳香酯 C =O 伸缩振动
1700 ~ 1730	脂肪酮 C =O 伸缩振动
1680 ~ 1720	芳香醛 C =O 伸缩振动
1680 ~ 1720	芳香酮 C =O 伸缩振动
1700	羧酸 C =O 伸缩振动
1430	羧酸 C—O—H 面内转动
1100 ~ 1300	醛酐 C—O 伸缩振动
1100	酯类 C—O—C 伸缩振动
1000 ~ 1300	醇类和酚类 C—O 伸缩振动
1240	羧酸 C—O 伸缩振动
930	羧酸 C—O—H 面外转动

有机物中的含氮化合物也具有不同的红外吸收。土壤含氮基团主要是胺基（NH$_2$）和亚胺基（NH），胺基在 3335 cm^{-1} 附近具有两个尖峰，在 1665 cm^{-1} 处具有剪式转动吸收，而在 750 ~ 850 cm^{-1} 处具有面外摇摆转动和扭曲振动吸收。亚胺基分别在 3335 cm^{-1} 和 1665 cm^{-1} 处各有一个伸缩振动和转动吸收带。胺基和亚胺基均具有 C—N 伸缩振动吸收，芳香族胺基的吸收区为 1250 ~ 1360 cm^{-1}，而脂肪族胺基的吸收区为 1020 ~ 1220 cm^{-1}（表 1-6）。

表 1-6　胺基红外吸收特征

波数/cm^{-1}	归属
3335	N—H 伸缩振动
1665	N—H 剪式转动
1250~1360	芳香族 C—N 伸缩振动
1020~1220	脂肪族 C—N 伸缩振动
750~850	N—H 面外摇摆和扭曲振动
715	N—H 面外摇摆振动

氨基化合物（—CO—NH—）具有 2 个强的 NH$_2$ 吸收：3340~3360 cm^{-1} 处的非对称吸收和 3170~3190 cm^{-1} 的对称吸收。这类化合也具有 C =O 伸缩振动（1640~1680 cm^{-1}）、N—H 伸缩振动（3250~3300 cm^{-1}）。氨基 I 和氨基 II 化合物具有不同的红外吸收特征，其主要吸收带见表 1-7。土壤有机质中含有不同浓度的杂环化合物，如吡啶、吡咯等，其 C—H 伸缩振动位于 3000~3080 cm^{-1}，而 N—H 伸缩振动则位于 3200~3500 cm^{-1}，其具体吸收受 N—H 键的影响；杂环化合物环振动的特征吸收位于 1300~1600 cm^{-1}，环上的取代情况影响具体的环振动吸收；此外，杂环化合物中的 C—H 面外摇摆转动在指纹区 600~800 cm^{-1} 的吸收也可以表征杂环化合物的取代情况。

表 1-7　氨基化合物红外吸收特征

波数/cm^{-1}	归属
3340~3360	氨基 I NH$_2$ 非对称伸缩振动
3250~3300	氨基 II NH$_2$ 伸缩振动
3170~3190	氨基 I NH$_2$ 对称伸缩振动
3060~3100	氨基 II 泛频
1660~1680	氨基 I C =O 伸缩振动
1640~1680	氨基 II C =O 伸缩振动
1620~1650	氨基 I NH$_2$ 转动
1530~1560	氨基 II N—H 转动，C—N 伸缩振动
650~750	氨基 II N—H 面外摇摆振动

土壤中还含有其他很多含氮化合物，如腈类物质，同时还有含磷和含硫有机物，但含量都较少，对土壤光谱的贡献较小，只有当土壤对有机物进行分离和提纯后才有可能进行光谱分析，因此本书不作具体介绍。

三、　土壤无机物的吸收特征

与土壤有机物一样，土壤中的无机物也能产生红外吸收。与有机物的红外吸收相比，土壤中无机物的红外吸收带一般较宽，吸收峰的数量较少，而且很多吸收峰出现在低波数处。当土壤无机物和土壤中的离子通过化学键相结合时，也能产生相应的红外吸收，其吸收特征受离子的种类以及与离子结合后的物质结构的影响。下面介绍土壤中几种无机物的红外吸收特征。

简单的无机物，如 NaCl，在中红外区域不产生任何吸收，而复杂一些的无机物，如 $CaCO_3$ 包含阴离子因此能产生红外吸收。一些常见的无机离子的红外吸收见表1-8。

表1-8　常见无机离子的红外吸收特征

离子	波数/cm^{-1}
CO_3^{2-}	$800 \sim 880$，$1410 \sim 1450$
SO_4^{2-}	$610 \sim 680$，$1080 \sim 1130$
NO_3^-	$800 \sim 860$，$1340 \sim 1410$
PO_4^{3-}	$950 \sim 1100$
SiO_4^{2-}	$900 \sim 1100$
NH_4^+	$1390 \sim 1485$，$3030 \sim 3335$
MnO_4^-	$840 \sim 850$，$890 \sim 920$

无机物的红外吸收受多种因素的影响，首先是无机物的晶体状态，晶格的振动吸收将随晶格的变化而变化，在这种情况下需要非破坏性的取样方法。其次无机物的水合状况也影响其红外吸收，进入晶格的水分也可产生明显的红外吸收，主要是位于 $3200 \sim 3800$ cm^{-1} 和 $1600 \sim 1700$ cm^{-1} 处的强峰（分别为 O—H 的伸缩振动和转动），可以通过 $3200 \sim 3800$ cm^{-1} 处的吸收来判断无机物的水合状况，如无水硫酸钙、水合硫酸钙和二水硫酸钙，$3200 \sim 3800$ cm^{-1} 处的吸收明显不同。

黏土矿物是土壤中最重要的无机物，典型的黏土矿物是层状硅酸盐矿物，主要由硅氧四面体和铝氧八面体组成，1∶1 型和 2∶1 型结构单元层组合而成。单元层之间可能有阳离子（如 K^+、Na^+）和水，八面体的阳离子主要是 Mg、Al，其次是 Fe。层状硅酸盐的红外光谱由硅氧振动、羟基和水的振动以及八面体阳离子和层间阳离子的振动组成。尽管层状硅酸盐的结构较复杂，很难准确地解析具体的吸收频率，但总体上也具有一些相对有规律的吸收特征，如高岭石，其主要红外吸收见表1-9。羟基和水的伸缩振动位于高频区（3200～3750 cm^{-1}），水的弯曲振动在约1630 cm^{-1}；O—H的转动吸收受层间结构影响，如八面体中中心原子为三价，O—H的红外吸收区为800～950 cm^{-1}，而中心原子为二价时，则吸收区为600～700 cm^{-1}；Si—O振动很强，它构成红外光谱的两个主要吸收区：900～1200 cm^{-1}的中频区（Si—O伸缩振动）和400～550 cm^{-1}的低频区（Si—O弯曲振动），每个区有3～4个吸收带。自然界的矿物多是混合物，往往由多种矿物混合而成，而这些不同的矿物成分之间一般不发生明显的交互作用，因此其光谱是这些组成成分光谱的叠加，因此，根据纯标准矿物的红外光谱可以进行矿物的多成分分析。此外，现代数学分析技术和计算机技术的发展，使得更为复杂的光谱分析成为可能，能从红外光谱中解译出更多矿物结构信息，并能进行相应的定性与定量分析。

表1-9　结晶态高岭石的红外吸收特征

波数/cm^{-1}	归属
3695	外羟基伸缩振动
3669	外羟基伸缩振动
3653	外羟基伸缩振动
3619	内羟基伸缩振动
3410	水羟基伸缩振动
1630	水羟基弯曲振动
900～1200	Si—O伸缩振动
938	外羟基弯曲振动
912	内羟基伸缩振动
400～550	Si—O弯曲振动

第四节　红外光谱在土壤学中的应用

一、概述

红外吸收带的位置和强度变化是光谱定性和定量分析的基础，也是鉴定有机化合物和结构分析的重要工具。鉴于其专属性强且各种基因吸收带信息多，故可用于固体、液体和气体定性和定量分析。近年来科学技术的发展和计算机的应用，大大拓宽了红外光谱法的应用范围。目前已广泛用于石油化工、生化、医药、食品环保、油漆、涂料、超导材料、天文学、军事科学等各个领域。土壤是一种有机物和无机物共存的复合体，不同的土壤因其组成不同而具有不同的红外吸收。从最早的腐殖质成分分析到近年的遥感、农田养分研究，人们不断追求新技术、新思维在实践中的应用。近20年，红外光谱分析技术与化学计量学的结合为土壤学的研究提供了新的手段。在早期的研究工作中，红外光谱主要用于土壤组分的定性分析，主要使用透射光谱。随着反射光谱技术的进步，镜面反射、漫反射和衰变全反射逐渐得到广泛应用。同时，随着分析仪器精密度的大幅度提高，配合先进的波谱解析和数据处理方法，红外光谱已经能够用于土壤的定量分析，并且取得较好的结果。

二、　红外透射光谱在土壤学中的应用

红外透射光谱作为最早发展的光谱技术，在各学科各领域中都有广泛应用，也是最常用的光谱分析手段。它直接测量样品产生的红外吸收，由于红外透射光谱的技术特点，测量时样品需要进行预处理，制片时间较长，因此基本上只用于定性分析。

土壤学引入红外透射光谱技术最早是在腐殖质的研究中，近年来的腐殖质等土壤组分的研究仍然以透射光谱技术为主，同时引入其他分析技术。例如，利用傅里叶变换红外光谱、液相氕代核磁共振仪和交叉极化魔角旋转^{13}C核磁共振仪研究不同方法提取的富啡酸性质，并确定最佳的提取方案。所提取的富啡酸羧基含量较少而烷基含量更多，有助于研究有机质与多环芳烃（polycyclic aromatic hydrocarbons，PAH）的相互作用。依据FTIR及[1]H-NMR技术，研究不同施肥处理对腐殖质化学基团构成的影响，平衡施肥使腐殖质结构更趋于简单化。使用FTIR结合X射线粉末衍射（X-ray powder diffraction，XRPD）、能散光谱（energy dispersive X-ray spectroscopy，EDS）和X射线光电光谱（X-ray photoelectron spectroscopy，XPS）研究红壤吸附H_2S反应前后结构的变化，FTIR能很好地监测反应中SO_2和CO_2的生成情况（Ko and Chu，2005）；KBr制片的方法还长期被应用于研究定位实验土壤中的$CaCO_3$（Tatzber et al.，2007）。在传统土壤腐殖质研究的基础上，红外光谱技术也应用到土壤表面过程的研究中。在FTIR光谱图基础上，可以研究阿特拉津在矿物、腐殖质和土壤上的吸附情况，结果表明，其吸附主要是氮原子与吸附位点的氢键作用。依据FTIR光谱图，可以分析西维因在蒙脱石上的吸附机理，其吸附主要是矿物层间阳离子与西维因的羰基氧原子的作用。对比不同来源可溶性有机物与PAH作用的FTIR光谱变化，可证明可溶性有机物与菲、芘之间发生NH—π和π—π作用。在 *Bacillus thuringiensis* 分泌的毒素

在累托石上的吸附特性的研究中，FTIR 图谱说明累托石的结构在吸附前后并没有发生变化。

制片难度大导致的定量分析困难是红外透射光谱应用的主要缺陷，前人已尝试了多种方法来解决定量的问题，如根据 KBr 片的厚度来计算透射的损失，但其测量精确度不高。土壤的低透射率也是应用中面临的主要问题，在进行土壤定量分析时一般采取其他的检测手段。

三、 红外反射光谱在土壤学中的应用

红外透射光谱中的固体压片或液膜法制样麻烦，无法实现原位研究，光程很难控制一致，难以进行定量分析，同时土壤透射度极低，光难以通过，大部分被吸收或散射。为了较好地研究土壤性质，镜面反射、漫反射和衰变全反射光谱被引入土壤学研究。漫反射光谱是基于红外光在样品内发生漫反射的特性，将检测到的固体粉末样品的漫反射光扣除镜面反射光即可得到其漫反射光谱。衰变全反射光谱是目前土壤定量测定中使用较多的，利用光线以一定角度在两相界面发生全反射的特性，测量全反射光。在土壤学研究中使用较多的是近红外区域的光谱，近红外光谱主要反映与 C—H、O—H、N—H、S—H 等基团有关的样品结构、组成、性质的信息，该区段光谱的能量较高，能对特征基团产生较好的激发，在土壤 N、P、K 肥力定量和土壤结构性质研究中应用较多。

采用近红外反射光谱可得到精细农业土壤的光谱图（He et al.，2005），并通过偏最小二乘回归分析建立定量模型，对于土壤 N 和 OM（organic matter）的预测值与测定值的相关系数分别达到 0.925 和 0.933，但是对土壤 P、K 的预测效果却不是很理想。中红外 FTIR-ATR 可应用于黏土中硝酸盐的测定（Linker et al.，2005），首先通过识别 $800 \sim 1200 \ cm^{-1}$ 的指纹区来确定土壤种类，再通过主成分分析和神经网络方法，可消除碳酸盐类对测定的干扰，提高模型预测能力，特别是对于石灰质土壤。对于轻质非石灰质土壤，模型 N 预测偏差可达 $4 \ mg/kg$ 干土；而对含碳酸钙的土壤，其 N 预测偏差为 $6 \sim 20 \ mg/kg$ 干土。通过比较不同黏土的中红外 FTI-ATR 谱，可采用主成分分析与神经网络方法，根据碳酸盐、黏土及其他土壤分类指标进行归类，用偏最小二乘法对 N 含量进行建模，经检验其测定误差可降低至 $6.2 \sim 13.5 \ mg/kg$ 干土（Linker et al.，2006）；但其样品性质差异较大，Linker 对性质类似的土壤未有研究，并且分类时需进行化学分析，削弱了光谱计量分析的优势。利用 KBr 制片的漫反射傅里叶变换红外光谱可研究土壤中的硝酸盐，特征吸收带为 $1385 \ cm^{-1}$，该方法的检测线为 $0.07 \ \mu g/gNO_3^-$（Verma and Deb，2007a，2007b）。检测结果与离子色谱法结果进行 t 检验和 F 检验，两者没有显著性差异。用紫外 – 可见 – 近红外漫反射光谱研究土壤和草中的 P，通过对光谱图进行逐步回归分析和偏最小二乘回归分析，建立的预测模型对土壤样品预测能力可达 $R^2 = 0.922$，然而对草的预测仅为 $R^2 = 0.425$。对于不同土壤 P，近红外区域建立的模型预测土壤总 P、Mehlich-1 P 和可溶态 P 的相关系数分别为 0.93、0.95 和 0.76；可见光区域模型预测相关系数分别为 0.83、0.67 和 0.61；紫外光区域预测效果较差（Bogrekci and Lee，2005a，2005b，2007）。从以上研究可以看出，不同肥力参数的定量能力有很大差异，总体来说，土壤 N 的定量预测效果比较好，而 P 和 K 则相对较差，这可能与 P 和 K 在红外区段的不灵敏有很大关系。

除了土壤肥力指标的测定，土壤有机质等土壤参数也能在红外光谱图上得到相当多的反映（Rinnan and Rinnan，2007）。通过有交互检验的偏最小二乘回归方法，对土壤的近红外反射光谱图进行分析建模，对土壤有机质和土壤麦角固醇量的预测回归系数均在 0.9 以上，对土壤中微生物生物量 C、微生物生物量 P 和总磷脂脂肪酸（phospholipid fatty acid analysic，PLFA）的相关系数为 0.78 ~ 0.79（Viscarra Rossel et al.，2006）。通过比较可见 – 近红外 – 中红外漫反射光谱可优化土壤参数定量模型，并通过偏最小二乘法分析建立光谱预测模型，结果说明中红外区域的定量模型预测能力最强，这与中红外区域的宽波段和较高的光谱能量有很大关系。Zimmermann 等（2007）通过漫反射傅里叶变换中红外光谱，研究土壤中的有机碳含量，将土壤用物理、化学方法分离成持久组分（resistant fraction）、稳定组分（stabilized fraction）和易变组分（labile fraction），并分别用偏最小二乘法对照其光谱进行建模，可大大提高预测能力。使用漫反射红外光谱在中红外区域研究土壤一些基本理化性质，在偏最小二乘法分析的基础上建立预测土壤 pH、黏土、泥沙、有机碳含量和阳离子交换量的模型（McBratney et al.，2006）。Wu 等（2005）用可见 – 近红外反射光谱研究南京郊区土壤中的重金属，偏最小二乘回归法建立预测模型，对 Ni、Cr、Cu 和 Hg 的预测结果要好于 Pb、Zn 和 As，且与 Fe 含量有正相关性。

红外反射光谱用于土壤化学机理的研究应用也不鲜见。Dowding 等（2005）研究发现土壤干燥过程中 Mn 的氧化物含量下降，而干燥通常被认为是氧化的过程。Peak 等（2003）使用 ATR-FTIR 研究水合铁氧化物（hydrous ferric oxide，HFO）表面吸附 B（OH$)_3$ 和 B（OH$)_4^-$ 的情况；Shepherd 等（2005）尝试用近红外漫反射光谱研究土壤中有机残渣的矿化情况，与传统化学测定方法相比，光谱法重现性更好。

随着研究的日益深入，化学计量法定量研究土壤参数已得到了广泛认同，人们也开始关注模型预测能力的提高，试图在光谱测量和建模方法上寻求改善；同时也努力扩大应用范围，如原位测定方法。Stenberg 等（2005）研究了生长在不同有机碳含量土壤上的冬小麦吸收 N 的能力，采取近红外反射光谱得到土壤的光谱信息，并与植物吸收 N 量进行偏最小二乘回归分析建立模型，与化学测定的土壤有机 C-N 摄取 PLS 模型相比，光谱 – N 模型预测能力更好。Brunet 等（2007）研究了样品研磨方式和非均性对近红外反射光谱建模的影响。Gehl 和 Rice（2007）回顾了几种土壤 C 的原位测定方法，近红外反射光谱就是其中一种。近红外反射光谱的原位测定简单、快速，同时有较高的灵敏度，这对研究土壤 C 储量和 C 通量都有很重要的意义。Maleki 等（2006）尝试使用纤维质探头的可见 – 近红外反射光谱在田间原位研究土壤鲜样的 P 含量，通过交互检验和偏最小二乘法建模，对土壤有效 P 含量的预测结果与化学测定值的相关系数 R^2 达到 0.75，对田间样品 P 含量的预测与化学测定值相关系数 R^2 为 0.68。Brown 等（2006）应用可见 – 近红外漫反射光谱建立土壤多参数的定量分析手段，在定量分析时使用推进式回归树（boosted regression trees，BRT）模型，相比偏最小二乘法建立的模型有更强的预测能力。Jahn 等（2006）进行了土壤 $NO_3^- $-N 的实验室和田间实验（土壤 NO_3^--N 浓度范围不同），使用中红外 FTIR-ATR 得到土壤样品的红外光谱，PLS 作回归模型，校正后室内实验预测值 R^2 高达 0.99，标准误差低至 24 mg · kg^{-1}；田间试验 R^2 为 0.98，标准误差为 5 mg · kg^{-1}。

四、 红外光声光谱在土壤学中的应用

虽然红外发射光谱在土壤学中已有了很多应用，但仍面临很多困难，如反射光谱的吸收率很低，在实际应用中灵敏度不高；反射光谱对样品形态变化敏感，造成反射光谱的不稳定性，影响结果准确度。红外光声光谱可以很好地克服上面这些困难，在农业中具有较强的应用潜力（Balasubramanian，1983；Rai and Singh，2003；Rezende et al.，2009；Du and Zhou，2011）。

红外光声光谱已广泛应用于食品行业（Yang and Irudayaraj，2001；Irudayaraj and Yang，2002）。近年来逐渐扩大到各种表面分析，如表面催化等（Ryczkowski，2007）。红外光声光谱甚至可应用于无机材料的定性（Reddy et al.，2001），在气体痕量物质的研究方面也有很多应用（Fan and Brown，2001；Koskinen et al.，2006）。Michaelian 等（2006）使用快速扫描和步进式扫描光声红外光谱研究提炼后的油砂，结果表明，其表面区域主要是高岭石，而石英和烃类则在较深的区域。利用红外光声光谱来研究土壤则是一个全新的领域，Du 等（2007）率先开展了中红外光声光谱在土壤定性分析中的应用，分析了土壤的中红外光声光谱特征，并通过化学计量学的方法实现了土壤的分类与鉴定；杜昌文等（2008）

还将红外光声光谱与其他红外光谱进行了比较，表明红外光声光谱在土壤分析中具有较大的优势。在以上定性分析的基础上，杜昌文等利用红外光声光谱定量研究长期定位实验土样中的有效养分含量，比较了偏最小二乘法和人工神经网络法建立模型的预测能力，偏最小二乘法模型的相关系数 R^2 为 0.96，验证标准偏差为 5.25 mg/kg；人工神经网络模型的校正系数 R^2 为 0.84，验证标准偏差为 5.43 mg/kg（杜昌文和周健民，2007；Du et al.，2009）。

可以看出，红外光声光谱在土壤研究上有其独特的优势，它能够得到更为精细的光谱，同时光声光谱检测的是被样品吸收的那部分能量，可用于高吸收或高反射样品，而且所需样品少，无需样品前处理，避免了繁琐的准备过程和对实验样品的浪费，同时，可实现原位测定，且对样品无损（Du and Zhou，2009）。因此，光声光谱的特性决定了它在土壤科学研究中的优势，光声光谱的引入能够在一定程度上解决光谱信号、光谱稳定性的问题，有巨大的应用潜力。建立基于红外光声光谱的土壤指纹库，通过一定的光谱分析方法对未知土壤进行分类，在土壤分类学上有很大的意义。光谱定量分析高效、无损的特点十分适合土壤调查等信息量大的工作，能大大减少工作时间，提高效率。对于精准农业、设施栽培等研究，光声光谱可以克服取样量有限的问题，只需要极少量的土壤样品就可以达到测定的要求，同时省去大量劳动力。此外，配合合适的探头和取样设备，光声光谱还可广泛应用于土壤原位研究，本书以后章节中将主要介绍红外光声光谱在土壤学中的应用。

参 考 文 献

杜昌文，周健民，王火焰，等.2008. 土壤的中红外光声光谱特征研究. 光谱学与光谱分析，28：1246-1250.

杜昌文，周健民.2007. 傅里叶变换红外光声光谱法测定土壤中有效磷. 分析化学，35：119-122.

李民赞.2006. 光谱分析技术及其应用. 北京：科学出版社.

Balasubramanian D. 1983. Photoacoustic spectroscopy and its use in biology. Bioscience Reports，3 (11)：981-995.

Bell A G. 1880. On the production and re-production of sound by light. American Journal of Science，20：305-324.

Bogrekci I, Lee W S. 2005a. Spectral phosphorus mapping using diffuse reflectance of soils and grass. Biosystems Engineering，91：305-312.

Bogrekci I, Lee W S. 2005b. Spectral soil signatures and sensing phosphorus. Biosystems Engineering，92：527-533.

Bogrekci I, Lee W S. 2007. Comparison of ultraviolet, visible, and near infrared sensing for soil phosphorus. Biosystems Engineering, 96: 293-299.

Brown D J, Shepherd K D, Walsh M G, et al. 2006. Global soil characterization with VNIR diffuse reflectance spectroscopy. Geoderma, 132: 273-290.

Brunet D, Barthès B G, Chotte J L, et al. 2007. Determination of carbon and nitrogen contents in Alfisols, Oxisols and Ultisols from Africa and Brazil using NIRS analysis: effects of sample grinding and set heterogeneity. Geoderma, 139: 106-117.

Brunn J, Grosse P, Wynands R. 1988. Quantitative analysis of photoacoustic IR spectra appl. Phys B, 47: 343-348.

Burns D A, Ciurczak E W. 2001. Handbook of Near-Infrared Analysis. New York: Marcel Dekker, Inc.

Busca G, Resini C. 2000. Vibrational spectroscopy for the analysis of geological and inorganic materials. In: Meyers R A. 2000. Encyclopedia of Analytical Chemistry Vol 12. Chichester: Wiley.

Dowding C E, Borda M J, Fey M V, et al. 2005. A new method for gaining insight into the chemistry of drying mineral surfaces using ATR-FTIR. Journal of Colloid and Interface Science, 292: 148-151.

Du C W, Linker R, Shaviv A. 2007. Characterization of soils using photoacoustic mid-infrared spectroscopy. Applied Spectroscopy, 61: 1063-1067.

Du C W, Linker R, Shaviv A. 2008. Identification of agricultural mediterranean soils using mid-infrared photoacoustic spectroscopy. Geoderma, 143: 85-90.

Du C W, Zhou J M, Wang H Y, et al. 2009. Determination of soil properties using Fourier transform mid-infrared photoacoustic spectroscopy. Vibrational Spectroscopy, 49: 32-37.

Du C W, Zhou J M. 2009. Evaluation of soil fertility using infrared spectroscopy: a review. Environmental Chemistry Letters, 7: 97-113.

Du C W, Zhou J M. 2011. Application of infrared photoacoustic spectroscopy in soil analysis. Applied Spectroscopy Reviews, 46: 405-422.

Fan M H, Brown R C. 2001. Precision and accuracy of photoacoustic measurements of unburned carbon in fly ash. Fuel, 80: 1545-1554.

Gehl R J, Rice C W. 2007. Emerging technologies for in situ measurement of soil carbon. Climatic Change, 80: 43-54.

Gunzler H, Gremlich H U. 2002. IR Spectroscopy: An Introduction. Weinheim: Wiley-VCH.

He Y, Song H Y, Pereira A G, et al. 2005. A new approach to predict N, P, K and OM content in a loamy mixed soil by using near infrared reflectance spectroscopy. Advances in Intelligent Computing, Pt 1, Proceedings, 859-867.

Hollas J M. 2002. Basic Atomic and Molecular Spectroscopy. Chichester: Wiley.

Irudayaraj J, Yang H. 2002. Depth profiling of a heterogeneous food-packaging model using step-scan fourier transform infrared photoacoustic spectroscopy. Journal of Food Engineering, 55: 25-33.

Jahn B R, Linker R, Upadhyaya S K, et al. 2006. Mid-infrared spectroscopic determination of soil nitrate content. Biosystems Engineering, 94: 505-515.

Ko T H, Chu H. 2005. Spectroscopic study on sorption of hydrogen sulfide by means of red soil. Spectrochimica Acta PartA—Molecular and Biomolecular Spectroscopy, 61: 2253-2259.

Koskinen V, Fonsen J, Kauppinen J, et al. 2006. Extremely sensitive trace gas analysis with modern photoacoustic spectroscopy. Vibrational Spectroscopy, 42: 239-242.

Linker R, Shmulevich I, Kenny A, et al. 2005. Soil identification and chemometrics for direct determination of nitrate in soils using FTIR- ATR mid- infrared spectroscopy. Chemosphere, 61: 652-658.

Linker R, Weiner M, Shmulevich I, et al. 2006. Nitrate determination in soil pastes using attenuated total reflectance mid-infrared spectroscopy: Improved accuracy via soil identification. Biosystems Engineering, 94: 111-118.

Lorenz-Fonfria V A, Padros E. 2004. Curve-fitting of Fourier manipulated spectra comprising apodization, smoothing, derivation and deconvolution. Spectrochimica Acta Part A, 60: 2703-2710.

Maleki M R, van Holm L, Ramon H, et al. 2006. Phosphorus sensing for fresh soils using visible and near infrared spectroscopy. Biosystems Engineering, 95: 425-436.

McBratney A B, Minasny B, Viscarra Rossel R V. 2006. Spectral soil analysis and inference systems: a powerful combination for solving the soil data crisis. Geoderma, 136: 272-278.

McClelland J F, Jones R W, Bajic S J. 2002. Photoacoustic spectroscopy. *In*: Chalmers J M, Griffiths P R. 2002. Handbook of Vibrational Spectroscopy (Vol 2). Chichester: Wiley & Sons.

Michaelian K H, Hall R H, Kenny K I. 2006. Photoacoustic infrared spectroscopy of syncrude post-extraction oil sand. Spectrochimica Acta Part a Molecular and Biomolecular Spectroscopy, 64: 430-434.

Nakamoto K. 1997a. Infrared and Raman Spectra of Inorganic and Coordination Compounds, Part A, Theory and Applications in Inorganic Chemistry. New York: Wiley.

Nakamoto K. 1997b. Infrared and Raman Spectra of Inorganic and Coordination Compounds, Part B, Applications in Coordination, Organometallic and Bioinorganic Chemistry. New York: Wiley.

Nakamoto K. 2002. Infrared and Raman spectra of inorganic and coordination compounds. *In*: Chalmers J M, Griffiths P R. 2002. Handbook of Vibrational Spectroscopy Vol 3. Chichester: Wiley.

Nyquist R A, Putzig C L, Leugers M A. 1997. Handbook of Infrared and Raman Spectra of Inorganic Compounds and Organic Salts. San Diego: Academic Press.

Peak D, Luther G W, Sparks D L. 2003. ATR-FTIR spectroscopic studies of boric acid adsorption on hydrous ferric oxide. Geochimica Et Cosmochimica Acta, 67: 2551-2560.

Rai A K, Singh J P. 2003. Perspective of photoacoustic spectroscopy in disease diagnosis of plants: a review. Instrumentation Science & Technology, 31: 323-342.

Reddy K T R, Slifkin M A, Weiss A M. 2001. Characterization of inorganic materials with photoacoustic spectrophotometry. Optical Materials, 16: 87-91.

Regan F, MacCraith B D, Walsh J E, et al. 1997. Novel teflon-coated optical fibres for TCE determination using FTIR spectroscopy. Vibrational Spectroscopy, 14: 239-246.

Rezendo D V, Nunes O A C, Oliveira A C. 2009. Photoacoustic study of fungal disease of acai (*Euterpe oleracea*) seeds. Int J Thermophys, 30: 1616-1625.

Rinnan R, Rinnan A. 2007. Application of near infrared reflectance (NIR) and fluorescence spectroscopy to analysis of microbiological and chemical properties of arctic soil. Soil Biology & Biochemistry, 39: 1664-1673.

Rockley M G. 1979. Fourier-transformed infrared photoacoustic-spectroscopy of polystyrene film. Chemical Physics Letters, 68: 455-456.

Rockley M G. 1980. Reasons for the distortion of the fourier-transformed infrared photoacoustic-spectroscopy of ammonium-sulfate powder. Chemical Physics Letters, 75: 370-372.

Rockley M G, Davis D M, Richardson H H. 1980. Fourier-transformed infrared photoacoustic-spectroscopy of biological-materials. Science, 210: 918-920.

Rockley M G, Davis D M, Richardson H H. 1981a. Quantitative-analysis of a binary mixture by fourier-transform infrared photoacoustic-spectroscopy. Applied Spectroscopy, 35: 185-186.

Rockley M G, Devlin J P. 1977. Observation of a nonlinear photoacoustic signal with potential application to nanosecond time resolution. Applied Physics Letters, 31: 24-25.

Rockley M G, Devlin J P. 1980. Photoacoustic infrared-spectra (IR-PAS) of aged and fresh-cleaved coal surfaces. Applied Spectroscopy, 34: 407-408.

Rockley M G, Richardson H H, Davis D M. 1981b. Fourier transformed infrared photoacoustic-spectroscopy, the technique and its application. Ieee Transactions on Sonics and Ultrasonics, 28: 365-365.

Rockley M G, Waugh K M. 1978. Photoacoustic determination of fluorescence yields of dye solutions. Chemical Physics Letters, 54: 597-599.

Rosencwaig A, Gersho A. 1976. Theory of photoacosutic effect with solids. Journal of Applied Physics, 47: 64-69.

Ryczkowski J. 2007. Application of infrared photoacoustic spectroscopy in catalysis. Catalysis Today, 124: 11-20.

Sakamoto A, Kuroda M, Harada T, et al. 2005. Infrared measurements of organic radical anions in solution using mid-infrared optical fibers and spectral analyses based on density functional theory calculations. Journal of Molecular Structure, 735-736: 3-9.

Shepherd K D, Vanlauwe B, Gachengo C N, et al. 2005. Decomposition and mineralization of organic residues predicted using near infrared spectroscopy. Plant and Soil, 277: 315-333.

Steele D. 2002. Infrared spectroscopy: theory. *In*: Chalmers J M, Griffiths P R. 2002. Handbook of Vibrational Spectroscopy Vol 1. Chichester: Wiley: 44-70.

Stenberg B, Jonsson A, Borjesson T. 2005. Use of near infrared reflectance spectroscopy to predict nitrogen uptake by winter wheat within fields with high variability in organic matter. Plant and Soil, 269: 251-258.

Stuart B. 2004. Infrared Spectroscopy: Fundamentals and Applications. Hoboken: John Wiley & Sons, Ltd.

Tatzber M, Stemmer M, Spiegel H, et al. 2007. An alternative method to measure carbonate in soils by FTIR spectroscopy. Environmental Chemistry Letters, 5: 9-12.

Verma S K, Deb M K. 2007a. Nondestructive and rapid determination of nitrate in soil, dry deposits and aerosol samples using KBr-matrix with diffuse reflectance fourier transform infrared spectroscopy (DRIFTS). Analytica Chimica Acta, 582: 382-389.

Verma S K, Deb M K. 2007b. Direct and rapid determination of sulphate in environmental samples with diffuse reflectance Fourier transform infrared spectroscopy using KBr substrate. Talanta, 71: 1546-1552.

Viscarra Rossel R V, McGlynn R N, McBratney A B. 2006. Determining the composition of mineral-organic mixes using UV-vis-NIR diffuse reflectance spectroscopy. Geoderma, 137: 70-82.

Wilson M J. 1994. Clay Mineralogy: Spectroscopic and Chemical Determinative Methods. London: Chapman and Hall.

Wu Y Z, Chen J, Wu X M, et al. 2005. Possibilities of reflectance spectroscopy for the assessment of contaminant elements in suburban soils. Applied Geochemistry, 20: 1051-1059.

Yang T, Irudayaraj J. 2001. Characterization of beef and pork using fourier-transform infrared photoacoustic spectroscopy. Lebensmittel-Wissenschaft und Technologie/Food Science and Technology, 34: 402-409.

Zecchina A, Spoto G, Bordiga S. 2002. Vibrational spectroscopy of zeolites. In: Chalmers J M, Griffiths P R. 2002. Handbook of Vibrational Spectroscopy Vol 4. Chichester: Wiley.

Zimmermann M, Leifeld J, Fuhrer J. 2007. Quantifying soil organic carbon fractions by infrared-spectroscopy. Soil Biology & Biochemistry, 39: 224-231.

第二章　红外光谱数据处理及 Matlab 实现

第一节　Matlab 语言简介

一、概述

在自然科学研究中经常要获取各种数据，尤其是各种实验科学，需要根据研究目的采用各种方法获取或测定相关数据，然后在所获取的数据基础上进行分析和总结，提出、证明、修正或推翻某一个结论、假说或理论。在一些实验科学中，如土壤学，经常会处理海量的数据，因此在数据处理时必须借助计算机，通过相关分析软件进行处理，从数据中挖掘所需要的或者有用的信息。

在土壤学中，从每个样本中所获取的数据多是具体的和点式的，如土壤有效氮含量，仅仅就是一个数据点，而每一个土壤样本的红外光谱其数据是二维的，即含波长和吸收强度，一条数据往往含有数百乃至数千个带式数据点，携带着十分丰富的样本信息，但是很多信息是蕴藏在众多的信息之中，它们之间相互干扰和遮盖，因此需要进行信息提取或数据挖掘（data mining）。光谱数据挖掘涉及大量运算，其复杂程度远高于点式数据运算，现代计算机技术和化学计量学（chemometrics）的发展为复杂的数据挖掘提供可能的手段。

化学计量学是综合使用数学、统计学和计算机科学等方法从测量数据中提取信息的一门新兴的交叉学科。大量化学计量学方法被写成软件，并成为分析仪器（尤其是近红外光谱仪）的重要组成部分，这些商品软件的出现使得应用化学计量学方法解决实际复杂体系的分析问题成为现实。其中的数学处理方法主要有：多元线性回归（multiple linear regression，MLR）、逐步回归（stepwise multiple regession，SMR）、主成分分析（principal component analysis，PCA）、主成分回归（pricipal component regression，PCR）、偏最小二乘法（partial least square regression，PLSR）和人工神经网络（artificial neural network，ANN）等。这些方法的基本原理、算法和功能将在第二节和第三节加以介绍，有关详细介绍可参考有关文献（Richard，2007；Howard and Jerry，2007）。

二、　Matlab 基本功能

（一）Matlab 简介

Matlab（matrix laboratory）是由 MathWorks 公司开发的，目前国际上最流行、应用最广泛的科学与工程计算软件。Matlab 已经不仅仅是一个"矩阵实验室"，它已经成为一个具有广泛应用前景的全新的计算机高级编程语言，有人称之为"第四代"计算机语言。它广泛应用于自动控制、数学运算、信号分析、计算机技术、图像信号处理、财务分析、航天工业、汽车工业、生物医学工程、语音处理和雷达工程等各行各业，也是国内外高校和研究部门进行多科学研究的重要工具。

Matlab 的基本数据单位是矩阵，它的指令表达式与数学、工程中常用的形式十分相似，故用 Matlab 来解算问题要比用 C、Fortran 等语言完成相同的事情简捷得多。开放性使 Matlab 广受用户欢迎，除内部函数外，所有 Matlab 主包文件和各种工具包都是可读可修改的文件，用户通过对源程序的修改或加入自己编写的程序构造新的专用工具包（Brian et al.，2006）。

在当今数学类科技应用软件中，就软件数学处理的原始内核而言，可分为两大类：一类是数值计算型软件，如 Matlab、Xmath、Gauss 等，这类软件长于数值计算，对处理大批数据效率高；另一类是数学分析型软件，如 Mathematica、Maple 等，这类软件以符号计算见长，能给出解析解和任意精确解，其缺点是处理大量数据时效率较低。MathWorks 公司顺应多功能需求之潮流，在其卓越数值计算和图示能力的基础上，又率先在专业水平上开拓了其符号计算、文字处理、可视化建模和实时控制能力，开发了适合多学科、多部门要求的新一代科技应用软件 Matlab。经过多年的国际竞争，Matlab 已经占据了数值软件市场的主导地位。MathWorks 公司 1993 年推出了 Matlab 4.0 版，此后不断升级换代，到目前已推出 Matlab 7.8 版，无论是界面、内容还是功能都有长足的进展，其帮助信息采用 PDF 格式，内容十分详细，方便用户参考使用。

（二）Matlab 的功能

Matlab 之所以能如此迅速地普及，显示出如此旺盛的生命力，是由于它有着不同于其他语言的特点，正如同 Fortran 和 C 等高级语言使人们摆脱了需要直接对计算机硬件资源进行操作一样，被称为第四代计算机语言的 Matlab，利用其丰富的函数资源，使编程人员从繁琐的程序代码中解放出来。Matlab 最突出的特点就是简洁。Matlab 用更直观的、符合人们思维习惯的代码，代替了 C 和 Fortran 语言的冗长代码。Matlab 给用户带来的是最直观、最简洁的程序开发环境。以下简单介绍一下 Matlab 的主要特点。

1. 语言简单易学，使用方便灵活，库函数极其丰富

Matlab 程序书写形式自由，利用丰富的库函数避开繁杂的子程序编程任务，压缩了一切不必要的编程工作。由于库函数都由本领域的专家编写，用户不必担心函数的可靠性。可以说，用 Matlab 进行科技开发是站在专家的肩膀上。具有 Fortran 和 C 等高级语言知识的读者可能已经注意到，如果用 Fortran 或 C 语言去编写程序，尤其当涉及矩阵运算和画图时，编程会很麻烦。例如，如果用户想求解一个线性代数方程，就得编写一个程序块读入数据，然后再使用一种求解线性方程的算法（如追赶法）编写一个程序块来求解方程，最后再输出计算结果。在求解过程中，最麻烦的是第二部分。解线性方程的麻烦在于要对矩阵的元素作循环，选择稳定的算法以及代码的调试不容易。即使有部分源代码，用户也会感到麻烦，且不能保证运算的稳定性。解线性方程的程序用 Fortran 和 C 这样的高级语言编写，至少需要 400 多行，调试这种几百行的计算程序可以说很困难。

2. 代码短小高效，运算符丰富

由于 Matlab 是用 C 语言编写的，Matlab 提供了和 C 语言几乎一样多的运算符，灵活使用 Matlab 的运算符将使程序变得极为简短，Matlab 既具有结构化的控制语句（如 for 循环，while 循环，break 语句和 if 语句），又有面向对象编程的特性。

3. 程序限制不严格，程序设计自由度大

在 Matlab 里，用户无需对矩阵预定义就可使用；程序的可移植性很好，基本上不做修改就可以在各种型号的计算机和操作系统上运行。

4. 图形功能强大

在 Fortran 和 C 语言里，绘图都很不容易，但在 Matlab 里，数据的可视化非常简单，同时 Matlab 还具有较强的编辑图形界面的能力，可对图形进行数字化编辑。

5. 功能丰富，计算功能十分强大

Matlab 包含两个部分：核心部分和各种可选的工具箱。核心部分中有数百个核心内部函数。其工具箱又分为两类：功能性工具箱和学科性工具箱。功能性工

具箱主要用来扩充其符号计算功能，图示建模仿真功能、文字处理功能以及与硬件实时交互功能。功能性工具箱用于多种学科。而学科性工具箱是专业性比较强的，如控制工具箱（control toolbox）、信号处理工具箱（signal proceesing toolbox）、通信工具箱（commumnication toolbox）、神经网络工具箱（neural networks toolbox）等，用户无需编写自己学科范围内的基础程序，而直接进行高水平的研究。

6. 源程序的开放性

开放性也许是 Matlab 最受人们欢迎的特点。除内部函数以外，所有 Matlab 的核心文件和工具箱文件都是可读可改的源文件，用户可通过对源文件的修改以及加入自己的文件构成新的工具箱。

7. Matlab 的缺点

Matlab 和其他高级程序相比，程序的执行速度较慢。由于 Matlab 的程序不用编译等预处理，也不生成可执行文件，程序为解释执行，所以速度较慢。但一般的数据处理中其处理速度已经足够满足要求。另外，Matlab 所占内存大，需要性能较好的计算机，否则会出现运行缓慢甚至死机现象。

三、 Matlab 的基本操作

（一）启动 Matlab 软件

Matlab 软件中就有内容十分详细的帮助文件，同时目前有很多书籍专门介绍了 Matlab 使用的编程技巧，本书只提供基本操作介绍，供初学者参考，更详细和更高级的操作可参考有关文献（Brian and Daniel，2007；Martin，2007）。

Matlab 软件安装到计算机上以后可点击桌面上的图标启动软件。软件打开后其默认主界面如图 2-1 所示。主界面中有几个窗口：左上角的 Current Directory 窗口显示当前所用目录，Workspace 窗口显示当前所使用的变量，Command Window 是用户编写或调用程序的窗口，Command History 窗口记录 Command Window 中所做的操作，以便于用户能及时找回用过的程序。

程序的编写可使用程序编辑器，在 Command Window 输入 edit 命令回车即可打开程序编辑页面，编写完程序后可保存在一个专用目录下面，以供以后调用，调用时需要在 Current Directory 窗口将该目录调至当前目录，否则程序不会运行或运行错误。

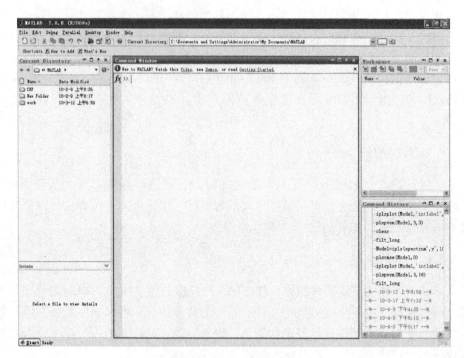

图 2-1　Matlab 工作主界面

（二）Matlab 基本运算

Matlab 是 matrix laboratory（矩阵实验室）的简称，最初是为处理矩阵问题而开发的。只有一行或一列的矩阵可称为向量，如一条以时间为横坐标的养分释放曲线，以波长为横坐标的光谱。一个样本的光谱可以看作基于波长的向量，多个样本的光谱可以看作 $m \times n$ 矩阵，m 为样本的数量，n 为光谱数据点数。图像通常可以看作是三维矩阵，包括两维的空间坐标和第三维的图像颜色参数。

矩阵输入：

$$A = [1\ 2\ 4\ 6;\ 5\ 7\ -7\ 8;\ 3\ 5\ 8\ -2]$$

A 为矩阵变量，数据用方括号括起来，空格为数据分隔符，分号为行分隔符，回车后显示如下：

A =

1	2	4	6
5	7	-7	8
3	5	8	-2

该矩阵有 3 行 4 列，如果矩阵很大，显示起来很麻烦，则在命令行的末尾加

上分号，回车后就不会再显示该矩阵。

$$A = [1\ 2\ 4\ 6;\ 5\ 7\ -7\ 8;\ 3\ 5\ 8\ -2];$$

矩阵 *A* 就存储在当前目录下，我们可以对矩阵作一些基本分析，键入：

sum（A）

回车后：

ans =

　 9　14　5　12

以上是每列求和，若是每行求和，则可先旋转矩阵：

A′;

sum（A′）

回车后：

ans =

　　13　13　14

Matlab 用 ans（answer 的缩写）保存返回的结果，如果要用到这个结果可随时调用，但如果不赋予新变量，后面若有新的返回数值，则前面的返回结果就会被覆盖，因此为了不至于丢失数据和方便应用，对于运算结果可以定义新的变量：

B = sum（A）

回车后

B =

　 9　14　5　12

新变量的命名规则为：首先第一个字母必须是英文字母，其次字母间不可留空格，最后变量最多只能有 19 个字母，如果超出 19 个字母 Matlab 会忽略多余字母。

sum 命令可将矩阵中行或列进行加和，如果要将矩阵中所有元素加和，则：

C = sum（sum（a））;

矩阵中所有元素的加和赋予变量 *C*。如果想知道当前状况下有哪些变量，则：

whos

这是 Matlab 中经常用到的一个变量，可以查询当前变量及其大小：

Name	Size	Bytes	Class	Attributes
A	3 ×4	96	double	
B	1 ×4	32	double	
C	1 ×1	8	double	
ans	1 ×4	32	double	

Matlab 是区分大小写的，通常大写字母用于表示矩阵，小写字母用于表示向量或具体变量。如果要去掉当前某个变量，如去掉变量 A：

clear A

如果仅键入：

clear

则去掉当前所有的变量。

如果需要指定矩阵中某一元素，则：

A（2，3）

回车后：

ans =

      −7

若要替换矩阵中某一元素，则：

A（2，3）=8

回车后：

A =

1	2	4	6
5	7	8	8
3	5	8	−2

如替换矩阵中某行若干个元素，则：

$$A（2，1：4）= [2\ 8\ 9\ 3];$$

Matlab 提供标准的数学运算符，包括加（+）、减（−）、乘（*）、除（/），可以实现元素以及矩阵间的运算。

a =（5 * 2 + 1.3 − 0.8）* 10^2/25

a =

  42

y = sin（10）* exp（−0.3 * 4^2）

y =

   −0.0045

Matlab 中最简单的重复命令是 for 循环（for-loop），其基本形式为

for 变数 = 矩阵；

  运算式；

end

其中变数的值会被依次设定为矩阵的每一行，来执行介于 for 和 end 之间的运算式。因此，若无意外情况，运算式执行的次数会等于矩阵的行数。

```
for i = ［1：4］
x = i + 6
end
```

回车后：

```
x =
    7
x =
    8
x =
    9
x =
    10
```

变量进行了 4 次赋值，但下一次会将上一次覆盖，变量值就是最后一次赋予的值，最终 x 的值为 10：

```
x
ans =
    10
```

若：

```
for i = ［1：4］
    x（i）= i + 6；
end
```

则 x 返回的是一组数据（向量）：

```
x =
    7  8  9  10
```

另一个常用到的重复命令是 while 循环，其基本形式为

```
while 条件式；
运算式；
end
```

Matlab 中最简单的逻辑命令是 if, …, end，其基本形式为

```
if 条件式；
运算式；
end
```

若要一次执行大量的 Matlab 命令，可将这些命令存放于一个文档名为 m 的文件，并在 Matlab 提示号下键入此文件的主文件名即可（应在当前目录下，否

则 m 文件无法运行）。此种包含 Matlab 命令的文件都以 m 为副档名，因此通称 M 文件（M-files）。例如，一个名为 test. m 的 M 文件，包含一连串的 Matlab 命令，那么只要直接键入 test，即可执行其所包含的命令。

Matlab 含有丰富的工具箱和大量的可调用函数，有关功能和调用方法本节不作介绍，读者可参考相关文献，在本书以下有关章节中将结合土壤光谱分析陆续介绍常用功能函数的应用。

（三）数据存储与调用

有些计算持续期长或者计算结果以后会用到，那么我们通常希望能将计算所得的储存在文件中，以便将来可进行调用。Matlab 储存变数的基本命令是 save，在不加任何选项（options）时，save 会将变数以二进制（binary）的方式储存至副档名为 mat 的文件，如下所述。

save：将工作空间的所有变数储存到名为 Matlab. mat 的二进制文件。

save filename：将工作空间的所有变数储存到名为 filename. mat 的二进制文件。

save filename $x\ y\ z$：将变数 x、y、z 储存到名为 filename. mat 的二进制文件。

以二进制的方式储存变数，通常文件会比较小，而且在载入时速度较快，但是无法用普通的软件看到文件内容。若想看到文件内容，则必须加上 -ascii 选项，详见下述。

save filename x -ascii：将变数 x 以八位数存到名为 filename 的 ASCII 文件。

save filename x -ascii -double：将变数 x 以十六位数存到名为 filename 的 ASCII 文件。

若非有特殊需要，我们应该尽量以二进制方式储存资料。

load 命令可将文件载入以取得储存之变数。

load filename：load 会寻找名称为 filename. mat 的文件，并以二进制格式载入。

若找不到 filename. mat，则寻找名称为 filename 的文件，并以 ASCII 格式载入。

load filename -ascii：load 会寻找名称为 filename 的文件，并以 ASCII 格式载入。

若以 ASCII 格式载入，则变量名称即为文件名称。若以二进制载入，则可保留原有的变量名称。

（四）编写 m-file 时的注意事项

下面为一个简单的 m-file，我们将用此程序文件说明编写 m-file 时的注意事项。

% my first scripe file

clear；clf；

x = pi/100：pi/100：10 * pi；

y = sin（x）. * x...

+ cos（x. * x）；

plot（x，y）

grid % this is a comment too.

以上程序中第一行以 % 开始，代表此列注释（comment）。所有%后面到该行结束处的文字都为注释，当 Matlab 解译程序时，所有的注释都会被忽略。注释可以由该列第一个字母开始。注释的功能是简要的说明程序的内容，注释可以增加程序的可读性，让程序的维护或修改工作更方便，在写程序时最好适当地加入一些注释，说明各变量的意义、算法等，可帮助自己或他人了解程序的结构和功能。

在一个命令行后以分号（；）结束，这个分号称为抑制列印。在 Matlab 中，如果在语句后面加上一个分号，则该列执行结果不会显示在指令视窗上；反之，如果没有分号，则该列执行结果将会显示在指令视窗上。在编写程序时，如果语句太长，无法在一列完成，可将语句分成数行，行的最末须加上… 以代表连续。同一行中可以多个语句命令，但命令之间须以分号分隔。程序编写过程中需使用半角符号，如分号，需在半角状态下输入，如果在全角状态下输入，则程序无法解译，程序运行将出错。程序中的 clear 和 clf 都是清除命令，下面为一些常用的清除命令。

clc：清除指令视窗；

clf：清除图形视窗中的图；

clear：不影响视窗，但会清除当前所有变量的值。

在编程序时最好以 clear 和 clf 开始，以确保不会和之前输入的变量值混淆。

第二节 红外光谱数据的前处理及 Matlab 实现

一、 概述

在对红外光谱进行分析处理时，常常可以发现光谱上经常出现高频噪声，为最大限度地反映物质本来的光谱特征，以利于后续的分类识别以及定量分析，需要消除高频干扰，使经过处理的光谱信号尽量纯化，这就是光谱预处理的主要工作和目的。通过预处理可以消除奇异值，降低外部环境因子干扰和内部光谱因子干扰。同时，对于多组分的光谱，其吸收可能存在相互干扰，而光谱数据的前处理可以消除或减少这种干扰。现有很多光谱预处理方法，常用的方法有标准化、微分及小波变换等。

二、 小波分析

在红外光谱分析中，由于分析信息源的特点，原始光谱中含有与样品组成无关的信息，即噪声，这会使近红外光谱变得复杂、重叠、不稳定，所以首先必须对光谱进行预处理。为了消除噪声干扰，优化光谱信号，提高光谱分辨率和校正模型的分析精度和稳定性，人们提出了许多预处理方法，如光谱平滑，其基本思想是在平滑点的前后各取若干点进行平均或拟合，求得平滑点的最佳估计值，消除随机噪声，这一方法的前提是随机噪声的平均值为零。常用的平滑方法有Savitzky-Golay 卷积平滑法、傅里叶变换滤波以及小波变换滤波（Michel et al.，2002；Pascal et al.，2007）。平滑处理带有一定的经验性，如果平滑处理不合适有可能导致有用信息的丢失，本书中的土壤光谱多采用小波滤波进行平滑化处理，因此下面着重介绍小波分析的方法和原理。

小波理论是 20 世纪 80 年代后期发展起来的应用数学分支，其思想来源于伸缩与平移，既保持了傅里叶变换的优点又满足局部性要求，具有多分辨率、方向选择性和自动调焦的特点，被誉为数学上的显微镜（Michel et al.，2002）。小波定义为满足一定条件的函数 $\psi(t)$ 通过平移和伸缩产生的一个函数族，即

$$\psi_{a,b}(t) = \frac{1}{\sqrt{|a|}}\psi\left(\frac{t-b}{a}\right)，a,b \in \mathbf{R}, a \neq 0 \tag{2-1}$$

式中，a 为尺数；$\psi(t)$ 必须满足下列两个条件：

条件 1：小，迅速趋向于零，或迅速衰减为零；

条件 2：傅里叶变换 $\overset{\wedge}{\psi}(\omega)$ 满足：

$$\int_{-\infty}^{+\infty} \frac{|\overset{\wedge}{\psi}(\omega)|^2}{|\omega|} < +\infty \ \text{或} \ \int_{-\infty}^{+\infty}\psi(t)\,\mathrm{d}t = 0 \tag{2-2}$$

Matlab 中提供很多数字滤波函数，filtfilt 函数是其中一种，其特点是原光谱数据经滤波后不发生相位移，本书中土壤红外光谱的平滑多采用这种滤波方法，其语法结构为

［b，a］ ＝butter（n，wn，'low'）

spectrumF ＝filtfilt（b，a，spectrum）

其中，变量 a，b 参见方程（2-1），以程序中第一行定义了一个 n 阶截止频率为 wn 的巴特沃兹滤波器，low 表示截止频率为 wn 的低通滤波。第二行对光谱（spectrum）滤波，滤波后返回为 spectrumF。

通过控制小波分析中参数的阈值可以将光谱信息一层一层地分离开来，一方面可以起到消除噪声的功能，另一方面也具有分离光谱信息的功能（Shao and Ma，2003；Fu et al.，2005；Li et al.，2011），在实践中需要灵活加以运用。

三、 光谱数据标准化

数据的标准化（normalization）是将数据按比例缩放，使之落入一个小的特定区间。由于指标体系的各个指标度量单位是不同的，为了能够使各指标参与评价计算，需要对指标进行规范化处理，通过函数变换将其数值映射到某个数值区间，使得基本度量单位能同一起来，从而有利于进一步的定性与定量分析。常见的标准化方法包括线性标准化方法（linear normalization algorithm）和非线性标准化方法（nonlinear normalization algorithm）两大类。

常用的线性转换函数为

$$y_i = \frac{x_i}{\max(x_i)} \tag{2-3}$$

$$y_i = \frac{x_i - \min(x_i)}{\max(x_i) - \min(x_i)} \tag{2-4}$$

$$y_i = \frac{x_i}{\sum_{i=1}^{n} x_i} \tag{2-5}$$

以上各式中 min 和 max 分别表示最大值和最小值。

常用的非线性转换为

$$y_i = \frac{x_i - \bar{x}}{\delta_i} \tag{2-6}$$

$$y_i = \log_{10} x_i \tag{2-7}$$

式中，δ_i 为标准差。

Matlab 软件提供了两个数据标准化的函数：mapminmax 和 mapstd。

Mapminmax 函数将数据归一到 –1 ~ 1 的范围，其语句结构为

［pn，ps］ ＝mapminmax（p）

其中 p 是待标准化的数据；pn 是标准化后的数据；ps 是含有原数据平均数与标准差信息的数据，可用于转化后数据的逆转：

p = mapminmax（'reverse'，pn）

mapstd 函数平均数和标准差进行标准化，标准化后的数据平均数为 0，其语句结构为：

［pn，ps］= mapstd（p）；

其中 p 是待标准化的数据；pn 是标准化后的数据；ps 是含有原数据平均数与标准差信息的数据，可用于转化后数据的逆转：

p = mapstd（'reverse'，pn）

除了以上标准化函数以外，用户可以根据实际需要对数据进行标准化，可以采用不同的转换函数，在 Matlab 上可以很容易地实现，并且用户可以将新编的标准化程序函数化，以方便以后的使用。

四、 光谱微分

对于相对复杂样本，如土壤样本的红外分析，其红外光谱是很多种不同组分吸收的叠加，因此不同组分之间的相互干扰很强，而将光谱进行微分能提高光谱分析的分辨率和灵敏度，但是随着导数阶数的增加，信噪比变差，预测误差可能会增加。

微分处理不仅成为解析光谱的强有力工具，而且在相当程度上改善了多重共线性，使校正模型的性能有了显著的改善，但微分处理对微小的噪声具有强调作用，因此在实际应用中，一般采用一阶和二阶微分光谱，三阶或三阶以上的微分光谱则很少采用。

在 Matlab 中光谱的微分可以通过以下程序实现：

```
der1_spec = diff(spectrum. /diff(wave_nb)
wave_nb_der = wave_nb(2:end)
der2_spec = diff(diff(spectrum)). /diff(wave_nb_der)
wave_nb_der2 = wave_nb_der(2:end)
```

其中变量 spectrum 为光谱吸收值；变量 wave_nb 为波数变量；der1_spec 代表一阶微分光谱；der2_spec 代表二阶微分光谱。

光谱微分除了具有提高光谱分辨率和分析灵敏度外，还具有一定的基线校正和噪声去除功能，在实际光谱分析中可以灵活使用。

第三节　红外光谱数据的后处理及 Matlab 实现

一、　概述

红外光谱在定量分析方面，根据各种理论的新方法，大有取代 Lamber - Beer 定律的经典二乘法之势，如应用 PLSR 回归法分析气体混合物，多组分分析软件定量分析气态烃类混合物，而且大量化学计量学不甚明显的 IR 光谱定量分析技术仍然在不同的领域获得新的进展。最新发展表现在：分析深度增加、应用范围增大。为了方便应用，还确定了常见物质的主要 IR 带与归属基团之间的对应关系。

红外光谱能记载十分丰富的样品信息，但对于复杂组成的样品，直接利用其红外吸收光谱是十分困难的，因为不同物质的红外吸收可能会相互干扰或相互叠加。土壤或土壤溶液的红外光谱在不同的谱区存在不同程度的相互干扰，很难直接应用普通化学的分析方法进行校正，因此，红外光谱的解析（数学建模）则是红外光谱定量分析中的核心内容之一，在光谱应用中占有十分重要的地位（Howard and Jerry，2007）。

虽然近红外光谱理论上非常适合用于碳氢有机物质的组成性质测量，但是在该区域内，含氢基团化学键振动的倍频与合频吸收强度很弱，灵敏度相对较低，吸收带较宽且重叠严重，因此，依靠传统的建立工作曲线的方法进行定量分析是十分困难的。这也是早期影响近红外光谱分析技术发展的致命原因所在。化学计量学的发展为这一问题的解决奠定了数学基础。

二、　化学计量学及模型的构建

随着现代科学技术的发展，现代分析化学面临的机遇与挑战，也正在经历着巨大变革。近年来随着物理和电子学的发展，各种新型仪器相继问世，分析化学已发展成为以众多仪器分析，如色谱分析、电化学分析、光谱分析、波谱分析、质谱分析、热分析等为主的现代分析化学。随着分析手段的不断扩展，广大分析化学家们亦感到经典分析化学已很难满足现代分析化学学科发展的需求，分析化学学科正处在急剧分化的高速发展时期。然而，值得提出的是，无论这种分析手段的分化发展如何迅猛，有一点没有改变，即作为分析化学学科所研究的对象——化学样本的结构定性和组分定量始终未变。

现代分析化学学科在当今变革中具有如下两个基本特点，从采用的手段看，分析化学是在光、电、磁、热、声等物理现象基础上进一步采用数学、计算机科学及生物学等新成就对物质作全面纵深分析的科学；从解决的任务看，现代分析化学尽可能多和尽可能全面地获取物质的结构与成分信息。总而言之，分析手段的仪器化和化学体系的复杂化已成为现代分析化学学科的两大重要特征。

化学计量学是近代发展起来的一门新兴化学分支学科，它应用数学、统计学与计算机科学的工具和手段设计或选择最优化学量测方法，并通过解析化学量测数据以最大限度地获取化学及其相关信息（Richard，2007）。可以认为，化学计量学是化学、分析化学与数学、统计学及计算机科学之间的"接口"。化学计量学之所以得以迅速发展，主要原因可归结为两个方面：计算机科学的发展不仅使大量化学量测仪器操作自动化成为事实，而且使得大量数据的自动采集和传输成为易事。计算机科学的迅猛发展，对近代数学也产生了巨大影响，过去难以使用的复杂数学方法可在计算机上实现，为解决复杂的数据处理与信息提取提供了实际可能性。正是现代化学量测手段的进步和数学解析手段的新发展，本书论及的多元校正与多元分辨方法是化学计量学最活跃和最有生气的一个分支。在这一领域中，分析化学计量学家们不局限于原有现成的数学与统计学方法，而是根据分析化学学科本身的内在需求，在充分利用化学量测仪器所产生的化学信号特点的基础上，创造性地发展了一系列特有的多元校正和多元分辨新方法，用以最大限度地获取不同特性样本中的定性定量的化学信息。

样品的红外光谱包含了组成与结构的信息，而性质参数（如土壤有机质、土壤矿物等）也与其组成、结构相关。因此，在样品的红外光谱和其性质参数间也必然存在着内在的联系。使用化学计量学这种数学方法对两者进行关联，可确立这两者间的定量或定性关系，即校正模型。建立模型后，只要测量未知样品的近红外光谱，再通过软件自动对模型库进行检索，选择正确模型，根据校正模型和样品的近红外光谱就可以预测样品的性质参数。所以，整个红外光谱分析方法包括校正和预测两个过程。因此，红外光谱分析又称"黑匣子"分析技术，即间接测量技术。通过对样品光谱和其性质参数进行关联，使用化学计量学软件，建立校正模型，然后通过校正模型预测样品的组成和性质。

化学计量学是综合使用数学、统计学和计算机科学等方法从化学测量数据中提取信息的一门新兴的交叉学科，其中的数学处理方法主要有：多元线性回归（MLR）、逐步回归（SMR）、主成分分析（PCA）、主成分回归（PCR）、偏最小二乘法（PLSR）、人工神经网络（ANN）和拓扑（Toplogical）等。MLR和SMR法在分析样品时只用了一些特征波长点的光谱信息，其他点的信息被丢失，易产生模型的过适应性（overfitting）。PCR和PLS的显著特点就是利用了全部光谱信息，可以压缩所需样品数量，将高度相关的波长点归于一个独立变量中，根据为数不多的独立变量建立回归方程，通过内部检验来防止模型的过适应现象，比MLR 和 SMR 分析精度高。

　　模型的建立是红外光谱分析的核心内容。建立一个模型通常是从一个小的光谱数据库开始的，虽然开始建立模型所使用的样本数目很有限，但通过化学计量学处理得到的模型能具有较强的普适性。如果做定性分析模型，收集的样品一般需要 20 个左右。如果做定量分析模型，收集的样品一般需要 50 ~ 80个。如果样品为天然物质（如土壤），则所需要的样品数量就会更多，在收集样品的时候一定注意要保证样品具有代表性。也就是说样品的性质参数范围要能够涵盖所期望的变化范围。并且还要做到在这个所期望的变化范围内样品的性质参数是均匀分布的，不能只包括部分性质参数范围中的一簇样本。另外，一个理想的标定光谱集应涵盖性质参数与温度变化造成的光谱变化的所有情况，因为样品（特别是液体样品）的近红外吸收强度随温度的不同会有很大的改变。这样就给模型的建立和以后的分析带来很大的麻烦。为了解决这一问题，有些仪器厂商在仪器的载样附件上设置了恒温装置，从而保证了建模温度和测量温度的一致性。所以对于具有恒温装置的红外光谱分析仪器来说，它的模型建立过程，基本上就不需要考虑温度的干扰了。收集来一定量有代表性的样品后，根据需要使用传统的有关标准分析方法对样品进行测量，得到样品的各种性质参数，称之为参考数据，然后分别采集每个样品的近红外光谱图，再通过化学计量学对光谱进行处理，并将其与不同性质参数的参考数据相关联，这样在光谱图和其参考数据之间便建立起了一一对应的映射关系，这种一一对应的映射关系的建立便是模型的建立。

三、　光谱分析中的数学原理

（一）　单元校正与多元校正

　　经典分析化学校正方法的基点是以单点数据标量，如某一物理和化学的信号与分析体系中某一待测物质存在某种对应的数量关系，一般为线性关系，就可借此对该化学物质进行定性定量分析。而多元校正和多元分辨方法与上述经典校正方法在概念上已有了本质区别，它不只是用几个相应测量点来求解的传统多组分同时测定的简单推广，在这里有一个从标量校正向矢量、矩阵的概念性飞跃。由于矢量或矩阵数据比标量单点数据所含信息要多，由此产生的很多新分析方法，可解决很多在标量分析中被认为是不可能，甚至难以想象的问题。例如，用于定性与定量分析的红外光谱，是化学计量学发展与应用最活跃的领域之一。

单元校正（mono-calibration）可以看作多元校正的一个特例，通常所用的一元线性回归和多元线性回归均属于单元校正的方法，即自变量可以是一个或多个，而因变量只有一个，而当因变量有两个或两个以上时就为多元校正（multi-calibration）。目前经常使用的多元校正方法为偏最小二乘法和人工神经网络。本节不再介绍一元回归，主要介绍多元回归、主成分回归以及偏最小二乘回归线性建模方法，非线性人工神经网络模型将在下一节中详细介绍。

（二）多元线性回归（MLR）

在实际应用中某一个因子，如作物产量往往受很多因素的影响，因此经常会用多元线性回归。在红外光谱分析中，光谱中每一个吸收点均可以看作一个自变量，一条光谱就可能有数十到数千个自变量（吸收点），在组分或结构分析时仅仅用一个点来分析实际上是远远不够的，因此也需要用到多元线性回归。

假设某一随机变量 y 与光谱中 m 个（ $m > 1$ ）吸收点 x_1, x_2, x_3, $\cdots$, x_m 有关，设有 n 组观测资料：

$$\begin{pmatrix} y_1 & x_{11} & x_{12} & \cdots & x_{1i} & \cdots & x_{1m} \\ y_2 & x_{21} & x_{22} & \cdots & x_{2i} & \cdots & x_{2m} \\ \vdots & \vdots & \vdots & & \vdots & & \vdots \\ y_i & x_{i1} & x_{i2} & \cdots & x_{ij} & \cdots & x_{im} \\ \vdots & \vdots & \vdots & & \vdots & & \vdots \\ y_n & x_{n1} & x_{n2} & \cdots & x_{nj} & \cdots & x_{nm} \end{pmatrix}$$

其中 x_{ij} 表示为第 i 组第 j 个观测值。若自变量 y 与 m 个自变量 x_1, x_2, x_3, $\cdots$, x_m 呈多元线性回归关系，则回归方程式可表达为

$$y = b_0 + b_1 x_1 + \cdots + b_m x_m + \varepsilon, \varepsilon N(0, \sigma^2)$$

其中 b_0 为常数项，$b_1, b_2, b_3, \cdots, b_m$ 分别称为 x_1, x_2, x_3, $\cdots$, x_m 的偏回归系数；ε 是随机误差，其均值为零方差为 σ^2 。

我们可以采用极大似然法估计这些回归参量，其基本原理是使误差平方 Q 达到最小：

$$Q = \sum_{i=1}^{n} (y_i - b_0 - b_1 x_{i1} - \cdots - b_m x_{im})^2$$

取 Q 分别关于 $b_1, b_2, b_3, \cdots, b_m$ 的偏导数，并令它们等于零，得到正规方程组，求解该正规方程组即可得到回归参数。正规方程组的求解方法很繁琐，可引入矩阵：

令

$$X = \begin{pmatrix} 1 & x_{11} & x_{12} & \cdots & x_{1m} \\ 1 & x_{21} & x_{22} & \cdots & x_{2m} \\ \vdots & \vdots & \vdots & & \vdots \\ 1 & x_{n1} & x_{n2} & \cdots & a_{nm} \end{pmatrix}, \quad y = \begin{pmatrix} y_1 \\ y_2 \\ \vdots \\ y_n \end{pmatrix}, \quad B = \begin{pmatrix} b_1 \\ b_2 \\ \vdots \\ b_m \end{pmatrix}$$

则正规方程组可以写成

$$X'XB = X'Y$$

此即正规方程组的矩阵形式，则

$$\hat{B} = \begin{pmatrix} \hat{b}_1 \\ \hat{b}_2 \\ \vdots \\ \hat{b}_m \end{pmatrix} = (XX')^{-1}X'Y$$

此即回归参数的极大似然估计值。

利用 Matlab 软件可很方便地对多元回归参数进行估算，其程序如下：

```
clear
% input X;
% input Y;
k1 = inv (X * X');
k2 = X' * Y;
B = k1 * k2;
End
```

多元回归模型的精准性可以通过各种检验来确定，通过逐步去除不显著的自变量可实现逐步回归，从而将主要自变量筛选出来。

（三）主成分分析

一个参量或两个参量可以实现数据的可视化，即可以通过二维或者三维图表示，但多于两个参量数据的可视化就变得十分困难；解决这个问题的一个有效方法是对原数据进行降维，且在降维的同时尽可能保留原有数据信息。数据降维的典型方法之一就是主成分分析，通过构建新的变量（主成分）以代替原来的变量，而且新变量之间不相关，这些新变量可为有关应用提供便利。主成分分析法概念简单易懂，实现算法高效，因而在许多降维处理中应用都很广泛。例如，信号处理中对谱数据变换方法实际上就是主成分分析法。主成分分析法将方差的大小作为衡量信息量多少的标准，认为方差越大提供的信息越多，反之提供的信息就越少。其基本思想是通过线性变换保留方差大、含信息多的分量，丢掉信息量少的分量，从而降低数据的维数。降维后每个分量是原变量的线性组合，因此，主成分分析方法本质上是一种线性降维方法。

设待分析数据有 n 个样本，每个样本有 p 个参数，则可构建一个 $n \times p$ 矩阵：

$$X = \begin{pmatrix} x_{11} & x_{12} & \cdots & x_{1p} \\ x_{21} & x_{22} & \cdots & x_{2p} \\ \vdots & \vdots & & \vdots \\ x_{n1} & x_{n2} & \cdots & a_{np} \end{pmatrix}$$

以上矩阵中的列表示参数的个数，行则表示样本的数量。通过坐标旋转和线性转换可以得到以下线性组合：

$$\begin{aligned} Y_1 &= a_{11}X_1 + a_{12}X_2 + \cdots + a_{1p}X_p \\ Y_2 &= a_{21}X_1 + a_{22}X_2 + \cdots + a_{2p}X_p \\ &\vdots \\ Y_p &= a_{p1}X_1 + a_{p2}X_2 + \cdots + a_{pp}X_p \end{aligned}$$

其中 Y_i 表示新构建的变量，称为主成分或主成分得分；$a_{ij}(i = 1,2,3,\cdots,p;j = 1, 2,3,\cdots,p)$ 为主成分权重因子，代表了原来某一个参量在新构建参量中的贡献，其值越大则其贡献就越大。

令 $Y_i(i = 1,2,3,\cdots,p)$ 方差最大，且 $Y_{ij}(i = 1,2,3,\cdots,p;j = 1,2,3,\cdots,p)$ 协方差为零，则可以求解以上线性方程，其中协方差矩阵的特征向量所对应的特征值 $(\lambda_1,\lambda_2,\cdots,\lambda_p)$ 可以代表主成分的贡献，因此第 i 个主成分的贡献可以通过下式计算：

$$\frac{\lambda_i}{\sum_{j=1}^{p} \lambda_j} \tag{2-8}$$

这个值越大则表明该主成分贡献越大，而累积贡献率可以通过下式计算：

$$\sum_{i=1}^{p} \frac{\lambda_i}{\sum_{j=1}^{p} \lambda_j} \tag{2-9}$$

上式表明前 i 个主成分的贡献率。

主成分分析法的计算一般分为以下 4 步：

（1）对原始数据样本集合进行标准化处理；

（2）计算标准化之后的数据矩阵的协方差矩阵，并对其进行正交分解，得出主成分向量；

（3）计算各主成分的累积贡献率，根据要求的贡献率阈值选取主成分；

（4）针对选取的主成分建立主成分方程，计算主成分值。

主成分回归就是选取新构建的主成分作为自变量，分析其与因变量之间的关系。选取一个主成分为一元回归，选取两个或两个以上则为多元回归，可以按照多元回归的方法对数据进行处理。

在 Matlab 中主成分分析由函数 princomp 完成，其命令格式为

$[coefs, scores, variances] = princomp (X);$

其中，X 为一个 $n \times p$ 矩阵；coefs 为回归系数矩阵（$p \times p$）；scores 为主成分得分（$p \times n$）；variances 为协方程矩阵特征向量值，代表每一个主成分的贡献率。

（四）独立主成分分析

独立主成分分析（independent component analysis，ICA）是近期发展起来的一个新的数据及信号分析方法，是主成分分析的拓展，ICA 是一种统计方法，寻求一个多元数据的非奇异变换，使得变换后的数据分量之间尽可能地相互独立（Lieven et al.，2000；Arthur and Michael，2005）。ICA 模型最早作为线性混合的盲信号分离问题，如鸡尾酒会问题，鸡尾酒会上很多人在相互之间进行交谈，我们听到的是各种声音的混合，很难分清单个的交谈，如果我们在某一对交谈者面前放置之一个麦克风，这样我们就能听到这对交谈者的谈话了。

作为 PCA 的拓展，ICA 在下述几个方面与 PCA 有不同之处，现简单比较如下。

1. 线性变换

PCA 与 ICA 都是非奇异线性变换，但二者的具体目的不同。设 X 表示输入向量，Y 表示变换后的向量，W^T 表示变换矩阵，则 PCA 和 ICA 都有下述的变换方程。

$$Y = W^T X \qquad (2-10)$$

对于 PCA，Y 的分量是输入向量 X 在输入空间中沿着具有最大方差的方向上的投影，而对于 ICA，Y 的各分量要求相互独立或尽可能独立。W 的列向量构成了输入空间的一个子空间，对于 PCA，W 的列向量是输入数据空间方差变化最大的方向，且相互正交，Y 的各分量之间互不相关，但对于非高斯分布，其分量之间并不相互独立；而对于 ICA，W 的列向量是输入数据空间非高斯分布最大的方向，相互之间一般并不正交，Y 的各分量之间不但不相关而且相互独立。PCA 在均方误差意义上是对输入数据的最优逼近，其优势在于数据压缩（降维），但 ICA 确定的变换有时更能反映输入数据的内在性质。

2. 算法实现

PCA 只考虑了输入数据的二阶统计量（自相关），这对于高斯分布是足够的，但对于非高斯分布，由于在高阶统计量中含有附加信息，因此表示不够充分；而 ICA 有效地利用了输入数据的高阶统计关系，因而更能反映输入数据的本质特征。PCA 是一个相当规范化的算法，而 ICA 由于可能采用不同的目标函数，因而结果可能不唯一，也即 ICA 没有统一的标准。

ICA 是一种统计和计算技术，用于揭示随机变量、测量数据或信号中的隐藏成分。对于通常以大量样本数据库形式给出的多元观测数据，ICA 定义了一个生成模型。此模型假设观测数据变量是某些未知内在变量的线性或非线性混合，而且不仅内在变量是未知的，实现混合的系统也是未知的。我们还假定那些内在变量是非高斯分布且相互独立的，并称它们为观测数据的独立成分。这些独立成分（也可称为源或因子）可以通过 ICA 方法找到。ICA 可以看作是主成分分析和因子分析的延展。但是，ICA 是一项更强有力的技术，当经典方法完全失效时，它仍然能够找出支撑观测数据的内在因子或源。ICA 技术也是一项相对较新的发明。它是 20 世纪 80 年代初期首先在神经网络建模领域中引入的。到 90 年代中期，几个研究小组引入了一些极为成功的新算法，无论是在神经网络领域（特别是无监督学习），还是在更为一般的高级统计学和信号处理领域中，ICA 应用报道也正在不断涌现，ICA 在红外光谱分析中的应用也逐渐受到关注。

Matlab 中目前没有专门的 ICA 分析函数，但可以开发相关函数；芬兰赫尔辛基工程大学 Hugo 博士等开发了一个 ICA 可视化分析程序（graphical user interface，GUI），可方便地进行 ICA 分析，该软件及其使用可参阅以下网站：http：//www. cis. hut. fi/projects/ica/fastica/index. shtml。

（五）聚类分析

聚类分析（cluster analysis）可用于解决观测值之间的相似性问题。首先是比较观测值与所有其他值之间的相似度，然后根据相似度绘制树型聚类分布图。计算相似度的方法有很多，本书只介绍常用的 Euclidian 距离法和相关系数法（correlation similarity coefficient）。

设有两组观测数据：

$$X_1 = (x_{11} \quad x_{12} \quad \cdots \quad x_{1p})$$
$$X_2 = (x_{21} \quad x_{22} \quad \cdots \quad a_{2p})$$

则 Euclidian 距离为

$$X_{12} = \sqrt{(x_{11} - x_{21})^2 + (x_{12} - x_{22})^2 + \cdots + (x_{1p} - x_{2p})^2} \tag{2-11}$$

Euclidian 距离主要针对同样类型的变量，对于不同类型的变量可采用相关系数法：

$$r_{x1x2} = \frac{\sum\limits_{i=1}^{n}(x_{1i} - \bar{x}_1)(x_{2i} - \bar{x}_2)}{(n - 1)s_{x1}s_{x2}} \tag{2-12}$$

对于红外光谱间的相似性分析通常可采用 Euclidian 距离法，在土壤红外光谱的研究中，相似性分析可实现土壤的分类与鉴定。

在 Matlab 中 pdist 函数可以计算 Euclidian 距离：

$$Y = \text{pdist}(X) \tag{2-13}$$

可以得到每两组观测值之间的 Euclidian 距离，根据这个距离值可以进行聚类和鉴定。

（六）偏最小二乘回归

偏最小二乘法始于 1960 年，其目的是用于经济学预测；此后不断发展和完善，是最近应用越来越广泛的一种多元回归分析方法，它能同时分析多个自变量与多个因变量之间的关系，而传统的多元回归一般是分析多个自变量和一个因变量的关系（Geladi and Kowalski，1986；Svante et al.，2001）；在现代仪器分析中，传统的多元回归很难应用涉及多个且存在相互作用的因变量，而偏最小二乘法则为解决这种问题提供了强有力的手段。

偏最小二乘法通常用以下两个方程表示：

$$X = \sum_{k=1}^{d} t_k p_k^{\mathrm{T}} + E = TP^{\mathrm{T}} + E$$

$$Y = \sum_{k=1}^{d} t_k q_k^{\mathrm{T}} + F = TP^{\mathrm{T}} + F \tag{2-14}$$

式中，X 为自变量；Y 为因变量，可以是一个变量也可以是多个变量；d 为 PLS 成分的个数；t_k 为潜变量矩阵；p_k 和 q_k 均为因子载荷矩阵；E 和 F 均为残差矩阵。

PLS 的主成分数不同于 PCA 的主成分数，PLS 的主成分数源于自变量和因变量，而 PCA 的主成分数只考虑自变量，因此 PLS 的主成分数更具有目标性，更形象地讲，PLS 是考虑自变量的主成分分析。PLS 也具有不同的算法，并由线性算法发展成为可进行非线性的算法，但在一般应用中多采用线性转换，而非线性转换则采用人工神经网络，在下一节中将作具体介绍。

老版 Matlab（2009 年以前）中没有 PLS 函数和工具箱，但已有商业化的 PLS 工具箱，我们编写以下程序，可实现 PLS 分析。

```
function [m, ssq, p, q, w, t, u, b] =pls (x, y, lv, out)
if nargin < 4
    out =1;
end
[mx, nx] =size (x);
[my, ny] =size (y);
if nx < lv
    error ('No.of LVs must be < =no.of x-block variables')
end
p =zeros (nx, lv);
q =zeros (ny, lv);
w =zeros (nx, lv);
t =zeros (mx, lv);
u =zeros (my, lv);
b =zeros (1, lv);
ssq =zeros (lv, 2);
ssqx =sum (sum (x.^2)');
ssqy =sum (sum (y.^2)');
olv =lv;
rankx =rank (x);
if rankx < olv
    lv =rankx;
    if out = =1
        disp (' ')
        sss =sprintf ('Rank of X is % g, which is less than lv
        of % g', lv, olv);
        disp (sss);
        sss =sprintf ('Calculating % g LVs only', lv);
        disp (sss);
    end
end
for i =1: lv
    [pp, qq, ww, tt, uu] =plsnipal (x, y);
    b (1, i) =uu'*tt/(tt'*tt);
```

```
x          = x - tt * pp';
y          = y - b (1, i) * tt * qq';
ssq (i, 1)  = (sum (sum (x.^2)'))  * 100 / ssqx;
ssq (i, 2)  = (sum (sum (y.^2)'))  * 100 / ssqy;
t (:, i)  = tt (:, 1);
u (:, i)  = uu (:, 1);
p (:, i)  = pp (:, 1);
w (:, i)  = ww (:, 1);
q (:, i)  = qq (:, 1);
end
if olv > lv
    ssq (lv + 1: end, 2)  = ssq (lv, 2);
end
ssqdif = zeros (lv, 2);
ssqdif (1, 1)  = 100 - ssq (1, 1);
ssqdif (1, 2)  = 100 - ssq (1, 2);
for i = 2: olv
    for j = 1: 2
        ssqdif (i, j)  = - ssq (i, j)  + ssq (i - 1, j);
    end
end
ssq = [ (1: olv)' ssqdif (:, 1) cumsum ( ssqdif (:, 1))
ssqdif (:, 2) ...
    cumsum (ssqdif (:, 2))];
if out ~ = 0
    disp (' ')
    disp (' Percent Variance Captured by PLS Model ')
    disp (' ')
    disp ('      ------- X - Block ------- -    ------- Y - Block -------')
    disp (' LV  This LV  Total  This LV  Total ')
    disp ('  -------  -------  -------  -------  -------')
    format = '% 3.0f % 6.2f % 6.2f % 6.2f % 6.2f';
    for i = 1: olv
        tab = sprintf (format, ssq (i,:)); disp (tab)
```

```
        end
        disp (' ')
    end
m = zeros (olv * ny, nx);
m (1: lv * ny,:) = conpred (b, w, p, q, lv);
if ny > 1
    for i = 2: olv
        j = (i - 1) * ny + 1;
        i0 = j - ny;
        m (j: i * ny,:) = m (j: i * ny,:) + m (i0: (i - 1) * ny,:);
    end
else
    m = cumsum (m, 1);
end

function m = conpred (b, w, p, q, lv)
[mq, nq] = size (q);
[mw, nw] = size (w);
if nw ~ = lv
    if lv > nw
        s = sprintf ('Original model has a maximum of % g LVs',
        nw);
        disp (' '), disp (s)
            s = sprintf ('Calculating vectors for % g LVs only',
            nw);
        disp (s), disp (' ')
        lv = nw;
    else
        w = w (:, 1: lv);
        q = q (:, 1: lv);
        p = p (:, 1: lv);
        b = b (:, 1: lv);
    end
end
```

```
m = zeros (mq * lv, mw);
if mq = =1
    m = (w * inv (p' * w) * diag (b))';
else
  mp = (w * inv (p' * w) * diag (b))';
  for i = 1: lv
        mpp = mp (i,:);
        m ( (i-1) * mq + 1: i * mq,:) = diag (q (:, i)) * mpp
    (ones (mq, 1),:);
    end
end
```

四、 模型精度的评价

在红外光谱分析中，预测模型的建立是核心，一个好的光谱学模型有三个基本标志：稳定性、可靠性和动态适应性。在模型精度的评价中，通常将模型的预测值和实际测定值进行比较，通过分析相关系数和预测标准差来分析模型的质量。

（一）相关系数法

设有 n 个样品，实际测定值为 $y_1, y_2, \cdots, y_n$，红外光谱模型预测值为 y_1'，$y_2', \cdots, y_n'$，则其相关系数为

$$r = \frac{\sum_{i=1}^{n} (y_i - \bar{y})(y_i' - \bar{y'})}{s_{yi} s_{yi'}} \tag{2-15}$$

理论上相关系数越高越好，相关系数达到多少时才表示显著相关？这可以通过相关系数的 t 检验进行确定。相关系数只能表示两组值之间的相关程度，在实际分析中仅仅分析相关系数是不够的，因为相关系数无法反映预测值与实际值之间的误差。例如，一组数据 2，4，8，16 和另外一组数据 32，64，128，256 之间完全相关，相关系数为 1，但预测误差显然是完全不可以接受的！因此在考虑相关系数的同时必须分析预测误差。

（二）预测标准差法

预测标准差（standard error of prediction，SEP）计算方法如下：

$$SEP = \sqrt{\sum_{i=1}^{n} \frac{(y_i - y_i')^2}{n-1}} \tag{2-16}$$

在实际分析中，回归系数和预测标准差有时并不是同步改善的。例如，在 PLS 分析中，当成分增加时，校正回归系数可以不断改善，甚至可以无限逼近于 1，但预测误差却不是不断改善，通常随着成分数的增加先降低然后增加，当成分数不足而导致预测误差较大时称为拟合不足，所建立模型太泛，通用性相对较大但精度不足，当成分数过多而导致预测误差较大时称为过拟合（over fitting），所建模型个性太强，但缺少一般性。因此拟合不足和过拟合是建立预测模型中的两个极端，在实际建模过程中要根据实际情况加以分析，避免出现这两种极端情况。

在实际建模中，有时会出现相关系数很显著但预测误差很大的情况，一种情况可能是预测模型需要改进，另一种情况则可能是预测数据中含有奇异点，即因为主观或者客观原因导致某一条预测自变量的记录出现很大误差甚至错误，而单个或若干个奇异点虽然对相关系数影响不大，但对预测误差却产生显著影响。在这种情况下需要识别和剔除这些奇异点，从而可以进行更好和更准确地预测。去除奇异点的方法很多，最简单的方法可以根据背景知识进行剔除。例如，当看到土壤水溶性磷含量为 20 mg/kg 时，我们可初步判定该值为奇异值，正常情况下土壤水溶性磷含量一般低于 1 mg/kg；当用专业知识很难分辨且数据很多时，也可以采用一些数学的方法进行剔除。通常可以采用残差分析，在红外光谱分析中，可视化的主成分分布可以很好地进行奇异点剔除。其主要做法是将观测值进行主成分分析，然后作第一主成分和第二主成分的分布图，理论上同样类型的样本值会集中地分布在某一区域内，若存在若干个点明显落在该分布区域外，则可以认定这些点为奇异点，在建模时可以考虑剔除。

（三）RPD 法

在红外光谱定量分析中，用相关系数的预测误差来判定所建模型的质量比较麻烦，人们希望用一个综合变量来衡量预测模型的质量，RPD（实际测量值的标准差与光谱模型预测值标准差的比值）由此产生（Viscarra Rossel et al., 2006; Chang et al., 2001）。

$$RPD = \frac{SD}{SEP} \qquad (2\text{-}17)$$

式中，SD 为实际测量值的标准差。

在红外光谱分析中，RPD 是一个重要的模型评价参数，通常情况下当 RPD >3 时模型可接受，当 RPD > 5 时则所建模型为质量很好；但在土壤学应用中，由于土壤的复杂性、不确定性以及土壤分析的精度不高，因此对所建模型 RPD 的要求也不需要太高，通常可以分为三类：当 RPD > 2 时，认为模型质量优良；当 1.5 < RPD < 2 时，则认为模型可接受；而当 RPD < 1.5 时，则认为模型较差不可接受。

　　RPD 较广泛地应用于光谱分析模型预测效果评价，但 RPD 法的前提是所分析的参数呈正态分布，而实际上所分析的参数尽管样本容量足够大，但参数本身由于多方面的原因（非自由或独立分布）不呈正态分布，如图 2-2 中第四纪黄土碳酸钙的含量，尽管样本容量足够大（$n = 288$），但其分布明显偏离正态分布；因此 RPD 法在评估预测模型时可能会存在一定的误差。一种新的评估方法，IQ（Inter-quartite distance）法可用于非正态分布的参数预测，是 RPD 法的修正，即用占样本容量 50% 的参数距离替代式（2-17）中的 SD，所得值即为 IQ 值（Bellon-Maurel et al.，2010）。

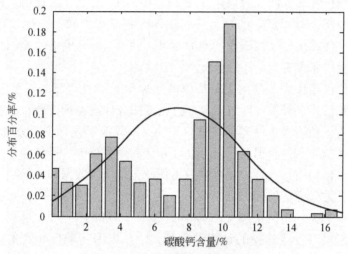

图 2-2　黄土碳酸钙含量分布图

柱状图为实际分布，实线图为正态分布（$n = 288$）

　　表 2-1 为基于偏最小二乘法的黄土碳酸钙含量和预测，由表 2-1 可以看出，不同的预测模型，IQ 值明显高于 RPD 值，表明在基于光谱分析的土壤参数预测中，IQ 法可能更好地评估预测模型的优劣。

表 2-1　基于偏最小二乘法的黄土碳酸钙含量预测（PLS 成分数为 6）

光谱范围/cm^{-1}	500 ~ 4000	500 ~ 1000	1000 ~ 2000	2000 ~ 3500
校正误差/%	1.10	2.79	1.14	1.90
验证误差/%	1.54	8.15	1.55	2.21
校正系数（R^2）	0.9113	0.4319	0.9048	0.7365
RPD	2.44	0.46	2.43	1.70
修正 RPD（IQ 法）	4.16	0.79	4.13	2.89

　　光谱数据处理是光谱分析的核心，也是光谱应用中最为重要的部分。现代化学计量学的发展为光谱分析提供了强有力的手段，使得红外光谱的应用精度增

大，应用范围也增加。利用光学计量学的手段构建模型并对模型进行评价是光谱应用中的两个重要环节，在土壤学应用中需要结合实际灵活地构建模型。

第四节 人工神经网络模型及其 Matlab 实现

一、 概述

主成分分析和多元回归通常建立在线性转换的基础上，适合用于过程较简单和明确统计分析，对于复杂的过程且非线性特别是线性和非线性共存的预测分析，这些方法往往难以达到满意的预测效果。而人工神经网络（ANN）的出现则为这种分析提供了强有力的手段。

人工神经网络作为一种由大量简单的处理单元（神经元）广泛互连而形成的复杂网络系统，已经被证明可以以任意精度拟合任意连续函数，具有强大的非线性建模能力。使用人工神经网络进行建模，不需要事先知道模型的具体形式，特别适合于解决复杂的映射问题。在红外光谱数据分析中，可将样本数据中的光谱信息作为神经网络输入，将化合物的物理或化学性质数据作为输出，对神经网络进行训练，建立起能够映射光谱信息与化合物性质之间关系的神经网络模型，作为红外光谱数据分析的手段（Ramadana et al.，2005）。

人工神经网络方法建模的计算量比较大，在应用其进行红外光谱数据分析时，所建神经网络的输入层数目不能太多，而在红外分析中所处理的光谱数据往往又是含有大量重叠信息的高维多变量信息，因此，在利用人工神经网络进行建模之前，首先要对近红外光谱数据进行压缩和降维，在保证不丢失光谱主要信息特征的前提下，将高维的光谱数据转化为低维数据，以作为人工神经网络的输入数据（Janik et al.，2009）。在实践中常采用主成分分析法对光谱数据进行预处理，提取出能够反映光谱主要信息的主成分，作为人工神经网络的输入，提取光谱的 PCA 主成分数或 PLS 主成分数，作为人工神经网络的输入，不但可以大大减小运算提高效率，同时也可以减少干扰，提高预测的准确性。

二、 人工神经网络的发展

1943 年，心理学家 McCulloch 和数理逻辑学家 Pitts 建立了神经网络和数学模型，称为 MP 模型。他们通过 MP 模型提出了神经元的形式化数学描述和网络结构方法，证明了单个神经元能执行逻辑功能，从而开创了人工神经网络研究的时代。1949 年。心理学家提出了突触联系强度可变的设想。20 世纪 60 年代，人工神经网络到了进一步发展，更完善的神经网络模型被提出，其中包括感知器和自适应线性元件等。Minsky 等仔细分析了以感知器为代表的神经网络系统的功能及局限，指出感知器不能解决高阶逻辑问题。他们的论点极大地影响了神经网络的研究，加之当时串行计算机和人工智能所取得的成就，掩盖了发展新型计算机和人工智能新途径的必要性和迫切性，使人工神经网络的研究处于低潮。在此期间，一些人工神经网络的研究者仍然致力于这一研究，提出了适应谐振理论（ART网）、自组织映射、认知机网络，同时进行了神经网络数学理论的研究。以上研究为神经网络的研究和发展奠定了基础。1982 年，美国加州理工学院物理学家 Hopfield 提出了 Hopfield 神经网格模型，给出了网络稳定性判断；1984 年，他又提出了连续时间 Hopfield 神经网络模型，为神经计算机的研究做了开拓性的工作，开创了神经网络用于联想记忆和优化计算的新途径，有力地推动了神经网络的研究；1985 年，又有学者提出了玻尔兹曼模型，在学习中采用统计热力学模拟退火技术，保证整个系统趋于全局稳定点；1986 年人们进行认知微观结构的研究，提出了并行分布处理的理论。人工神经网络的研究受到了各发达国家的重视，美国国会通过决议将 1990 年 1 月 5 日开始的 10 年定为"脑的十年"，国际研究组织号召它的成员国将"脑的十年"变为全球行为，人工智能的研究成了一个重要的组成部分。自 21 世纪以来，人工神经网络在各行各业中得到了广泛的应用，是人工智能的重要组成部分，也在红外光谱分析中得到越来越广泛的应用，为红外光谱的定性与定量分析提供了全新的数学工具，同时也不断完善现代化学计量学。

三、　人工神经网络的基本特征

人工神经网络是一种由大量处理单元互联组成的非线性、自适应信息处理的系统。它是在现代神经科学研究成果的基础上提出的，试图通过模拟大脑神经网络处理、记忆信息的方式进行信息处理。人工神经网络具有 4 个基本特征。

（一）非线性

非线性关系是自然界的普遍特性。大脑的智慧就是一种非线性现象。人工神经元处于激活或抑制两种不同的状态，这种行为在数学上表现为一种非线性关系。由神经元构成的网络具有更好的性能，可以提高容错性和存储容量。

（二）非局限性

一个神经网络通常由多个神经元广泛连接而成。一个系统的整体行为不仅取决于单个神经元的特征，而且可能主要由单元之间的相互作用、相互连接所决定。通过单元之间的大量连接模拟大脑的非局限性。联想记忆是非局限性的典型例子。

（三）非常定性

人工神经网络具有自适应、自组织、自学习能力。神经网络处理的信息不但可以有各种变化，而且在处理信息的同时，非线性动力系统本身也在不断变化。人们经常采用迭代过程描写动力系统的演化过程。

（四）非凸性

一个系统的演化方向，在一定条件下将取决于某个特定的状态函数。例如，能量函数，它的极值对应于系统比较稳定的状态。非凸性是指这种函数有多个极值，故系统具有多个较稳定的平衡态，这将导致系统演化的多样性。

四、 人工神经网络模型

人工神经网络模型主要考虑网络连接的拓扑结构、神经元的特征、学习规则等。目前，已有近40种神经网络模型，其中有反传网络、感知器、自组织映射、Hopfield 网络、玻尔兹曼机、适应谐振理论等，以后还会有更多的网络类型出现。根据连接的拓扑结构，神经网络模型可以分为两类：前向网络（back-propagation network，BP）和反馈网络（recurrent network）。

（一）前向网络

前向网络中各个神经元接受前一级的输入，并输出到下一级，网络中没有反馈，可以用一个有向无环路图表示。这种网络实现信号从输入空间到输出空间的变换，它的信息处理能力来自于简单非线性函数的多次复合。网络结构简单，易于实现。反传网络是一种典型的前向网络。

（二）反馈网络

反馈网络内神经元间有反馈，可以用一个无向的完备图表示。这种神经网络的信息处理是状态的变换，可以用动力学系统理论处理。系统的稳定性与联想记忆功能有密切关系。Hopfield 网络、玻尔兹曼机均属于这种类型。

（三）人工神经网络建模的 Matlab 实现

人工神经网络模型的计算十分复杂，且计算量很多，即便是专业人员也必须借助计算软件方可实现模型的建立，一般非专业人员如果想借助该模型则相当困难。随着计算机技术的发展，人工神经网络也进行到一个广泛普及的时代，应用人员可以不用知道具体的算法，只需知道其基本原理和功能就可以进行人工神经网络模拟。

在 Matlab 软件中已挂有人工神经网络工具箱（neural networks tool box），利用该工具箱可以建立各种人工神经网络模型，可实现红外光谱的定量与定性分析，本书对各种神经网络的原理和操作方法不作详述，读者可参考 Matlab 的帮助文件，其中对每一种模型原理及其使用方法均做了详细说明，即便是初学者也能在该帮助的导引下进行使用。

第五节　红外光谱分析中 Matlab 常用函数应用简介

一、　概述

Matlab 牵扯到大量的数学知识，有关数学工具的数学原理非常抽象难懂，因此在本书中，我们将不再对具体的数学知识进行重复；根据工具箱的类别（包括统计工具箱、信号处理工具箱和人工神经网络工具箱），本书列出红外光谱分析中可能用到的一些函数（不是全部）。这些函数的意义都很明确，使用也很简单，为了进一步简明表达，本书也仅仅给出了函数的名称，没有列出函数的参数以及使用方法，大家只需简单地在 Matlab 工作窗口中输入"help 函数名"，便可以得到这些函数详细的使用方法。

二、　统计工具箱

（一）参数估计

betafit β　分布数据的参数估计和置信区间

betalike β　对数似然函数

binofit　二项数据参数估计和置信区间

expfit　指数数据参数估计和置信区间

gamfit γ　分布数据的参数估计和置信区间

gamlike γ　对数似然函数

mle　最大似然估计

normlike　正态对数似然函数

normfit　正态数据参数估计和置信区间

poissfit　泊松数据参数估计和置信区间

unifit　均匀分布数据参数估计

weibfit Weibull　数据参数估计和置信区间

（二）累积分布函数

betacdf β　累积分布函数

binocdf　二项累积分布函数

cdf　计算选定的累积分布函数

chi2cdf　累积分布函数 2χ

expcdf　指数累积分布函数

fcdf F　累积分布函数

gamcdf γ　累积分布函数

geocdf　几何累积分布函数

hygecdf　超几何累积分布函数

logncdf　对数正态累积分布函数

nbincdf　负二项累积分布函数

ncfcdf　偏 F 累积分布函数

nctcdf　偏 t 累积分布函数

ncx2cdf　偏累积分布函数 2χ

normcdf　正态累积分布函数

poisscdf　泊松累积分布函数

raylcdf Reyleigh　累积分布函数

tcdf t　累积分布函数

unidcdf　离散均匀分布累积分布函数

unifcdf　连续均匀分布累积分布函数

weibcdf Weibull　累积分布函数

（三）概率密度函数

betapdf β　概率密度函数

binopdf　二项概率密度函数

chi2pdf　概率密度函数 2χ

exppdf 指数概率密度函数

fpdf F 概率密度函数

gampdf γ 概率密度函数

geopdf 几何概率密度函数

hygepdf 超几何概率密度函数

lognpdf 对数正态概率密度函数

nbinpdf 负二项概率密度函数

ncfpdf 偏 F 概率密度函数

nctpdf 偏 t 概率密度函数

ncx2pdf 偏概率密度函数 2χ

normpdf 正态分布概率密度函数

pdf 指定分布的概率密度函数

poisspdf 泊松分布的概率密度函数

raylpdf Rayleigh 概率密度函数

tpdf t 概率密度函数

unidpdf 离散均匀分布概率密度函数

unifpdf 连续均匀分布概率密度函数

weibpdf Weibull 概率密度函数

（四）逆累积分布函数

betainv 逆 β 累积分布函数

binoinv 逆二项累积分布函数

chi2inv 逆累积分布函数 2χ

expinv 逆指数累积分布函数

finv 逆 F 累积分布函数

gaminv 逆 γ 累积分布函数

geoinv 逆几何累积分布函数

hygeinv 逆超几何累积分布函数

logninv 逆对数正态累积分布函数

nbininv 逆负二项累积分布函数

ncfinv 逆偏 F 累积分布函数

nctinv 逆偏 t 累积分布函数

ncx2inv 逆偏累积分布函数 2χ

norminv   逆正态累积分布函数

possinv   逆正态累积分布函数

raylinv   逆 Rayleigh 累积分布函数

tinv   逆 t 累积分布函数

unidinv   逆离散均匀累积分布函数

unifinv   逆连续均匀累积分布函数

weibinv   逆 Weibull 累积分布函数

（五）分布矩函数

betastat   计算 β 分布的均值和方差

binostat   二项分布的均值和方差

chi2stat   计算分布的均值和方差 2X

expstat   计算指数分布的均值和方差

fstat   计算 F 分布的均值和方差

gemstat   计算 γ 分布的均值和方差

geostat   计算几何分布的均值和方差

hygestat   计算超几何分布的均值和方差

lognstat   计算对数正态分布的均值和方差

nbinstat   计算负二项分布的均值和方差

ncfstat   计算偏 F 分布的均值和方差

nctstat   计算偏 t 分布的均值和方差

ncx2stat   计算偏分布的均值和方差 2X

normstat   计算正态分布的均值和方差

poissstat   计算泊松分布的均值和方差

raylstat   计算 Rayleigh 分布的均值和方差

tstat   计算 t 分布的均值和方差

unidstat   计算离散均匀分布的均值和方差

unifstat   计算连续均匀分布的均值和方差

weibstat   计算 Weibull 分布的均值和方差

（六）统计特征函数

corrcoef   计算互相关系数

cov   计算协方差矩阵

geomean   计算样本的几何平均值

harmmean 计算样本数据的调和平均值

iqr 计算样本的四分位差

kurtosis 计算样本的峭度

mad 计算样本数据平均绝对偏差

mean 计算样本的均值

median 计算样本的中位数

moment 计算任意阶的中心矩

prctile 计算样本的百分位数

range 样本的范围

skewness 计算样本的歪度

std 计算样本的标准差

trimmean 计算包含极限值的样本数据的均值

var 计算样本的方差

（七）统计绘图函数

boxplot 在矩形框内画样本数据

errorbar 在曲线上画误差条

fsurfht 画函数的交互轮廓线

gline 在图中交互式画线

gname 用指定的标志画点

lsline 画最小二乘拟合线

normplot 画正态检验的正态概率图

pareto 画统计过程控制的 Pareto 图

qqplot 画两样本的分位数 – 分位数图

refcurve 在当前图中加一多项式曲线

refline 在当前坐标中画参考线

surfht 画交互轮廓线

weibplot 画 Weibull 概率图

（八）统计处理控制

capable 处理能力索引

capaplot 画处理能力图

ewmaplot 画指数加权移动平均图

histfit 叠加正态密度直方图

normspec 在规定的极限内画正态密度图

schart 画标准偏差图

xbarplot 画水平条图

（九）假设检验

ranksum 计算母体产生的两独立样本的显著性概率和假设检验的结果

signrank 计算两匹配样本中位数相等的显著性概率和假设检验的结果

signtest 计算两匹配样本的显著性概率和假设检验的结果

ttest 对单个样本均值进行 t 检验

ttest2 对两样本均值差进行 t 检验

ztest 对已知方差的单个样本均值进行 z 检验

（十）试验设计

cordexch 配位交叉算法 D-优化试验设计

daugment D-优化增强试验设计

dcovary 使用指定协变数的 D-优化试验设计

ff2n 两水平全因素试验设计

fullfact 全因素试验设计

hadamard Hadamard 正交试验

rowexch 行交换算法 D-优化试验设计

三、 Matlab 信号处理工具箱函数

（一）波形产生和绘图

chirp 产生扫描频率余弦

diric 产生 Dirichlet 函数或周期 Sinc 函数

gauspuls 产生高斯调制正弦脉冲

pulstran 产生脉冲串

rectpuls 产生非周期矩形信号

sawtooth 产生锯齿波或三角波

sinc 产生 Sinc 函数

square 产生方波

strips 产生条图

tripuls 产生非周期三角波

（二）滤波器分析和实现

abs 绝对值（幅值）

angle 相位角

conv 卷积和多项式乘法

conv2 二维卷积

fftfilt 基于 FFT 重叠加法的数据滤波

filter 递归（IIR）或非递归（FIR）滤波器的数据滤波

firter2 二维数字滤波

filtfilt 零相位数字滤波

filtic 函数 filter 初始条件确定

freqs 模拟滤波器频率响应

freqspace 频率响应的频率空间设置

freqz 数字滤波器频率响应

grpdelay 群延迟

impz 数字滤波器的脉冲响应

latcfilt 格型梯形滤波器实现

unwrap 相位角展开

zplane 零极点图

（三）线性系统变换

convmtx 卷积矩阵

latc2tf 格型滤波器转换为传递函数形式

poly2rc 多项式系数转换为反射系数

rc2poly 反射系数转换为多项式系数

residuez z-传递函数的部分分式展开

sos2ss 二阶级联转换为状态空间

sos2tf 二阶级联转换为传递函数

sos2zp 二阶级联转换为零极点增益形式

ss2sos 状态空间转换为二阶级联形式

ss2tf 状态空间转换为传递函数

ss2zp 状态空间转换为零极点增益

tf2latc 传递函数转换为格型滤波器

tf2ss　传递函数转换为状态空间

tf2zp　传递函数转换为零极点增益

zp2sos　零极点增益形式转换为二阶级联形式

zp2ss　零极点增益形式转换为状态空间

zp2tf 零极点增益转换为传递函数

（四）滤波器设计

Besself Bessel　（贝赛尔）模拟滤波器设计

butter Butterworth　（巴特沃斯）滤波器设计

cheby1 Chebyshev　（切比雪夫）1 型滤波器设计（通带波纹）

cheby2 Chebyshev　（切比雪夫）2 型滤波器设计（阻带波纹）

ellip　椭圆（Cauer）滤波器设计

maxflat　通用数字巴特沃斯滤波器设计

yulewalk　递归数字滤波器设计

buttord Butterworth　巴特沃斯型滤波器阶数的选择

cheb1ord Chebyshev1　切比雪夫 1 型滤波器阶数的选择

cheb2ord Chebyshev2　切比雪夫 2 型滤波器阶数的选择

ellipord　椭圆滤波器阶次选择

cremez　复响应和非线性相位等波纹 FIR 滤波器设计

fir1　基于窗函数的有限冲激响应滤波器设计——标准响应

fir2　基于窗函数的有限冲激响应滤波器设计——任意响应

fircls　多频带滤波的最小方差 FIR 滤波器设计

fircls1　低通和高通线性相位 FIR 滤波器的最小方差设计

firs　最小线性相位滤波器设计

firrcos　升余弦 FIR 滤波器设计

intfilt　插值 FIR 滤波器设计

kaiserord　用凯赛（Kaiser）窗估计函数 fir1 参数

remez Parks-McClellan　优化滤波器设计

remezord Parks-McCllan　优化滤波器阶估计

（五）统计信号处理

cohere　两个信号相干函数估计

corrcoef　相关系数矩阵

cov　协方差矩阵

csd 互功率谱密度估计（CSD）

pmem 最大熵功率谱估计

pmtm 多窗口功率谱估计（MTM）

pmusic 特征值向量功率谱估计（MUSIC）

psd 自功率谱密度估计

tfe 传递函数估计

xcorr 互相关函数估计

xcorr2 二维互相关函数估计

xcov 互协方差函数估计

四、 人工神经网络工具箱

（一）网络创建函数

newp 创建感知器网络

newlind 设计一线性层

newlin 创建一线性层

newff 创建一前馈 BP 网络

newcf 创建一多层前馈 BP 网络

newfftd 创建一前馈输入延迟 BP 网络

newrb 设计一径向基网络

newrbe 设计一严格的径向基网络

newgrnn 设计一广义回归神经网络

newpnn 设计一概率神经网络

newc 创建一竞争层

newsom 创建一自组织特征映射

newhop 创建一 Hopfield 递归网络

newelm 创建一 Elman 递归网络

（二）网络应用函数

sim 仿真一个神经网络

init 初始化一个神经网络

adapt 神经网络的自适应化

train 训练一个神经网络

（三） 权函数

dotprod　权函数的点积

ddotprod　权函数点积的导数

dist Euclidean　距离权函数

normprod　规范点积权函数

negdist Negative　距离权函数

mandist Manhattan　距离权函数

linkdist Link　距离权函数

（四） 网络输入函数

netsum　网络输入函数的求和

dnetsum　网络输入函数求和的导数

（五） 传递函数

hardlim　硬限幅传递函数

hardlims　对称硬限幅传递函数

purelin　线性传递函数

tansig　正切 S 型传递函数

logsig　对数 S 型传递函数

dpurelin　线性传递函数的导数

dtansig　正切 S 型传递函数的导数

dlogsig　对数 S 型传递函数的导数

compet　竞争传递函数

radbas　径向基传递函数

satlins　对称饱和线性传递函数

（六） 初始化函数

initlay　层与层之间的网络初始化函数

initwb　阈值与权值的初始化函数

initzero　零权/阈值的初始化函数

initnw Nguyen_Widrow　层的初始化函数

initcon Conscience　阈值的初始化函数

midpoint　中点权值初始化函数

（七）性能分析函数

mae 均值绝对误差性能分析函数

mse 均方差性能分析函数

msereg 均方差 w/reg 性能分析函数

dmse 均方差性能分析函数的导数

dmsereg 均方差 w/reg 性能分析函数的导数

（八）学习函数

learnp 感知器学习函数

learnpn 标准感知器学习函数

learnwh Widrow_Hoff 学习规则

learngd BP 学习规则

learngdm 带动量项的 BP 学习规则

learnk Kohonen 权学习函数

learncon Conscience 阈值学习函数

learnsom 自组织映射权学习函数

（九）训练函数

Trainwb 网络权与阈值的训练函数

Traingd 梯度下降的 BP 算法训练函数

traingdm 梯度下降 w/动量的 BP 算法训练函数

traingda 梯度下降 w/自适应 lr 的 BP 算法训练函数

traingdx 梯度下降 w/动量和自适应 lr 的 BP 算法训练函数

trainlm Levenberg_ Marquardt 的 BP 算法训练函数

trainwbl 每个训练周期用一个权值矢量或偏差矢量的训练函数

（十）绘图函数

plotes 绘制误差曲面

plotep 绘制权和阈值在误差曲面上的位置

plotsom 绘制自组织映射图

参 考 文 献

Arthur P，Michael G S. 2005. Independent component analysis of photoacoustic depth profiles. Journal of Molecular Spectroscopy, 229: 231-237.

Bellon-Maurel V, Fernandez-Ahumada E, Palagos B, et al. 2010. A Critical review of chemometric indicators commonly used for assessing the quality of the prediction of soil attributes by NIR spectroscopy. Trends in Analytical Chemistry, 29: 1073-1081.

Brian D H, Daniel T V. 2007. Essential Matlab ® for Engineers and Scientists. London: Elsevier Ltd.

Brian R H, Ronald L L, Jonathan M R, et al. 2006. A Guide to MATLAB for Beginners and Experienced Users. London: Cambridge University Press.

Chang C W, Laird D A, Mausbach M J, et al. 2001. Near-infrared reflectance spectroscopy-principal components regression analyses of soil properties. Soil Science Society of America Journal, 65: 480-490.

Fu X G, Yan G Z, Chen B, et al. 2005. Application of wavelet transforms to improve prediction precision of near infrared spectra. Journal of Food Engineering, 69: 461-466.

Geladi P, Kowalski B R. 1986. Partial least-squares regression: a tutorial. Analytica Chimica Acta, 185: 1-17.

Howard M, Jerry W. 2007. Chemometrics in Spectroscopy. London: Elsevier Ltd.

Janik L J, Forrester S T, Rawson A. 2009. The prediction of soil chemical and physical properties from mid-infrared spectroscopy and combined partial least-squares regression and neural networks (PLS-NN) analysis. Chemometrics and Intelligent Laboratory Systems, 97: 179-188.

Li J G, Chen C S, Zheng C J, et al. 2011. Extraction of physical parameters from photoacoustic spectroscopy using wavelet transform. J Appl Phys, 109: 063110-063115.

Lieven D L, De Bart M, Joos V. 2000. An introduction to independent component analysis. J Chemometrics, 14: 123-149.

Martin H T. 2007. Matlab ® receipes for Earch Science. Berlin: Springer.

Michel M, Yves M, Georges O, et al. 2002. Wavelet Toolbox for Use with Matlab ®. Natick: The MathWorks, Inc.

Pascal C, Serge W, Michel U. 2007. Combined wavelet transform-artificial neural network use in tablet active content determination by near-infrared spectroscopy. Analytica Chimica Acta, 591: 219-224.

Ramadana Z, Philip K H, Mara J J, et al. 2005. Application of PLS and back-Propagation neural networks for the estimation of soil properties. Chemometrics and Intelligent Laboratory Systems, 75: 23-30.

Richard G B. 2007. Applied Chemometrics for Scientist. Hoboken: John Wiley & Son, Ltd.

Shao X G, Ma C X. 2003. A general approach to derivative calculation using wavelet transform. Chemometrics and Intelligent Laboratory Systems, 69: 157-165.

Svante W, Michael S, Lennart E. 2001. PLS-regression: a basic tool of chemometrics. Chemometrics and Intelligent Laboratory Systems, 58: 109-130.

Viscarra Rossel R V, McGlyn R N, McBratney A B. 2006. Determining the composition of mineral-organic mixes using UV-vis-NIR diffuse reflectance spectroscopy. Geoderma, 137: 70-82.

第三章　土壤中红外光声光谱特征

第一节　土壤中红外光声光谱的测定

一、概述

光声光谱分析法是基于光声效应（photoacoustic theory），或称热弹效应（thermoelastic effect）而建立起来的一种光谱分析方法。光声效应可以由各种类型的能量辐射、电子、质子、离子以及其他粒子产生，获取的信息非常广泛。光声技术作为一种灵敏的、多用途和有特色的分析技术，其信号检测原理完全不同于常规的红外光谱，已广泛应用于物理、化学、生物、工程和医学等许多领域，但在土壤学中还是一个全新的应用领域（Michaelian，2010）。

本节在讨论光声光谱技术原理的基础上，针对土壤样品测定存在的问题，作出一些探讨，并在现有硬件条件的基础上，调整和优化测定的参数。

二、光声效应原理

光声效应分为气体光声效应和固体光声效应，因研究材料为固体土壤，故不作说明光声效应均指固体光声效应。固体光声效应的典型理论为 R-G 理论，又称声活塞模型（Rosencwaig and Gersho，1976；Rockley and Devlin，1977；McClelland et al.，2002）。下面结合图 3-1 的凝聚态样品产生 PA 信号示意图，解释该理论。

首先，样品在光穿透深度内吸收调制入射辐射，产生受激态。受激态通过无辐射弛豫返回到基态，释放出热能而产生调制热。样品中一定深度（依测量方法不同）内的热传至样品表面，即固－气界面，就对界面上的气体层产生周期性的加热作用，导致界面上的温度周期性变化，从而在界面上产生气压扰动——声波。它通过气体耦合到传声器以电信号输出。样品－气体界面上这种周期性压缩－弛豫过程犹如活塞作用，故称声活塞模型。

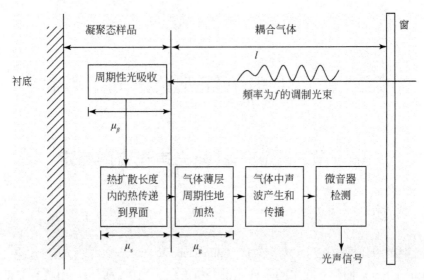

图 3-1　凝聚态样品中产生 PA 信号图解

深入研究图 3-1 可知，光声效应过程中存在光穿透距离 μ_β 和热传播距离 μ_s，它们相对样品物理厚度 l 的不同，分 4 种类型：①$\mu_\beta > l$，为透明样品的情况，称"光薄"；②$\mu_\beta < l$，为不透明样品的情况，称"光厚"；③$\mu_s > l$，为弱吸热样品情况，称"热薄"；④$\mu_s < l$，为强吸热样品情况，称"热厚"。综合考虑 3 个参数，存在 6 种情况，见表 3-1。

表 3-1　光声信号的几种可能情况

条件	情况
1. $\mu_s > \mu_\beta > l$	热薄，光薄
2. $\mu_\beta > \mu_s > l$	光薄，热薄
3. $\mu_\beta > l > \mu_s$	光薄，热厚
4. $\mu_s > l > \mu_\beta$	热薄，光厚
5. $l > \mu_s > \mu_\beta$	光厚，热厚
6. $l > \mu_\beta > \mu_s$	热厚，光厚

只有第 4~6 三种情况，存在光声信号正比于吸光系数的关系，能够用于光谱定量分析，但只有第 6 种情况可以用于光谱逐层扫描。当样品的光吸收系数 β 很大时，如很多有机化合物都有较大的 β 值，常出现光声信号不随 β 而变化的现象，产生信号的饱和效应，即满足第 4、第 5 种情况。

参考红外光声光谱的实际应用以及光声检测附件的功能，红外光声光谱的测定参数总结见表 3-2。这只是一般测定下参数的选择，对于特殊要求的测定则可以根据实际情况进行调整。

表 3-2　红外光声光谱测定参数的选择

参数	选择分析
分辨率	当分辨率在一定程度上降低时可以改善信噪比，减少光谱扫描时间，但分辨率过低时则会损失样品信息；对一般固态样品分析 $4 \sim 8$ cm^{-1} 分辨率就可以满足一般测定
扫描次数	增加扫描次数可以增加信噪比，减少分析误差，但扫描次数过多会导致分析时间过长，通常情况 32 次扫描能满足一般分析的要求
动镜速率	对于均匀样本，在中红外区域动镜速率可为 $0.25 \sim 10.32$ cm·s^{-1}，而在近红外区域则一般小于 0.1 cm·s^{-1} 更适合，对于不均匀的样本，由于动镜速率不一样探测深度也不一样，需要根据实际情况加以选择和调整

红外光声光谱已广泛应用于食品行业（Yang and Irudayaraj，2001；Irudayaraj and Yang，2002），近年来逐渐扩大到各种表面分析，如表面催化（Ryczkowski，2007）等。红外光声光谱甚至可应用于无机材料的定性（Reddy et al.，2001），在气体等痕量物质的研究方面也有很多应用（Fan and Brown，2001；Koskinen et al.，2006）。Michaelian 等（2006）使用快速扫描和步进式扫描光声红外光谱研究提炼后的油砂，结果表明，其表面区域主要是高岭石，而石英和烃类则在较深的区域。利用红外光声光谱研究农业生物材料具有独到的特点（Rockley et al.，1980），而土壤则是一个全新的领域，具有广泛的应用潜力。

三、　土壤样品的光声效应

因土壤为深色样品，基本肯定存在光厚的情况，那么其热扩散距离就决定了其光声效应的强弱，关系到光谱的测定。

根据热扩散定律有

$$\mu_s = \left(\frac{k}{\pi f \rho c} \right)^{1/2} \tag{3-1}$$

按 Lambert-Beer 定律可推得

$$I = I_0 e^{-\beta x} \overset{I衰减到1/e}{\Longrightarrow} x = \frac{1}{\beta} \text{，即可得 } \mu_\beta = \frac{1}{\beta} \tag{3-2}$$

土壤的热扩散系数受空隙间空气量和含水量影响很大，因此不同土壤存在较大差别，一般来说，土壤中水的热扩散率为 1.200×10^{-3} cm^2·s^{-1}，土壤空气为 1.667×10^{-7} cm^2·s^{-1}，土粒为 $4.421 \times 10^{-3} \sim 1.316 \times 10^{-2}$ cm^2·s^{-1}。土壤层热扩

散率为 $1.665 \times 10^{-3} \sim 4.687 \times 10^{-3} \mathrm{cm^2 \cdot s^{-1}}$，表层土壤热扩散率稍高，为 $2.1 \times 10^{-3} \sim 6.5 \times 10^{-3} \mathrm{cm^2 \cdot s^{-1}}$。现假设土壤的热扩散率为 $1.0 \times 10^{-3} \sim 1.0 \times 10^{-2} \mathrm{cm^2 \cdot s^{-1}}$，可计算得到不同动镜速率下，不同波数处的热扩散距离，见表3-3。

表3-3　不同动镜速率下各波数处热扩散距离

动镜速率 /(cm·s^{-1})	调制频率/Hz		热扩散距离/μm	
	400 cm^{-1}	4000 cm^{-1}	400 cm^{-1}	4000 cm^{-1}
0.16	63.3	633	5.02 ~ 22.42	2.24 ~ 7.09
0.31	127	1270	5.01 ~ 15.83	1.58 ~ 5.06
0.63	253	2530	3.55 ~ 11.21	1.12 ~ 3.55

可见，热扩散距离是极低的，而相对来说，动镜速率为 $0.31 \mathrm{cm \cdot s^{-1}}$ 时扩散距离较短，且调制频率基本在 1000 Hz 以内，避免样品腔内的声波对 PA 信号的贡献。当然，选择动镜速率 $0.63 \mathrm{cm \cdot s^{-1}}$ 效果更好，但是这会引入样品腔内的声波噪声。

图 3-2 给出了 $0.16 \mathrm{cm \cdot s^{-1}}$、$0.31 \mathrm{cm \cdot s^{-1}}$、$0.48 \mathrm{cm \cdot s^{-1}}$ 和 $0.63 \mathrm{cm \cdot s^{-1}}$ 动镜速率下同一土壤样品（水稻土）的光谱图。显然不同动镜速率下的光谱存在明显差别，表明热传播距离 μ_s 大于光穿透距离 μ_β，因此，该光谱不但可以进行定量分析，还可以实现逐层扫描分析。根据方程（3-1），动镜速率越小，热传播距离大，获得的光谱信息主要来源于样品深层，而动镜速率大时，热传播距离小，光谱信息主要来源于样品的浅层。由图 3-2 可以看出，动镜速率大时，光谱的吸收峰更为丰富，尤其在 $1500 \sim 3200 \mathrm{cm^{-1}}$ 处增加了多个特征吸收峰（如图 3-2 中箭头所示），这是因为浅层信息更多地来源于样品表面的有机物质，而有机物质分子结构的多样性明显高于处于深层的矿物，因此在动镜速率较小时，所得到的光谱信号的特征吸收相对较少。动镜速率较大时的光谱信号适合研究土壤矿物表面的有机质的特征，当动镜速率较小时光谱信号适合研究土壤黏土矿物的特征。而选择适中的动镜速率可以综合地反映土壤矿物和土壤矿物表面有机物质的信息，因此综合考虑其他因素，本研究的动镜速率选择为 $0.31 \mathrm{cm \cdot s^{-1}}$。

因相关研究资料的不足，光透射距离无法求得，因此无法对土壤的光声特性进行评价。但有相关资料提供了消除饱和现象的方法，Lin 和 Dudek（1979）研究了四苯基卟吩（tetraphenyl porphin，TPP）的光声信号饱和效应，分别做了粉末、260 nm 涂片和 52 nm 涂片的光声光谱，结果显示只有 52 nm 涂片消除光声饱和效应，得到分辨率好的光谱。消除饱和效应还可以对样品进行稀释或提高调制频率。

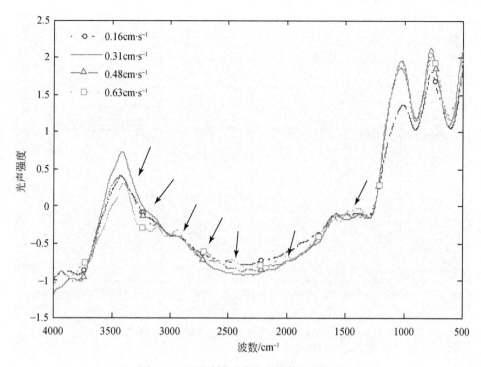

图 3-2　不同动镜速率对光谱信号的影响

四、　光谱测定技术

图 3-3 显示的是不同进样体积下得到的光声光谱图，进样体积不同时，光声信号略微发生改变，但整体差异不大。

对于强吸热样品 $\mu_s < l$，由 McDonald- Wetsel 理论（Wetsel and McDonald, 1977），可知其光声信号：

$$S(\tilde{v}) = \frac{j}{2\pi f} \frac{\gamma P_0}{l_g} \frac{I_0}{2\rho_s C_{ps}} \frac{\beta(\tilde{v})}{\sigma_g T_0 (g+1)(r+1)}$$

$$g = (\kappa_g \sigma_g)/(\kappa_s \sigma_s), \sigma_g = (j\,2\pi f/D_g)^{1/2}, \sigma_s = (j\,2\pi f/D_a)^{1/2} \qquad (3-3)$$

$$r = \beta(\tilde{v})/\sigma_s$$

而扩散系数有如下关系，并且根据理想气体状态方程，可知 $D_s = \dfrac{\rho_s C_{ps}}{\kappa_s}$

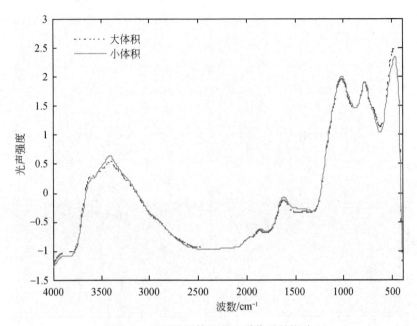

图 3-3　不同进样体积对光谱信号的影响

$$\left.\begin{array}{l} D_{\mathrm{g}} = \dfrac{\rho_{\mathrm{g}}\gamma}{\kappa_{\mathrm{g}}} \\[3mm] P_0 V_0 = nRT_0 \Rightarrow \dfrac{P_0}{T_0} = \dfrac{nR}{V_0} = \dfrac{nR}{\dfrac{nM}{\rho_{\mathrm{g}}}} = \dfrac{R\rho_{\mathrm{g}}}{M} \end{array}\right\} \Rightarrow D_{\mathrm{g}} = \dfrac{P_0 M\gamma}{T_0 R\kappa_{\mathrm{g}}} \qquad (3\text{-}4)$$

将式（3-3）和式（3-4）代入 S 函数，可以使其简化，得到

$$S(\tilde{v}) = \frac{jI_0 D_{\mathrm{g}}\kappa_{\mathrm{g}} R}{2\omega D_{\mathrm{s}}\kappa_{\mathrm{s}} l_{\mathrm{g}} M} \frac{\beta(\tilde{v})}{\sigma_{\mathrm{g}}(g+1)(r+1)} \qquad (3\text{-}5)$$

式（3-5）中，除了 l_{g} 以外，均为样品的性质参数。

由化简后的函数可知，进样体积会影响光声光谱信号的强度：当进样体积大时，样品和检测器间的距离变短，即 l_{g} 变小了，这就使信号强度变大。因此控制进样体积（或高度）非常重要，样品体积直接影响光谱测定的准确度。但图 3-3 中的结果显示，经滤波器消除噪声后，本研究中样品量对光声信号的影响并不显著。

五、　小结

光谱测定是后续光谱分析的基础，因条件限制，可供修改的测定参数只有动镜速率，且动镜速率明显影响光谱信号；经讨论，设定为 0.31 cm·s^{-1} 最佳，过小容易造成光声饱和且且光变扫描变慢，过大易引入样品腔内的噪声，都影响测定；同时动镜速率过小或者过大都不利于反映土壤黏土矿物以及矿物表面的有机物质。

在测定技术上，进样体积可能影响测定的效果。应该在测定过程中保持一个相对恒定的进样体积，但进样量不需保持一致，只要样品体积不占满样品池就可以，否则会影响光声信号的转换。总体上，当土壤样品的进样体积控制在样品池体积的 2/3 以下时对光谱测定的影响不显著。

第二节　土壤中红外光声光谱的前处理

一、　概述

在红外光谱的测定中，由于测定环境（如温度、湿度等）和仪器自身的原因，总会产生一些对目标信号的干扰，即噪声；因此去掉噪声将更有利于识别目标信号。对于红外光声光谱的检测，其检测原理决定了环境噪声干扰很大，特别是高频噪声，会使记录的光谱发生严重偏离。一方面光声附件在隔音措施上可以改进，另一方面，需要尽可能地在一个相对安静的环境进行测定。尽管我们可采取一些消除光谱噪声的措施，但是背景干扰总是或多或少的存在，这就需要对测定的原始光谱进行前处理。

上一节介绍光谱的测定条件所显示的光谱实际上已进行了光谱平滑或光谱噪声的去除，本节将专门介绍土壤光谱的前处理方法。前处理的方法很多，本节将介绍几种常用方法，分别是小波过滤、光谱数据标准化、光谱微分、主成分分析、独立成分分析。

二、　土壤光谱平滑

图 3-4 是两种东北黑土的原始红外光声光谱图（扫描间隔为 4 cm^{-1}，扫描次数为 32，动镜速率为 0.31 cm·s^{-1}）。该图全谱区域具有明显锯齿状毛刺，这些噪声对于测定特别是对较小的目的信号将具有十分严重的干扰。因此需要对原始光谱进行噪声去除。扫描分辨率越高、扫描次数越少干扰就越大；因为噪声是随机产生的，理论上加大扫描次数和加大扫描分辨率可以降低干扰，但增加扫描次数太多会使光谱测定时间显著增长，增大扫描分辨率则可能失去一些有用的信息。图 3-4 中的原始红外光声光谱经过小波过滤后的图谱见图 3-5（过滤常数 a

和 b 分别为 0.05 和 2）。可以看出光谱变得平滑，特征吸收峰可以很明显地反映出来。

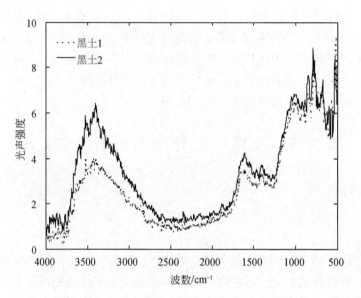

图 3-4　两种东北黑土的原始红外光声光谱图

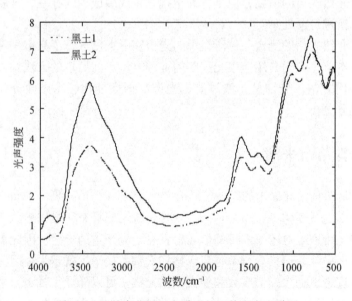

图 3-5　两种东北黑土去噪后的红外光声光谱图

尽管小波过滤去除噪声，但是过滤参数设置不当则会明显降低目标信噪比。图3-6中，固定平移参数 b，改变光滑参数 a 时光谱图明显不同。当 a 值为0.01时，平滑度增加，以至于一些吸收峰被平滑掉，如1200~1600 cm^{-1}处的吸收峰，丢失了很多重要信息，表明 a 值过小；a 值为0.1时，谱图上出现较多的平缓的吸收小峰，而这些吸收峰有可能是背景干扰导致的，因此 a 值有些过大；当 a 值为0.05时，该土壤的特征峰均能较好地体现，同时峰形光滑，因此这种条件下的去噪处理较好。滤波参数的选择具有一定的经验性，需要根据实际需要和研究目的加以确定。在土壤光谱分析中，a 和 b 的值分别选为0.05和2。

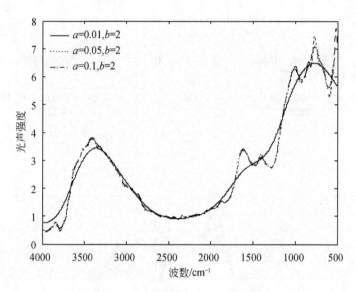

图3-6 两种黑土不同滤波参数去噪后的红外光声光谱图

在 Matlab 中利用滤波函数可以很快实现光谱的平滑化，以下程序中数据文件 data 中含有 spectrum 和 wave_nb 参数，分别代表光谱吸收值和波数。

```
Load data
[b, a] =butter (2, 0.05,'low')
spectrumF =filtfilt (b, a, spectrum)
spectrum = spectrumF
```

三、 土壤光谱数据标准化

由于红外光声光谱的测定环境以及硬件（如光源、光路）等原因，导致所测定的光谱可能存在一定的系统误差，我们可以通过数据标准化进行校正。

图 3-7a 是未经标准化的数据，标准化后光谱发生了明显的变化，纵坐标值明显收缩，且光谱数据的平均数变为零（图 3-7b）。标准化后的数据光谱间的差异依然存在，但可以消除一些相对误差，增强了光谱间的可比性。图 3-7 是采用的平均值为零的数据标准化，我们也可以将光谱数据归一到［－1，1］（图 3-8）。

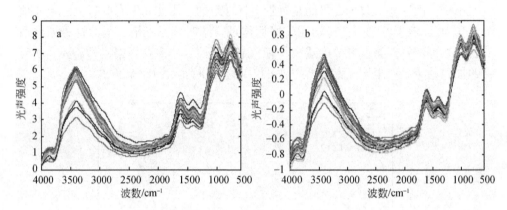

图 3-7　黑土的红外光声光谱图

a. 未标准化的红外光声光谱；b. 标准化的红外光声光谱；n = 20

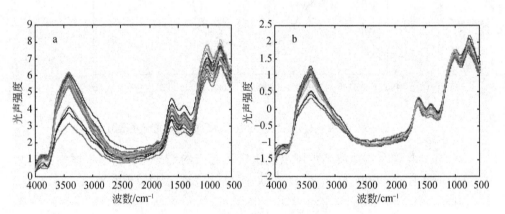

图 3-8　黑土的红外光声光谱图

a. 未归一化的红外光声光谱；b. 归一化的红外光声光谱；n = 20

标准化和归一化虽然都缩小了光谱值的变异范围，但有利于消除光谱测定的系统误差，增加光谱间的可比性。在实际的光谱定性与定量分析中，光谱数据是否需要进行标准化或者采用何种方法进行标准化是没有定律的，均可以进行尝试并给出最优方法。

在 Matlab 中给出了数据标准化和归一化的函数——mapminmax 和 mapstd，

利用这两个函数可很方便地得到图 3-7 和图 3-8 的结果。其他优化方法可以通过简单的编程加以实现。

四、　土壤光谱微分

土壤红外光声光谱是复杂土壤组成吸收综合光谱，不同组分的吸收峰均不同程度地受到其他组分的干扰，光谱微分的主要功能是能分离一些相互干扰或相互重叠的吸收峰，同进也能起到基线校正的功能（Zheng et al.，2008；Du et al.，2011）。光谱微分在分离光谱吸收峰的同时也能放大弱小的吸收峰，甚至也可将噪声放大成信号，因此基于原始红外光声光谱的光谱微分将会严重地降低信噪比，因此需要在滤波的基础上进行微分处理。

与图 3-5 相比，一阶微分红外光声光谱的吸收峰明显增多，峰形变得尖锐，纵坐标值变小（图 3-9）；尽管很难将这些吸收峰和土壤中的某些组成一一对应起来，但可为土壤特征的综合表征提供依据。二阶微分红外光声光谱分离出的吸收峰比一阶微分红外光声光谱还多，纵坐标的值进一步变小（图 3-10）；尽管二阶微分红外光声光谱能分离更多的吸收峰，但噪声峰引入的风险增大，可能会给光谱的定性与定量分析带来误差甚至是错误，尤其是在进行光谱定性分析时，使用二阶微分光谱需要慎重。在实际光谱分析中，对于组分复杂且不明确的样本，一般不采用二阶以上的微分光谱，因为具有较大误差风险。

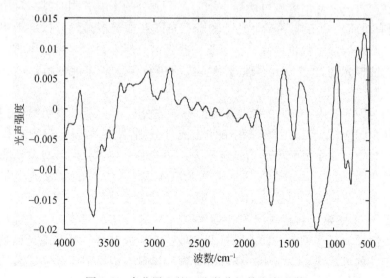

图 3-9　东北黑土的一阶微分红外光声光谱

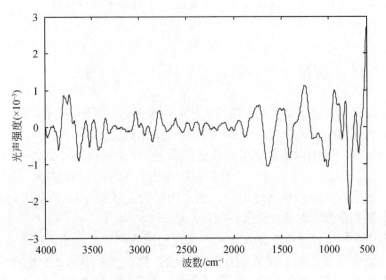

图 3-10　东北黑土的二阶微分红外光声光谱

五、　土壤光谱主成分分析

　　根据光谱分辨率的不同，一条土壤红外光声光谱往往由数百到数千个光谱数据点构成，每一个光谱区域可能受土壤中多个成分的影响，同时某一种土壤成分（如土壤有机质）也影响到多个光谱区域。光谱数据点多虽然可以携带更多的样本信息，但是数据维数也更高，这对于一些光谱分析来说就显得很困难。主成分分析可以抽提光谱的主成分，通过对主成分进行定量或定性分析，达到降维的目的。

　　我们对图 3-8 中的 20 个东北黑土进行主成分分析，结果表明第一主成分占总变异的 80.09%，第二、第三和第四主成分分别占 12.31%、4.69% 和 1.09% 的变异信息；第一主成分带的信息量最大，而前两个主成分所带有的信息超过总信息量的 90%，因此用这两个主成分作为新生成的变量进行定性或定量分析就可以使可视化分析成为可能，如此我们可以进行主成分分布（图 3-11）。

　　从图 3-11 中可以直接看出 20 种土壤的主成分分布，其分布不一样也就意味着土壤的性质或者类型不一样。通过两个或三个主成分分布可实现光谱数据的二维或者三维的可视化。土壤中一条红外光声光谱具有成百上千个主成分，所幸的是前 3 个主成分往往携带有 80% 以上的变异信息，在一般光谱分析中，所采用的主成分数一般不超过 5 个。但第一主成分携带的信息往往较高，是一个综合性

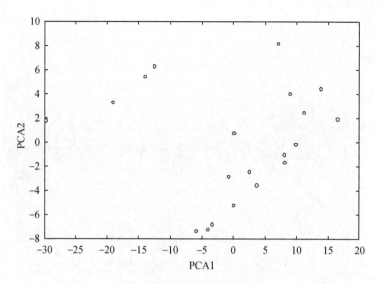

图 3-11　东北黑土红外光声光谱的主成分分布（$n=20$）

指标，很难表征土壤特定参数的变化。值得提出的是，光谱数据的标准化和归一化处理后对 PCA 分析结果没有任何影响。

六、　土壤光谱独立成分分析（ICA）

ICA 分析是近些年来发展起来的光谱分析工具，主要用于图像识别，即将图像中不需要的信息剔除，将目标信息凸显出来。因此 ICA 也可以用于光谱中各种吸收特征的分离，包括光谱噪声分离或去除。由此衍生的另外一个功能是分离光谱背景信息，从而起到去除背景干扰的目的（Arthur and Michael，2005）。通常我们可以通过对照样本去除背景干扰，但在有些情况下，我们很难获取一致的参照信号，有时候还很难获取参照信号或者没有参照信号，此时，ICA 分析还能起到参照信号的功能，减小目标信息的干扰。

我们采用图 3-8 中的 20 个东北黑土进行 ICA 分析（其具体算法参照文献）。可以得到 19 个独立主成分，每个主成分的向量图如图 3-12 所示，每个主成分向量图具有明显不同的光谱特征。与常规主成分分析不同，ICA 分析中，这 19 个独立的主成分之间不存在轻重之分，是一种平行关系，其中的一个或者若干个主成分可能与我们的研究对象有关，这要根据实际情况进行取舍，如我们可以分离出噪声光谱，也可以分离出与有机质有关的主成分。

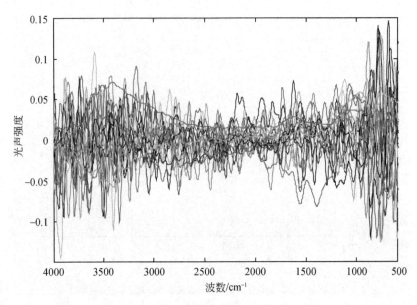

图 3-12　东北黑土红外光声光谱的 ICA 分析

　　与常规 PCA 分析不同，光谱数据的标准化或归一化对 ICA 分析具有一定的影响。图 3-13 和图 3-14 分别是光谱数标准化和归一化后 ICA 分析的成分向量光谱图。整体上成分向量光谱图是相似的，但局部存在明显的差异。因此，与常规

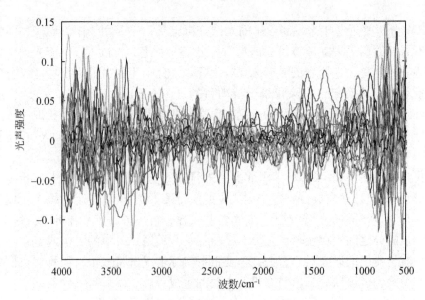

图 3-13　东北黑土标准化红外光声光谱的 ICA 分析

PCA 分析相比，独立成分分析具有更大的主观性，采用不同的算法和光谱数据前处理方法均对处理结果产生一定的影响，但这也是 ICA 分析的灵活性所在，为处理很多常规 PCA 分析无法解决的问题提供了可能。

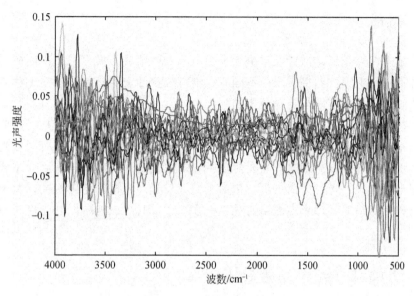

图 3-14   东北黑土归一化红外光声光谱的 ICA 分析

七、　小结

　　土壤红外光声光谱的前处理在土壤定性与定量分析中具有重要作用，往往会影响分析结果的好坏与可靠性。小波变换是重要的光谱平滑手段，但平滑参数的选择带有较强的主观性和经验性，需要进行综合和优化。土壤光谱微分可以分离土壤中某个组成的特征吸收，但同时可能放大噪声，微分阶数越高信噪比下降越严重，对于组分复杂的光谱分析，高阶微分光谱要慎用。数据的标准化和归一化可以减小光谱数据的离散性，增强光谱数据间的可比性，PCA 分析和 ICA 分析均可以实现光谱数据的降维，有利于进一步的定性与定量分析，但 ICA 分析体现了更强的灵活性，为很多 PCA 分析难以解决的问题提供新的解决方案。

　　土壤光谱数据的前处理涉及很多方法与方面，在实际应用中往往不仅仅采用某一种前处理方法，而经常是多种方法的联用，如 ICA 分析，我们可以对原始光谱进行 ICA 分析，也可以对小波过滤后的光谱进行 ICA 分析，还可以对经过小波过滤和光谱标准化的数据进行 ICA 分析，最终选择一种优化的光谱数据前处理方案。

第三节 我国典型农田土壤中红外光声光谱特征

一、 概述

土壤中红外光声光谱特征取决于土壤中的物质组成，换言之，不同的土壤组成或者不同的土壤类型将表现出不同的光谱特征，即土壤指纹。这些土壤光谱特征是我们进行土壤定性与定量分析的基础。

有些光谱特征通过肉眼可以观测得到，有些特征较弱或受到干扰，需要做一些数据处理或者通过数据转换后方可以捕捉到，而在实际分析中，有很多光谱差异是肉眼无法直接观测到的，需要做进一步的数据处理。本节将重点介绍我国主要农田土壤的红外光声光谱特征，包括土壤红外光声光谱的总体特征以及土壤中无机物和有机物的红外光声光谱特征，更多土壤及其组成的中红外光声光谱见附录 1~4。

二、 土壤红外光声光谱总体特征

图 3-15 是东北海伦黑土的中红外透射（KBr 压片）光谱，其吸收主要表现为两处：2800~3800 cm^{-1} 和 800~1600 cm^{-1}。2800~3800 cm^{-1} 处主要是黏土矿物和土壤水分的吸收，1500~1600 cm^{-1} 是土壤水分和有机物质的吸收，1300~1600 cm^{-1} 则是 $CaCO_3$ 的吸收，1200 cm^{-1} 以下为指纹吸收。土壤透射光谱虽然在吸收强度上存在差异，但由于透射光谱本身的特点，基本上只用于土壤组成的定性分析，如用于土壤矿物和有机物的鉴定；通过强度可以比较同一样品相对含量的半定量分析，但用于样品间定量分析则很困难；另外，透射光谱的样品前处理时间较长，在土壤定量分析中受到很大的限制。

图 3-16 是东北海伦黑土中红外衰减全反射光谱。为了使土壤能与衰减全反射附件晶体充分接触，需要向土壤样本中加水制成糊状样品，然后延展到样品池中，以获得尽可能一致的衰减全反射信号。黑土中红外衰减全反射光谱主要吸收区域和红外透射光谱相似，3 种土壤均表现相同的吸收峰，只在吸收强度上表现出一定的差异。图 3-17 表明，扣除水分吸收后的光谱图，在 2800~3800 cm^{-1} 处的吸收基本上是噪声，没有可用的信息，1500~1800 cm^{-1} 处的吸收变得很弱，因此这两处的吸收受水分影响很大，虽然 800~1200 cm^{-1} 处的吸收受水分影响不大，但这个波段的吸收十分复杂，是多种分子振动吸收的综合反应，对于成分复

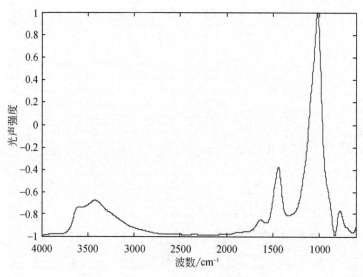

图 3-15　东北黑土中红外透射光谱

杂的土壤并没有很好的应用价值。1300 ~ 1600 cm^{-1} 处表现为 $CaCO_3$ 的吸收，这使得区分石灰性土壤和中酸性土壤成为可能。尽管如此，中红外反射光谱在土壤分析中的应用明显比近红外反射光谱少。红外衰减全反射光谱在测定方法上明显优于透射光谱，同时可实现定量分析，且样品基本不需前处理，测定快速，在土壤某些理化性质的定量分析上具有很多应用。但由于吸收信号相对较弱，使得分析误差相对较大，在应用中受到了一定的限制。

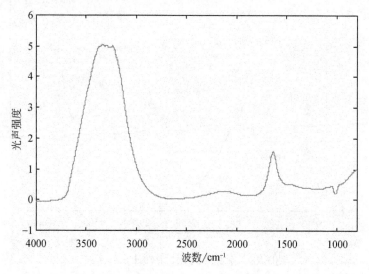

图 3-16　东北黑土衰减全反射中红外透射光谱（含水分吸收）

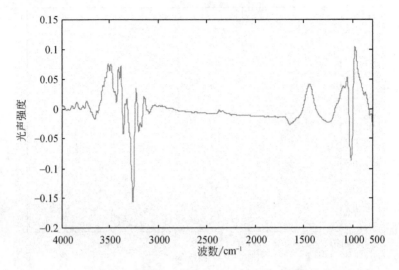

图 3-17　东北黑土衰减全反射中红外透射光谱（扣除水分吸收）

图 3-18 是东北海伦黑土中红外光声光谱，从 $500 \sim 3800 \ cm^{-1}$ 的中红外区均有吸收，吸收强度适中，吸收的丰富度也明显优于红外反射和透射光谱，不但有利于定性分析，同时红外光声光谱的测定基本不受土壤样品颗粒大小、样品密度和样品量等的影响，十分有利于土壤定量分析。土壤中的组分很多，不同的组分具有特征吸收，但图 3-18 中特征吸收峰有限，主要原因是土壤中很多组分的吸

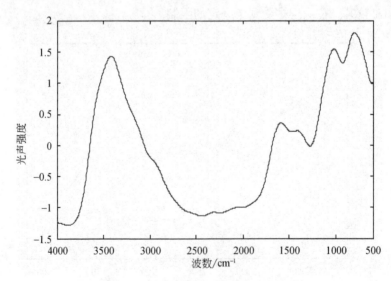

图 3-18　东北海伦黑土中红外光声光谱

收很靠近,导致吸收峰重叠乃至合并成宽峰。土壤的一阶微分光谱和二阶微分光谱则可分离出较多的吸收峰(图 3-19 和图 3-20)。由于影响红外吸收的因素很多,且同一个分子键的振动吸收也存在多种方式,具有不同的吸收频率,对于复杂组成的土壤来说,如要详尽地解译微分光谱中每一个特征吸收的归属则相当困难,目前也只能大致地加以区分;尽管如此,这些特征吸收峰可为定性和定量分析提供依据。

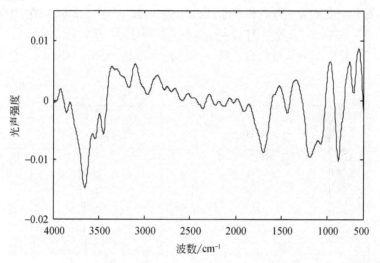

图 3-19　东北黑土中一阶红外光声光谱

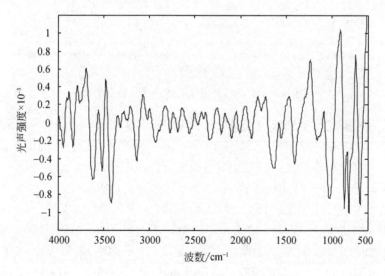

图 3-20　东北黑土中二阶红外光声光谱

三、 土壤无机物（矿物）红外光声光谱特征

土壤主要由无机组分构成，无机组分的主要成分为黏土矿物（高岭石、蒙脱石）、石英砂和 $CaCO_3$，不同的土壤类型其相对含量不同，而含量的不同也影响了土壤性质和土壤类型。

高岭石和蒙脱石的中红外透射光谱如图 3-21 所示。高岭石在 $3600 \sim 3700$ cm^{-1} 和 $500 \sim 1200$ cm^{-1} 处具有特征吸收；蒙脱石在 $3000 \sim 3600$ cm^{-1}、$1550 \sim 1650$ cm^{-1} 和 $800 \sim 1200$ cm^{-1} 处具有特征吸收，其中 $1550 \sim 1650$ cm^{-1} 处可能是水分的吸收。

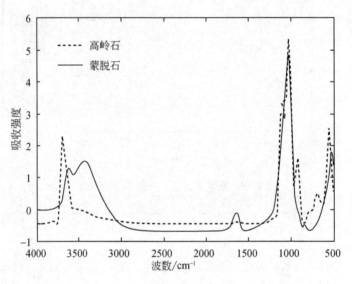

图 3-21　高岭石和蒙脱石的中红外透射光谱

高岭石和蒙脱石的衰减全反射红外光谱的差异主要体现在 $850 \sim 1150$ cm^{-1} 区域（图 3-22）。高岭石和蒙脱石均有两个一大一小的吸收峰，不同的是高岭石小峰在右，而蒙脱石小峰在左，且蒙脱石的大峰发生明显红移。

图 3-23 是几种土壤无机矿物的红外光声光谱，其吸收特征明显较透射光谱和反射光谱丰富，尤其是在 $1500 \sim 2000$ cm^{-1} 具有更多的吸收。蒙脱石的吸收主要表现在 $2800 \sim 3800$ cm^{-1}、$1500 \sim 1800$ cm^{-1}、$800 \sim 1200$ cm^{-1} 处，其中 $2800 \sim 3800$ cm^{-1} 处的吸收表现为宽峰；高岭石的吸收主要表现在 $3500 \sim 3800$ cm^{-1}、$800 \sim 1200cm^{-1}$ 处，其中 $800 \sim 1200$ cm^{-1} 处具有强吸收；石英砂在 $3200 \sim 3600cm^{-1}$ 和 $800 \sim 1200cm^{-1}$ 表现为两个强吸收，在 $1000 \sim 2000$ cm^{-1} 处存在一些弱吸收；$CaCO_3$ 则表现出多处较强

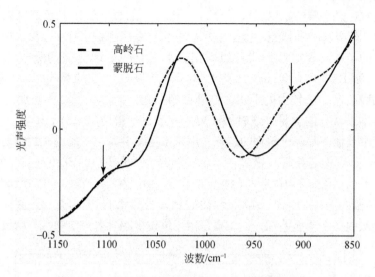

图 3-22　高岭石和蒙脱石的衰减全反射红外光谱

的吸收，主要为 3200 ~ 3800 cm^{-1}、2300 ~ 2600 cm^{-1}、1000 ~ 1600 cm^{-1}、1600 ~ 1700 cm^{-1}。

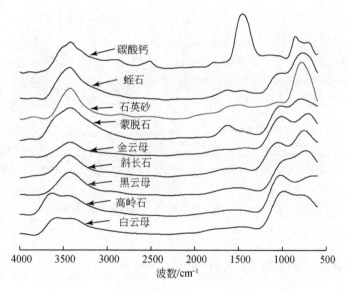

图 3-23　土壤中几种主要无机矿物的红外光声光谱

　　不同土壤无机物的红外吸收虽然具有各自的吸收特征，但也存在明显的相互干扰，尤其是在 3000 ~ 3800 cm^{-1} 和 800 ~ 1600 cm^{-1} 区域。相对不同的无机物，石英砂的红外吸收较弱，其他无机物均存在强弱不同的多个特征吸收峰。

　　土壤水也是土壤的重要组成成分，从图3-16的衰减全反射光谱可以看出，土壤水分的红外吸收特别强烈，当土壤样本中水分含量过多时则会对其他物质的吸收产生严重的干扰。同时我们也可以看出，水具有两个十分强的吸收峰：$3000 \sim 3600$ cm^{-1} 和 $1500 \sim 1650$ cm^{-1}，其中 $3000 \sim 3600$ cm^{-1} 处的吸收峰对其他土壤黏土矿物的吸收产生了较大的干扰，在进行相关光谱分析时，要适当加以考虑，严格限制样本中水分的含量，或者做必要的参照，尽量消除水分的干扰。

　　土壤中其他一些黏土矿物的红外光声光谱见图3-24。不同的矿的物均表现出不同的红外特征，但主要吸收峰多在 $500 \sim 1250$ cm^{-1} 和 $3000 \sim 3800$ cm^{-1}，且存在较大的相互干扰。图3-24中供试矿物由国际黏土协会提供，我们可以看到图3-24和图3-23中相同的矿物，如高岭石和碳酸钙，虽然都有特征峰，但在 $3000 \sim 3800$ cm^{-1}处的吸收存在明显差别，这主要是由于供试矿物含有一定的水分所致。

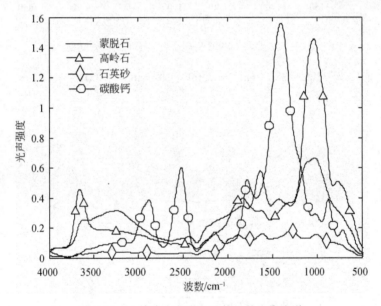

图3-24　土壤中主要黏土矿物红外光声光谱

四、　土壤有机物红外光声光谱特征

　　土壤有机物在土壤肥力中具有重要作用，它能吸附和固定养分，是植物所需养分的重要来源，同时有机质分解合成过程中，产生的多种有机酸和腐殖酸促进矿物风化，有利于养料的有效化。土壤有机物能改善土壤物理特性，促进团粒结构；也能改善土壤化学性质，增加离子交换量；最终能改善土壤生物特性，保持和提高土壤肥力。土壤肥力的提高对促进可持续性农业生产和减小生态环境风险具有重要意义。土壤有机物是土壤重要的物质组成，土壤有机物的组成十分复杂，种类繁多，含量千差万别，有的含量极低，常规方法都无法检测，有的含量很高，能达到百分之十几。通常土壤中的有机物以有机质含量来表示，而有机质主要由腐殖酸构成。腐殖酸也远不是纯的化合物，其组成和构成也因土壤类型不同而差异很大。

　　图3-25是国际腐殖酸协会提供的3种移动性腐殖酸（mobile humic acid，MHA）红外光声光谱与红外透射光谱图。显然，MHA的红外光声光谱与红外透射光谱虽然具有类似的特征吸收，但存在明显差别。在 3000～3800 cm^{-1} 处，红外光声光谱吸收较尖锐，而红外透射光谱则为较宽的吸收峰，使得 2900 cm^{-1}、2600 cm^{-1} 和 2400 cm^{-1} 处的吸收峰相对干扰较大。在 1500～1800 cm^{-1} 处红外透射光谱具有一个肩峰，而红外光声光谱只具有一个大的吸收峰；红外透射光谱在750 cm^{-1} 处有一个很弱的吸收峰，而红外光声光谱则在此处具有较强的吸收峰。

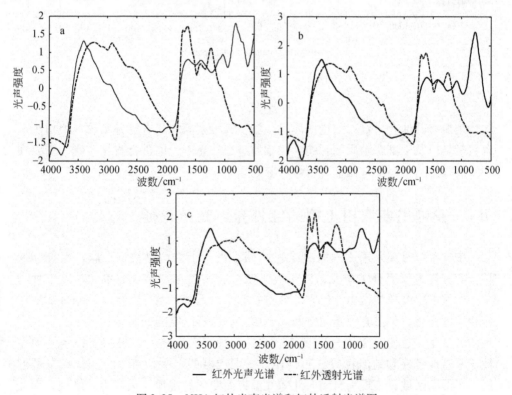

图 3-25　MHA 红外光声光谱和红外透射光谱图

a. Elliot 土中提取的 MHA；b. Pahokee 土中提取的 MHA；c. Leonardite 土中提取的 MHA

不同土壤的 MHA 和 CaHA（calcium humic acid）红外光声光谱很相似（图 3-26），但也存在一些明显差别。3300 ~ 3700 cm^{-1}处的吸收强度和峰形有所不同，这是由于不同的 C—H 或 N—H 振动吸收所致，2500 cm^{-1}左右处为 C ═C 双键振动吸收，由于相邻基团的影响（电效应或者共轭效应），使得不同土壤的吸收峰位置有所不同，表明其基团结构也明显不同。不同的土壤在 500 ~ 1600 cm^{-1}区域的吸收大致相同，但相对含量有所不同，尤其是在指纹吸收区。

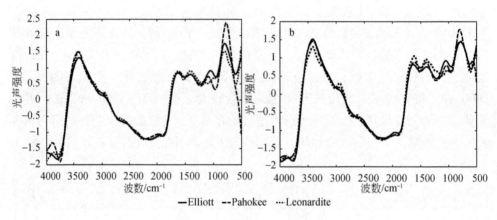

图 3-26　不同土壤 MHA 和 CaHA 的红外光声光谱图

a. MHA；b. CaHA

土壤有其他有机物，如蛋白质、多糖、纤维素等均具有红外吸收，但由于其含量较低以及土壤腐殖质的影响，很难通过红外光声光谱进行直接鉴别，需要在一定的提纯与分离的基础上进行分析鉴定。

五、 我国主要农田土壤的红外光声光谱特征

中国土壤分类系采用六级分类制，即土纲、土类、亚类、土属、土种和变种。前三级为高级分类单元，以土类为主；后三级为基层分类单元，以土种为主。中国的土壤类型繁多，但它的分布并非杂乱无章，而是随着自然条件的变化作相应的变化，各占有一定的空间。土壤类型在不同空间的组合情况下，发生有规律的变化，这便是土壤分布规律。它具多种表现形式，一般归纳为水平地带性、垂直地带性和地域性等分布规律。中国土壤的水平地带性分布，在东部湿润、半湿润区域，表现为自南向北随气温带而变化的规律，热带为砖红壤，南亚热带为赤红壤，中亚热带为红壤和黄壤，北亚热带为黄棕壤，暖温带为棕壤和褐土，温带为暗棕壤，寒温带为漂灰土，其分布与纬度基本一致。在北部干旱、半

干旱区域，表现为随干燥度而变化的规律，自东而西依次为暗棕壤、黑土、灰色森林土（灰黑土）、黑钙土、栗钙土、棕钙土、灰漠土、灰棕漠土，其分布与经度基本一致。在同一生物气候带内，由于地形、水文、成土母质条件不同以及人为耕作的突出影响，除了地带性土类外，往往还有非地带性土类分布，而且有规律地成为组合，这便是土壤的地域分布。在红壤地带除了有红壤外，由于人为耕作的影响，往往还有水稻土分布，而水稻土中又可以分为多种类型。

由于地域和气候差异，我国的土壤类型极为丰富。虽然每种土壤类型具有独特的性质，但不同的土壤类型之间并不存在绝对的界线，大多存在过渡区；从利用方式上看土壤类型也存在重叠，如红壤可以是水稻土，但水稻土不一定是红壤。本节主要介绍我国农业生产中主要的几种土壤的红外光声光谱特征，即华南的红壤、华东的水稻土、华中的潮土、西北的黄土和和东北的黑土，同时也专门介绍了现代农业中产生的设施土壤红外光声光谱特征。

（一）红壤

红壤为发育于热带和亚热带雨林、季雨林或常绿阔叶林植被下的土壤。其主要特征是缺乏碱金属和碱土金属而富含铁、铝氧化物，呈酸性红色。红壤又称为红土。一般红壤中四配位和六配位的金属化合物很多，其中包括了铁化合物及铝化合物。红壤铁化合物常包括褐铁矿与赤铁矿等，红壤含赤铁矿特别多。红壤是我国中亚热带湿润地区分布的地带性红壤，属中度脱硅富铝化的铁铝土。红壤通常具深厚红色土层，网纹层发育明显，黏土矿物以高岭石为主，酸性，盐基饱和度低。红壤土类划分 5 个亚类，本区分布有 3 个亚类。红壤亚类具土类典型特征，分布面积最大；黄红壤亚类为向黄壤过渡类型，在本区均分布于山地垂直带，下接红壤亚类，上接黄壤土类；红壤性土亚类是剖面发育较差的红壤类型，主要分布于红壤侵蚀强烈的丘陵山区，江西兴国一带和福建东南部有较多分布。

红壤在中国主要分布于长江以南的低山丘陵区，包括江西、湖南两省的大部分，滇南、湖北的东南部，广东、福建北部及贵州、四川、浙江、安徽、江苏等的一部分，以及西藏南部等地。红壤是我国重要的农田土壤之一，是水稻、油菜等农作物的重要产地。

我们在江西省随机采集了 100 个红壤样本测定其红外光声光谱（图 3-27），在 3620 cm^{-1} 处表现明显的吸收，表明红壤中主要的黏土矿物为高岭石，3400 cm^{-1} 处吸收峰的吸收强度存在较大差异，表明红壤的持水能力或有机质的含量有较大变异；2900 cm^{-1} 附近存在明显的脂肪族 C—H 吸收峰，1950 cm^{-1} 附近的吸收为 C＝C 键振动吸收；1800 cm^{-1} 附近则为 C＝O 键振动吸收；1500 ~ 1750 cm^{-1} 处的吸收为 C＝O、O—H 等基团的吸收；1300 ~ 1500 cm^{-1} 处的吸收为 N—O、C＝

O、C—C 等键的吸收；900~1250 cm^{-1}为 Si—O、C—O—C 等键的吸收；750 cm^{-1}
处为 Al—OH、C—H 等弯曲振动吸收。

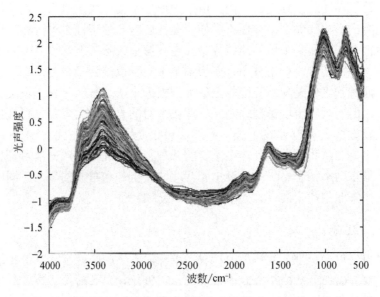

图 3-27　江西红壤中红外光声光谱（$n=100$）

红壤红外光声光谱的整体特征是：高频区（3000~3800 cm^{-1}）宽且具有特
有的高岭石肩峰；中频区（1300~1800 cm^{-1}）具有两个吸收峰，且左边峰显著
高于右边峰，表明这种土壤酸性较强；低频区（600~1250 cm^{-1}）有两个强度相
当的吸收峰。

（二）水稻土

水稻土是指发育于各种自然土壤之上、经过人为水耕熟化、淹水种稻而形成
的耕作土壤。这种土壤由于长期处于水淹的缺氧状态，土壤中的氧化铁被还原成
易溶于水的氧化亚铁，并随水在土壤中移动，当土壤排水后或受稻根的影响（水
稻有通气组织为根部提供氧气），氧化亚铁又被氧化成氧化铁沉淀，形成锈斑、
锈线，土壤下层较为黏重。

水稻土在我国分布很广，占全国耕地面积的 1/5，主要分布在秦岭—淮河一
线以南的平原、河谷之中，尤以长江中下游平原最为集中。水稻土是在人类生产
活动中形成的一种特殊土壤，是我国一种重要的土地资源，它以种植水稻为主，
也可种植小麦、棉花、油菜等旱作。水稻土有很多类型，如红壤性水稻土、黄棕
壤性水稻土、紫色土性水稻土、酸性草甸型水稻土、中性草甸型水稻土、石灰性

草甸型水稻土、潜育性水稻土、沼泽性水稻土等。

图 3-28 是江苏省随机采集的 100 个水稻土样本的红外光声光谱，这些土壤样本采自苏南地区，整体谱图特征与图 3-27 的红壤谱图类似，表明这种水稻土是红壤性水稻土；但仍然存在明显差别，最主要差别是 3620 cm⁻¹ 处的吸收减弱，同时高频区的吸收峰比红壤尖锐，表明红壤性水稻土和红壤组成上的主要差别为矿物组成。红壤中主要黏土矿物为 1∶1 型高岭石，而红壤性水稻土中则还含有 2∶1 型矿物。

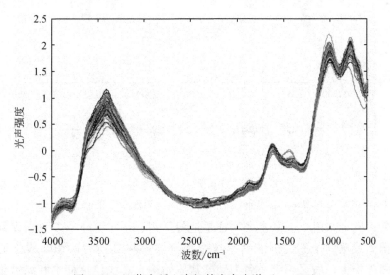

图 3-28　江苏水稻土中红外光声光谱（$n = 100$）

江苏省水稻土红外光声光谱总体特征为：高频区（3000～3800 cm⁻¹）中等宽且具有较弱的高岭石肩峰；中频区（1300～1800 cm⁻¹）具有两个吸收峰，且左边峰显著高于右边峰，表明这种土壤为偏酸性；低频区（600～1250 cm⁻¹）有两个强度相当的吸收峰。

水稻土作为一种人为土，从南到北和从东到西均有分布，因而土壤母质变异极大。图 3-29 是我国不同地区水稻土的红外光声光谱。可以看出，有些水稻土的红外光声光谱与图 3-28 相似，有些则存在很大差异，这主要是由于成土母质不同造成的。

因此水稻土的红外光声光谱特征不确定性较大，人为影响显著。总体特征可概括为：高频区（3000～3800 cm⁻¹）中等宽且可能具有高岭石肩峰；中频区（1300～1800 cm⁻¹）具有两个吸收峰，且左右峰吸收相对强度不定，表明这种土壤的 pH 可大可小；低频区（600～1250 cm⁻¹）有两个较强的吸收峰，且右峰的吸收强度大于或等于左峰的吸收强度。

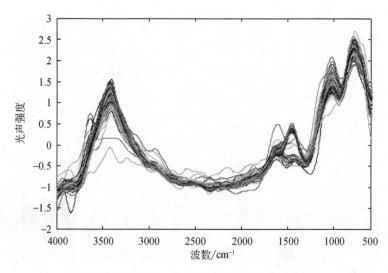

图 3-29　不同地区水稻土中红外光声光谱（$n=33$）

（三）潮土

潮土是河流沉积物受地下水运动和耕作活动影响而形成的土壤，因有夜潮现象而得名，属半水成土。其主要特征是地势平坦、土层深厚。多数国家称此类土壤为冲积土或草甸土。美国的《土壤系统分类》将其列为冲积新成土亚纲。在中国曾称冲积土，后又相继易名为碳酸盐原始褐土、浅色草甸土和淤黄土，1959年全国第一次土壤普查后定为现名。集中分布于河流冲积平原、三角洲泛滥地和低阶地。在中国多分布于黄河中、下游的冲积平原及其以南江苏、安徽的平原地区和长江流域中、下游的河、湖平原和三角洲地区。

图 3-30 为河南潮土的红外光声光谱。总体上不同样本之间的光谱差异小于红壤，也就是其均质性较强。3400 cm^{-1} 处吸收峰的吸收强度存在较大差异且峰形较尖，无明显高岭石吸收峰，表明其组成矿物主要为 2：1 型矿物；2900 cm^{-1} 附近存在明显的脂肪族 C—H 吸收峰，其吸收强度与红壤或水稻土相当，2600 cm^{-1} 处有明显的 $CaCO_3$ 的吸收，这也与 1450 cm^{-1} 处较强的吸收峰相对应；1950 cm^{-1} 附近的吸收为 C＝C 键振动吸收，但吸收较弱；1800 cm^{-1} 附近 C＝O 振动吸收也较弱；1500～1750 cm^{-1} 处的吸收为 C＝O、O—H 等基团的吸收；1300～1500 cm^{-1} 处为 N—O、C＝O、C—C 等键的吸收；900～1250 cm^{-1} 处为 Si—O、C—O—C 等键的吸收；750 cm^{-1} 处为 O—H、C—H 等弯曲振动吸收。

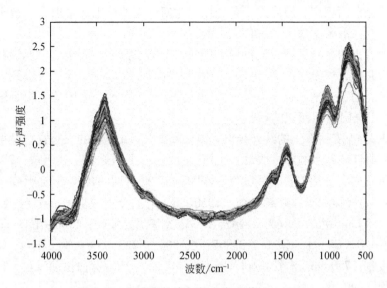

图 3-30　河南潮土中红外光声光谱 ($n = 100$)

潮土红外光声光谱的总体特征可概括为：高频区（3000 ~ 3800 cm^{-1}）吸收峰较尖，基本没有高岭石肩峰；中频区（1300 ~ 1800 cm^{-1}）具有两个吸收峰，且右峰吸收强度明显高于左峰，表明潮土是一种偏碱性土壤；低频区（600 ~ 1250 cm^{-1}）有两个较强的吸收峰，且右峰的吸收强度显著大于左峰的吸收强度。

（四）黄土

第四纪形成的陆相黄色粉砂质土状堆积物。黄土的粒径从大于 0.005 mm 到小于 0.05 mm，其粒度成分百分比在不同地区和不同时代有所不同。它广泛分布于北半球中纬度干旱和半干旱地区。黄土的矿物成分有碎屑矿物、黏土矿物及自生矿物 3 类。碎屑矿物主要是石英、长石和云母，占碎屑矿物的 80%，其次有辉石、角闪石、绿帘石、绿泥石、磁铁矿等；此外，黄土中碳酸盐矿物含量较多，主要是方解石。黏土矿物主要是伊利石、蒙脱石、高岭石、针铁矿、含水赤铁矿等。黄土的化学成分以 SiO_2 占优势，其次为 Al_2O_3、CaO，再次为 Fe_2O_3、MgO、K_2O、Na_2O、FeO、TiO_2 和 MnO 等。黄土的物理性质表现为疏松、多孔隙，垂直节理发育，极易渗水，且有许多可溶性物质，很容易被流水侵蚀形成沟谷，也易造成沉陷和崩塌。

黄土是在干旱气候条件下形成的特种土，一般为浅黄色、灰黄色或黄褐色，具有目视可见的大孔和垂直节理。在中国，黄土主要分布在 N30° ~ N48° 自西而东的条形地带上，面积约 64 万 km^2。其中山西、陕西、甘肃等省是典型的黄土分布区，分布面积广、厚度大，各个地质时期形成的黄土地层俱全。黄土的厚度各地不一，从数米至数十米，甚至一两百米。

中国黄土的分布面积，比世界上任何一个国家都大，而且黄土地形在中国发育得最为完善，规模也最为宏大。中国西北的黄土高原是世界上规模最大的黄土高原；华北的黄土平原也是世界上规模最大的黄土平原。中国黄土总面积达63.1万 km^2，占全国土地面积的6%。

图 3-31 为陕西黄土的红外光声光谱。在 3400 cm^{-1} 处的强吸收峰显得较为圆滑，无明显高岭石吸收峰，表明该土壤主要由 2∶1 型黏土矿物组成。2900 cm^{-1} 附近无明显的脂肪族 C—H 吸收峰，2600 cm^{-1} 处有明显的 $CaCO_3$ 吸收，这也与 1450 cm^{-1} 处较强的吸收峰相对应；1950 cm^{-1} 附近存在较弱 C═C 键振动吸收，1500~1750 cm^{-1} 处的吸收为 C═O、O—H 等基团的吸收；1300~1500 cm^{-1} 处的吸收为 N—O、C═O、C—C 等键的吸收；900~1250 cm^{-1} 处为 Si—O、C—O—C 等键的吸收；750 cm^{-1} 和 650 cm^{-1} 处为 O—H、C—H 等弯曲振动吸收，且吸收存在不同程度的红移。

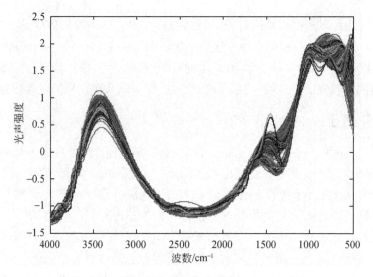

图 3-31　陕西黄土中红外光声光谱（$n = 100$）

黄土红外光声光谱的总体特征可概括为：高频区（3000~3800 cm^{-1}）吸收圆滑，基本没有高岭石肩峰；中频区（1300~1800 cm^{-1}）具有两个吸收峰，且右峰吸收强度明显高于左峰，表明黄土是一种偏碱性土壤；低频区（600~1250 cm^{-1}）有两个较强的吸收峰，左峰的吸收强度与右峰的吸收强度因土壤而异，且存在明显的红移现象。

（五）黑土

黑土是指有机物质平均含量为 3% ~ 10%，特别利于包括水稻、小麦、大豆、玉米等农作物生长的一种特殊土壤。温带半湿润气候、草原化草甸植被下发育的土壤，是温带森林土壤向草原土壤过渡的一种草原土壤类型，目前我国土壤分类系统，将黑土列入半水成土纲中。我国黑土分布在吉林省和黑龙江省中东部广大平原上。美国黑土分布在中部偏北的湿草原带，故称湿草原土。

我国黑土地处温带半湿润地区。四季分明，雨热同季为其气候特征。土壤母质黏重，并有季节冻土层。夏秋多雨，土壤常形成上层滞水，草甸草本植物繁茂，地上和地下均有大量有机残体进入土壤。漫长的冬季，微生物活动受到抑制，有机质分解缓慢，并转化成大量腐殖质累积于土体上部，形成深厚的黑色腐殖质层。土体内盐基遭到淋溶，碳酸盐也移出土体，土壤呈中性至微酸性。季节性上层滞水引起土壤中铁锰还原，并在旱季氧化，形成铁锰结核，特别是亚表层表现更明显。所以，黑土是由强烈的腐殖质累积和滞水潴积过程形成，是一种特殊的草甸化过程。自然状态下，黑土腐殖质层厚可达 1m，养分含量丰富，肥力水平高。黑土开垦后，腐殖质含量下降，因母质黏重，土壤侵蚀明显，这是黑土利用中需引起注意的问题。黑土是我国最肥沃的土壤之一，黑土分布区是重要的粮食基地。适种性广，尤适大豆、玉米、谷子、小麦等生长。

图 3-32 为黑龙江黑土中红外光声光谱，不同样本之间的光谱差异也较大，具有较强的异质性。3400 cm^{-1} 处吸收峰的吸收强度存在较大差异且峰形较尖，有少许高岭石吸收峰，表明其组成矿物主要为 2∶1 型矿物；2900 cm^{-1} 附近存在明显的脂肪族 C—H 吸收峰，其吸收强度相对较弱；2600 cm^{-1} 处存在较弱的 $CaCO_3$ 吸收，这也与 1450 cm^{-1} 处较强的吸收峰相对应；1800 cm^{-1} 附近 C＝O 振动吸收也较弱；1500 ~ 1750 cm^{-1} 处的吸收为 C＝O、O—H 等基团的吸收；1300 ~ 1500 cm^{-1} 处的吸收为 N—O、C＝O、C—C 等键的吸收；900 ~ 1250 cm^{-1} 处为 Si—O、C—O—C 等键的吸收；750 cm^{-1} 处为 Al—OH、O—H、C—H 等弯曲振动吸收。

黑土红外光声光谱的总体特征可概括为：高频区（3000 ~ 3800 cm^{-1}）吸收峰较尖，基本没有或有少许高岭石肩峰；中频区（1300 ~ 1800 cm^{-1}）具有两个吸收峰，且左峰吸收强度高于右峰，表明黑土是一种偏碱性或偏中性土壤；低频区（600 ~ 1250 cm^{-1}）有两个较强的吸收峰，且右峰的吸收强度大于左峰的吸收强度。

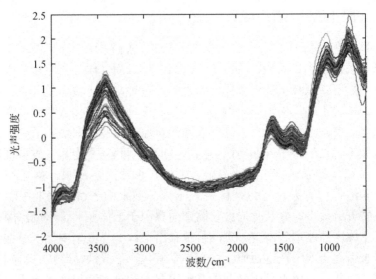

图 3-32　黑龙江黑土中红外光声光谱（$n = 100$）

（六）设施土壤

由于设施栽培（主要是塑料大棚、日光温室和地膜覆盖技术）在我国蔬菜和其他重要经济作物的反季节和跨地区种植中所起的重要作用，设施农业在全国各地得到了大面积的推广应用，栽培面积从 1981 年的 0.72 万 hm^2 发展到现今的 210 万 hm^2，占世界设施栽培面积的 70%，成为世界上设施栽培面积及总产量最大的国家。然而与当前设施栽培迅猛发展所不相适应的是在设施栽培系统中，至今尚无一套与之相适宜的土肥管理措施。由于温室、大棚等栽培条件下的土壤缺少雨水淋洗，且温度、湿度、通气状况和水肥管理等均与露地栽培有较大差别，加之设施栽培又长期处于高集约化、高复种指数、高肥料施用量的生产状态下，其特殊的生态环境与不合理的水肥管理措施导致了土壤次生盐渍化、养分不平衡、土壤酸化等诸多生产问题的产生，其中最为突出的是土壤次生盐渍化，它不仅直接危害作物的正常生长，而且也易引发其他相关生产问题。因此，了解设施土壤次生盐渍化的基本特征、成因、影响因素及其对土壤性质的影响，对于认识我国设施土壤环境质量的变化，指导合理生产，实现设施土壤的可持续利用具有十分重要的现实意义。

图 3-33 为四川设施土壤的红外光声光谱，不同样本之间的光谱差异也较大，具有较强的均质性，可能是由于较强的人工干预。3400 cm^{-1} 处吸收峰的吸收强度存在较小的差异且峰形较尖，高岭石吸收峰不明显，表明其组成矿物主要为

2∶1型矿物；2900 cm^{-1}附近脂肪族C—H吸收峰很弱，表明肪肪族有机物较少，土壤亲水性较强；1800 cm^{-1}附近C＝O振动吸收也较弱；1500～1750 cm^{-1}处的吸收为C＝O、O—H等基团的吸收；1300～1500 cm^{-1}处的吸收为N—O、C＝O、C—C等键的吸收；900～1250 cm^{-1}为Si—O、C—O—C等键的吸收；750 cm^{-1}处为O—H、C—H等弯曲振动吸收。

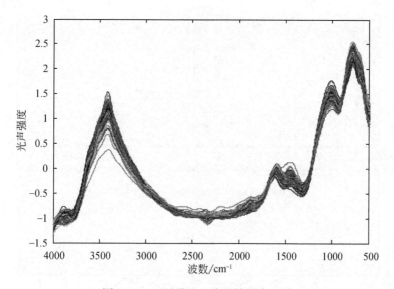

图3-33　四川设施土壤红外光声光谱

　　四川设施土壤红外光声光谱的总体特征可概括为：高频区（3000～3800 cm^{-1}）吸收峰较尖，基本没有高岭石肩峰；中频区（1300～1800 cm^{-1}）具有两个吸收峰，且左峰吸收强度高于右峰，表明该设施土是一种偏碱性或偏中性土壤；低频区（600～1250 cm^{-1}）有两个较强的吸收峰，且右峰的吸收强度明显大于左峰的吸收强度。

　　与水稻土一样，由于成土母质的影响，不同地区的设施土壤具有明显不同的红外光声光谱。图3-34比较了不同地区设施土壤与相应露地土壤的红外光声光谱。显然不同区域的设施土壤具有明显不同的光谱特征，基差异主要表现在光谱吸收峰形状、光谱吸收峰的相对强度上。而每一个区域的设施土壤与露地土壤间的差异则表现不明显。虽然设施土壤改变了土壤性质，是土壤主要组成并没有发生变化，一些次要但很重要的土壤组成可能发生了显著变化。

　　将图3-34的红外光声光谱进行微分，可得到一阶红外光声光谱（图3-35），从高频区、中频区到低频区我们均能找到很多设施土壤与露地土壤的光谱差别。这些差异很难一一进行明确地解译，其与土壤的有机物及土壤离子组成有关。

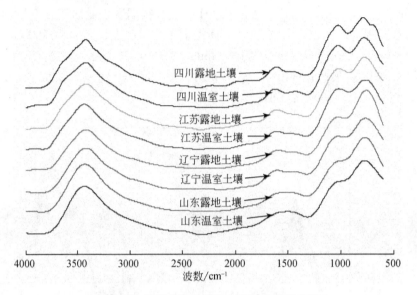

图 3-34　设施土壤和露地土壤红外光声光谱

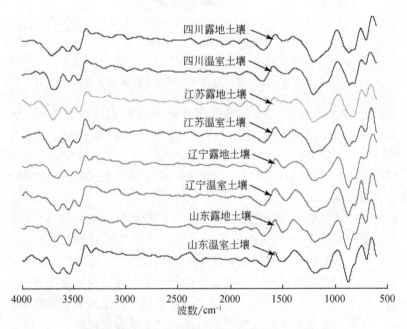

图 3-35　设施土壤和露地土壤一阶红外光声光谱

就整体而言，温室土壤红外光谱的差异明显小于露地土壤，这与温室土壤的管理和栽培有很大关系，长期的施肥和灌溉使得不同土壤类型的性质（表层土壤）发生改变，并出现明显的趋同现象。

六、　小结

不同的土壤具有明显不同的红外光声光谱特征，这些光谱特征主要由土壤中的无机矿物和有机质的组成决定。而反过来，通过特定的红外光声光谱可以判断土壤的基本属性。由于有机物的红外活性强于无机物，所以土壤有机物的高低可以通过全谱的吸收强度来确定，吸收强度越强则有机质含量越高；1∶1 型和 2∶1 型矿物可以通过 3620 cm^{-1} 处的肩峰加以确定；土壤亲水性的强弱可以通过 2900 cm^{-1} 处脂肪族 C—H 的振动吸收以及 1600 cm^{-1} 处 OH 或 C $=$ O 的吸收来确定；土壤的 pH 可以通过 1600 cm^{-1}/1450 cm^{-1} 两处吸收的强度比值来判断，比值越大的则酸性越强，反之碱性越强；指纹区的吸收是高频和中频特征吸收的反映，能起到辅助判断的作用。

以上这些光谱特征可以用于描述我国 5 种典型农田土壤的基本特征，为土壤资源的数字化表征和合理利用提供了新的手段。

第四节　基于红外光声光谱的土壤分类与鉴定

一、　概述

土壤本身是一种生态系统，同时也是陆地生态系统的关键部分，构成了农业生产的重要载体；土壤黏土矿物是土壤中最重要的无机组成成分，由于气候、环境等因素的影响，土壤矿物的种类及其分布存在一定的地理特征，影响和决定了一系列土壤性质，因此土壤黏土矿物的种类及其含量已成为土壤分类鉴定的重要依据之一。高岭石和蒙脱石是土壤中分布较广的黏土矿物，其中高岭石是 1∶1 型黏土矿物，而蒙脱石为 2∶1 型黏土矿物；土壤分类与鉴定是土壤资源学中的一项重要工作。传统的土壤鉴定仅凭肉眼的观测，这是远远不够的，我们需要测定很多项土壤的理化指标，从而确定土壤的类别，如基于土壤诊断层的土壤分类。这种鉴定是基于综合指标的基础上，基于任何一个或几个指标的土壤鉴定可能会是不准确的，因此传统的土壤鉴定费时费力，且主观影响较大，特别是对于过渡型土壤的鉴定，更容易出现误判。由于气候、地理等因素的影响，不同地区土壤黏土矿物的类型及其含量显著不同，使得我国土壤类型十分丰富，实时快速土壤鉴定将有利于土壤分类以及土壤肥力评估。红外光谱则为土壤鉴定提供了新的方法。红外光谱已较广泛地应用于土壤矿物分析，透射光谱制片较麻烦且土壤的吸收系数大，其应用受到限制；红外反射光谱可以用于土壤的定性与定量分析，但光谱受土壤颗粒形态的影响，因而测定误差较大。

第三节介绍我国典型农田土壤的红外光声光谱特征，结果表明不同的土壤类型具有明显不同的红外光谱，这就意味着我们可以通过土壤的红外光声光谱对土壤进行鉴定。土壤的红外光声光谱是土壤属性的综合反映，十分有利于土壤鉴定（Pontes et al.，2009）；我们只需采用相应的数学方法比较光谱间的差异，只要有标准数据库，我们就可以很快实现土壤鉴定，而且这种鉴定可以以定量的方式出现，即给出是某种土壤的概率，如这种土壤为红壤的可能性为90%，为水稻土的可能性为5%，这种表述应该更为科学，特别是对于很多过渡性土壤，更容易描述其基本特征。红外光声光谱鉴定快速方便，这也为土壤的数字化分类提供了可能的手段。

二、 土壤光谱奇异点

我们测定土壤红外光声光谱时，由于采样、测定或保存等诸多环节的原因，可能会导致一些光谱数据存在较大误差或者错误，尤其当测定样品量大时，就如同工厂在批量生产产品时总会出现废品，具有一定的废品率。图3-29中，有几条光谱的光谱特征与主流的光谱相差甚远，当然有可能结果的确如此，但更多的是有可能从采样到数据获取的过程中出现问题或错误，我们将这几条可能有问题的点定义为奇异点，要么进行重新采样测定，要么给予剔除，然后再作进一步的数据处理，以获得更准确的分析结果。

对废品的判断可以根据一定的产品标准，而在测定奇异点判断中则没有一定的标准，有些可以直接观测得知，如图3-29所示中有几条偏离较远的光谱，有些可以通过经验、常识或专业知识进行判断，但这些判断都带有较强的主观色彩，在实际分析中多用于辅助判别，我们往往还需要借助一些数学工具进行相对客观的评价。

分辨奇异点的工具很多，本书介绍主成分分布法。图3-36是535个黑土样本红外光声光谱第一主成分（PCA1）和第二主成分（PCA2）的分布图，我们可以用一个方框将分布较密集的点圈进去，而落在方框外有4个点，占总样本数的0.75%，为一个很小的比例，我们可认定为奇异点，在进一步的光谱数据分析中可以考虑剔除。

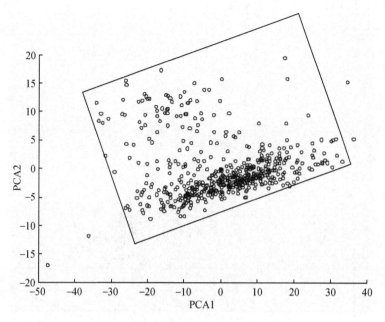

图 3-36　基于黑土红外光声光谱主成分分布的奇异点（$n = 535$）

　　图 3-37 是 664 个水稻土红外光声光谱 PCA1 和 PCA2 的主成分分布，我们可以用一个椭圆形框来容纳主要分布点，那么有 9 个点没有进入椭圆形框内，占总样点数的 1.36%，这也是一个小比例，因此这 9 个点也可以考虑认作奇异点。

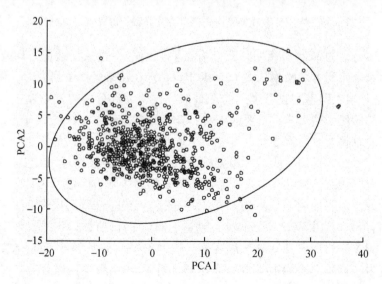

图 3-37　基于水稻土红外光声光谱主成分分布的奇异点（$n = 664$）

图 3-38 是 533 个红壤红外光声光谱 PCA1 和 PCA2 的主成分分布，我们可以用一个矩形框来容纳主要分布点，那么有 4 个点没有进入矩形框内，占总样点数的 0.75%，是一个小比例，因此这 4 个点可以考虑认作奇异点。

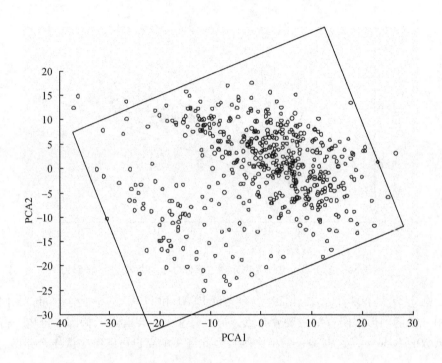

图 3-38　基于红壤红外光声光谱主成分分布的奇异点（$n = 533$）

在土壤光谱的 PCA 分析中，我们有必要介绍一下帕累托效应。1897 年意大利经济学家维弗利度·帕累托（Vilfredo Pareto）在从事经济学研究时，偶然注意到 19 世纪英国人财富和收益模式的调查取样中，大部分所得和财富流向了少数人手里。他发现了这个非常重要的事实：某一族群占总人口数的百分比，和该族群所享有的总收入或财富之间，有一项一致的数学关系，而这种不平衡的模式会重复出现；由此他提出了所谓"重要的少数与琐碎的多数原理"：在任何特定的群体中，重要的因子通常只占少数，而不重要的因子则占多数，因此，只要控制重要的少数，即能控制全局。帕累托原理是指世界上充满了不平衡性，如 20% 的人口拥有 80% 的财富，20% 的员工创造了 80% 的价值，80% 的收入来自 20% 的商品，80% 的利润来自 20% 的顾客等。这种不平衡关系也可以称为二八法则。该法则认为，资源总会自我调整，以求将工作量减到最少。抓好起主要作用的 20% 的问题，其他 80% 的问题就迎刃而解了。

帕累托效应经常运用于经济学和社会学研究，但其原理也同样适用于自然科学研究。在土壤红外光声光谱的 PCA 分析中，根据帕累托效应，占 80% 以上光谱信息的主成分代表或决定该土壤的性质或类型。第一和第二主成分往往携带大部分光谱信息，如图 3-39 和图 3-40 中，前两个主成分所占信息均达 80% 以上，因此这两个主成分可以决定土壤的主要信息，其主成分分布可以用来表征土壤的性质或类型，而采用其他主成分分布的代表性或可靠性不足。

此外，在采用某种方法收纳主成分分布样点时，如果不能包纳的样点太多，如比例在 5% 以上，则要考虑采用新的框法，理论上奇异点应该占较小的比例。奇异点的消除可以明显改善预测模型的精度，减小预测误差。

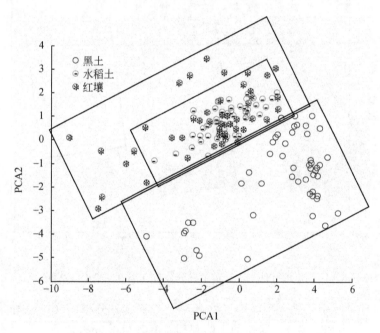

图 3-39　基于不同土壤红外光声光谱主成分分布
（黑土、水稻土、红壤）（$n = 150$）

三、 基于土壤红外光声光谱的主成分分布

由于土壤红外光声光谱的前两个主成分含有主要土壤信息，因此不同类型的土壤其主成分分布将具有一定的分布特征。图 3-39 是黑土、水稻土和红壤的红

外光声光谱的第一和第二主成分分布（其累积变异分别为81.04%、86.89%和86.35%）。3种土壤均具有特定的分布，而且在其分布区还具有不同的分布密度，每一个分布均有分布密集区和相对疏松区，其分布范围的大小可代表这种土壤变异的大小，即对同一种土壤类型也存在不同程度的变异。从图3-39中可以看出，红壤和黑土具有明显不同的分布，其分布界线很明显，而水稻土几乎完全从属于红壤，表明该水稻土为红壤性水稻土。实际上，水稻土是基于利用方式的土壤，而不是基于发生分类的土壤类型，因此水稻土就没有特定的分布特征，如东北黑土的水稻土其分布则会从属于黑土的分布。

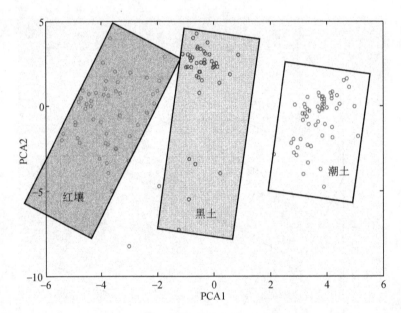

图3-40　基于不同土壤红外光声光谱主成分分布（黑土、潮土、红壤）（$n = 150$）

图3-40是黑土、潮土和红壤红外光声光谱主成分分布图（第一和第二主成分的累积变异为82.7%），这3种土壤则都具有各自的分布特征，且具有较明显的边界，因此主成分分布可以对基于发生分类的不同类型土壤进行区分。因为红外光声光谱是基于土壤物质的组成，对于人为分类土壤则很难加以区分，因为人为活动很难改变土壤的主要物质组成；但对某一种特定土壤类型则有可能对人为分类土壤加以区分。例如，红壤，有水田、旱地和蔬菜地之分，此时土壤母质或主要组成影响较一致，人为影响因素上升为影响土壤红外光声光谱的主导因素，此时红外光声光谱有可能区分这些利用类型。

　　图 3-41 为 3 种土壤的主成分得分分布，大体上可以分为 4 个区域。即高频区的 O—H 振动和 Si—OH 振动，中频区的 C＝O 振动和 COOH 振动，这种振动分布很难直接区分土壤类型。对比图 3-40，3 种土壤的主成分分布均受 O—H 振动影响，但 O—H 振动却不是特征分布的决定因素。红壤的主成分分布取决于 COOH 振动和 Si—OH 振动，因此其分布位于左下方；黑土主成分分布与 Si—OH 和 C＝O 振动有关，因此其分布位于红壤的下方，在三种土壤的中间；而潮土的主成分分布与 C＝O（碳酸钙）有关，因此其分布位于右下方。

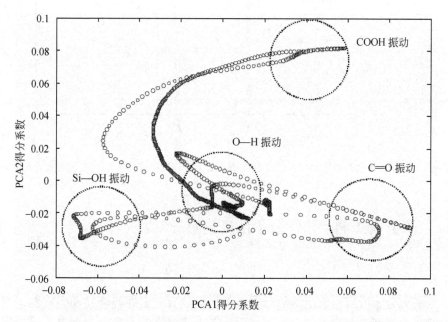

图 3-41　基于不同土壤红外光声光谱主成分得分分布（黑土、潮土、红壤）（$n=150$）

　　图 3-42 表明，近 20 年的长期定位施肥对潮土的理化性质已产生了一定的影响。其中长期施有机质对土壤性质的影响最显著。养分均衡施用的处理与不均衡施用处理间差异也明显，尤其是不施肥的 CK 和不施 N 肥的 PK 处理。施用有机肥和不同养分施用均导致土壤理化性质发生变化，但从主成分分布的位置分析，主导该差异的主要影响因素明显不同。

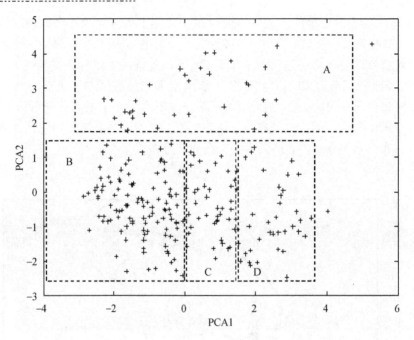

图 3-42 不同处理潮土长期定位试验土壤主成分分布（1989~2008 年）（7 个处理，$n=224$）

A. OM 处理；B. NPK、1/2OM + NPK 和 NP 处理；C. NK 处理；D. PK 和 CK 处理

四、 基于人工神经网络的土壤鉴定

（一） 概述

主成分分布可以实现土壤的分类，但仍然带有一定的经验性和主观性，当存在过渡土壤类型时就很难加以鉴定，而人工神经网络的方法则为土壤鉴定提供了新方法。

对向传播网络（CPN）将 Kohonen 特征映射网络与 Grossberg 基本竞争型网络相结合，既汲取了无教师型网络分类灵活、算法简练的优点，又采纳了有教师型网络分类精细、准确的长处，使两种不同类型的网络有机地结合起来，广泛地应用于模式分类、函数近似和数据压缩等领域。

概率神经网络是由 Specht 博士提出（Specht，1991），它与统计信号处理的许多概念有着紧密的联系。当这种网络用于检测和模式分类时，可以得到贝叶斯最优结果。它通常由 4 层组成。第一层为输入层，每个神经元均为单输入单输出，其传递函数也为线性的，这一层的作用只是将输入信号用分布的方式来表示。第二层称为模式层，它与输入层之间通过连接权值 W_{ij} 相连接。模式层神经

元的传递函数不再是通常的 Sigmoid 函数，而为

$$g(Z_i) = \exp[(Z_i - 1)/s \times s] \tag{3-6}$$

式中，Z_i 为该层第 i 个神经元的输入；s 为均方差。第三层称为累加层，它具有线性求和的功能。这一层的神经元数目与欲分的模式数目相同。第四层，即输出层具有判决功能，它的神经元输出为离散值 1 和 −1（或 0），分别代表着输入模式的类别。

在基于红外光谱的土壤养分定量模型分析中，由于土壤中有机质和矿物存在红外吸收，一定程度上干扰了对养分参数的预测，已有研究表明，进行适当的土壤分类再针对各类型土壤进行定量分析，可以大大提高养分定量模型的精度。然而目前这种前处理分类都是基于土壤的化学分析结果，还没有直接根据土壤红外光谱特征进行分类的尝试，本节则采用具有模式分类能力的对向传播网络和概率神经网络对土壤光谱进行分类研究。

前文从光谱吸收特征上分析了黑土、红壤和水稻土的红外光声光谱差异，但仅从分波段的光谱分析不能完全提取光谱中的变异特征，造成信息的丢失，无法作为土壤鉴别的依据。本节随机抽取黑龙江、江苏、江西三地的土壤各 20 个样品，通过将土壤光谱与对向传播网络结合，构建鉴定土壤的神经网络模型，并随机抽取土壤样品进行土壤分类，考察模型的鉴定效果。

（二）实验土壤样品的性质

随机抽取样品的信息见表 3-4，黑土样品选取黑龙江 5 地各 4 个样品，红壤选取江西 3 地共 20 个样品，水稻土选取江苏 10 地各 2 个样品，验证样品也随机选自以上地区，分别见表 3-4 和表 3-5。

表 3-4　随机抽取土壤样品信息

样品类型	采样地点	采样深度/cm	土壤类型
	北安县赵光镇六井子村	0～20	薄层黑土
	北安县赵光镇	0～20	厚层黑土
	北安县赵光镇	0～20	厚层黑土
	北安县赵光镇	0～20	厚层黑土
黑土	海伦县同心镇民众村	0～20	中层黑土
	海伦县同心镇永安堡	0～20	薄层黑土
	海伦县同心镇永安堡	0～20	中层黑土
	海伦县同心镇双泉村透眼井屯	0～20	中层黑土
	克山县北星镇民众村	0～20	黑土

样品类型	采样地点	采样深度/cm	土壤类型
黑土	克山县北星镇公平村	0~20	黑土
	克山县北兴镇双兴村	0~20	草甸暗棕壤
	克山县北兴镇大同村	0~20	黑土
	嫩江市科洛乡科后村	0~16	黏壤底暗棕壤型黑土
	嫩江市科洛乡柏根里村	0~18	黏壤底黑土
	嫩江市科洛乡科洛村	0~16	草甸沼泽土
	嫩江市科洛乡山河农场九队	0~20	黏壤底黑土
	五大连池市五大连池农场	0~20	草甸黑土
	五大连池市五大连池农场	0~20	暗棕壤黑土
	五大连池市五大连池农场	0~20	草甸土
	五大连池市 80301 部队农场	0~20	暗棕壤型黑土
红壤	余江锦江镇团黄村	0~14	中层少有机质红砂岩红壤
	余江石港镇七都村	0~12	厚层少有机质砂质岩红壤
	余江石港镇七都村青山苗圃	0~14	厚层少有机质红砂泥土
	余江石港镇灌田村张山寺林家	0~7	薄层少有机质砂质岩红壤
	鹰潭白露镇倪家村祝家	0~12	薄层少有机质红砂岩红壤
	鹰潭白露镇倪家村祝家	0~16	中潴灰红砂泥田
	鹰潭童家镇咀上村甘露寺西	0~10	中层中有机质红砂岩红壤
	鹰潭童家镇咀上村甘露寺东田畈	0~12	表层潜性中潴灰红砂泥田
	铅山稼轩山头	0~20	厚层少有机质泥质岩类红壤
	铅山黄岗山东坑	0~22	厚层多有机质酸性结晶岩类黄壤
	铅山鹅湖彭塘	0~7	中层有机质红砂岩类红壤
	铅山青溪童家垅	0~20	厚层少有机质红砂岩类红壤
	余江画桥乡大桥村	0~15	薄层中有机质泥质岩红壤
	余江画桥乡大桥村	0~20	薄层中有机质泥质岩红壤
	余江画桥乡百子村	0~19	厚层中有机质泥质岩红壤
	余江画桥乡百子村	0~20	厚层中有机质泥质岩红壤
	铅山黄岗山石垅	0~20	薄层少有机质酸性结晶岩类红壤
	铅山紫溪	0~20	厚层中有机质酸性结晶岩类红壤
	铅山新安乡林场	0~20	厚层中有机质泥质岩类红壤
	铅山新安乡林场	0~20	厚层中有机质泥质岩类红壤

样品类型	采样地点	采样深度/cm	土壤类型
水稻土	江阴夏港孟济里	0～20	黄泥土
	江阴璜土西贯	0～20	黄白土
	金坛西岗高桥	0～20	沙底黄泥土
	金坛西岗东岗	0～20	乌栅土
	溧阳埭头埭西	0～20	灰黄泥土
	溧阳前马西谈	0～20	乌泥土
	武进戴溪瞿家	0～20	白土
	武进横林河坡滩	0～20	黄泥土
	锡山长安镇南胡巷	0～20	黄泥白土
	锡山长安镇旺家庄	0～20	黄泥白土
	宜兴大塍南林	0～20	乌底白土
	宜兴分水牛湖	0～20	黄底白土
	常熟谢桥永丰1队	0～20	白土心白土
	常熟谢桥联明	0～20	乌泥心黄泥
	昆山兵希兵蓬丰产方	0～20	黄泥土
	昆山蓬朗石牌3队	0～20	黄泥土
	太仓双凤凤中	0～20	黄泥土
	太仓双凤凤中	0～20	乌山土
	吴江黎里利泾	0～20	灰底黄松土
	吴江八坼西联	0～20	黄松土

表 3-5　验证样品的采样信息

样品类型	采样地点	采样深度/cm	土壤类型
黑土	北安县闹龙沟水库	0～20	薄层黑土
	海伦县前进乡	0～20	中层黑土
	嫩江市建边农场	0～20	沙砾底草甸黑土
红壤	余江潢溪镇渡口村	0～20	厚层少有机质砂质岩红壤
	铅山鹅湖卢家蓬	0～20	厚层少有机质泥质岩类红壤
	铅山稼轩龙门隔山顶	0～20	厚层少有机质泥质岩类红壤
水稻土	江阴马镇湖庄	0～20	黄泥土
	金坛建昌	0～20	沙底乌栅土
	武进湖塘淹城	0～20	黄泥土
	吴江谭丘大熟	0～20	灰底黄泥土

（三）基于对向传播网络的土壤鉴定模型

测定所得的土壤光谱共有 936 个数据点，直接用作神经网络的输入则会造成输入神经元数过多，网络训练效率变低。

主成分分析可以抽取样本的变异，用主成分得分表示各样品所占的变异值，具有将样本降维的效果，非常适合作为神经网络输入层的前处理。样品的主成分分析结果见图 3-43，其中第一主成分所含变异百分比为 73.62%，第二、三主成分所含变异百分比分别为 15.54% 和 5.82%，三者之和约占总信息量的 95%。第一、二主成分得分的散点图显示，3 种土壤的光谱信息有较明显的差异。在第一主成分得分上，3 种土壤的光谱基本按黑土、红壤、潮土的顺序依次升高，特别是潮土，基本可与其他 2 种土壤分开。而在第二主成分得分上，黑土较红壤为高，也能基本分别。然而考察了第三主成分后，3 种土壤的差异更加显著，如图 3-43 所示，但不同土壤分布之间也存在明显重叠。

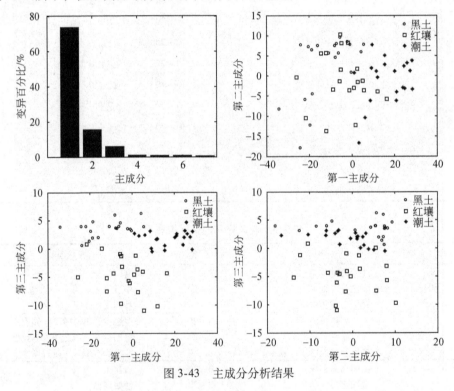

图 3-43　主成分分析结果

当以第一主成分对第三主成分作图后，可以明显地将 3 种土壤分别开，可知第三主成分所含信息在土壤鉴别中非常重要，因此选用前 3 个主成分作为网络分析的输入层，即网络输入神经元为 3 个。因本实验所选取土壤有 3 种类型，故网络输出层应该有 3 个神经元，为了更准确地进行鉴定，将竞争层神经元设置为 18 个。网络结构如图 3-44 所示。网络输出层神经元数设为 3，输出层目标向量设为 [1 0 0]、[0 1 0] 和 [0 0 1]，分别对应黑土、红壤和水稻土。用于网络回想的 10 个样本与训练样本一同进行主成分分析，前 3 个主成分得分进行归一化处理后作为输入层。网络竞争层神经元数为 18 个，学习速率设定为 0.1，考察 10、100 和 1000 三个网络训练次数的结果。

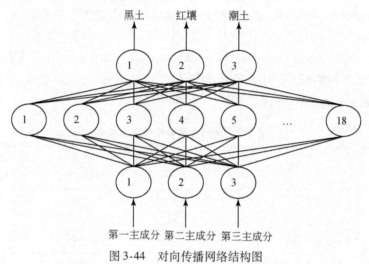

黑土　　红壤　　潮土

第一主成分 第二主成分 第三主成分

图 3-44　对向传播网络结构图

网络回想样本的输出层同样为 1×3 的向量，以数据最大元素所在列数为判断依据，如输出结果 [0.8　0.2　0]，则认为该样品为黑土，依此类推，考察训练后网络的判断能力。

对向传播网络是一种有教师学习网络，存在反馈能力，因此在网络学习的过程中，训练样本也发生一定的改变，训练次数过多可能造成"过拟合"，样本发生较大偏离，因此网络训练的反馈值也是考察的一个重要因素。表 3-6 给出了 3 种网络训练次数下，网络对训练样本的判断能力。

表 3-6　对向传播网络训练结果

训练次数	对黑土判断准确度/%	对红壤判断准确度/%	对水稻土判断准确度/%
10	100	70	100
100	90	75	100
1000	100	50	100

可见，在进行训练后，网络对样本的判断也出现了一定的偏离，主要表现在对黑土和红壤的错误判断。在 10 次训练结果下，黑土、水稻土均能准确判断，而部分红壤样本被判断为黑土；100 次训练结果略微提高对红壤的判断，但相应地出现对黑土的错误判断，有 2 个黑土样品被误判为红壤；1000 次训练后，网络出现过拟合现象，对红壤判断能力急剧下降，有 7 个样本被判为黑土，3 个被判为水稻土，已大大偏离原值。但是网络对水稻土的判断都非常准确，3 种训练次数下均能达到 100% 的判断准确度。

训练后网络对验证样本的判断结果见表 3-7。从表 3-7 结果可知，训练后，网络主要存在的问题就是对黑土和红壤的错误判断。沙砾底草甸黑土样本均被判断为红壤，厚层少有机质砂质岩红壤样本均被判断为黑土，此外，在训练次数达到 1000 次后，网络对水稻土判断也出现偏差，沙底乌栅土样本也被判断为黑土，其输出向量为 [1.000 0.000 0.000]，判断误差很大。

表 3-7　对向传播网络预测效果

样本类型	土壤类型	10 次训练 判断结果	100 次训练 判断结果	1000 次训练 判断结果
黑土	薄层黑土	黑土	黑土	黑土
	中层黑土	黑土	黑土	黑土
	沙砾底草甸黑土	红壤	红壤	红壤
红壤	厚层少有机质砂质岩红壤	黑土	黑土	黑土
	厚层少有机质泥质岩类红壤	红壤	红壤	红壤
	厚层少有机质泥质岩类红壤	红壤	红壤	红壤
水稻土	黄泥土	水稻土	水稻土	水稻土
	沙底乌栅土	水稻土	水稻土	黑土
	黄泥土	水稻土	水稻土	水稻土
	灰底黄泥土	水稻土	水稻土	水稻土

结合表 3-6 结果，可以认为反向传播网络进行 100 次训练较为合适，网络判断的准确性相对较高，其对验证样本的判断准确度达到 80%，尤其对水稻土能够达到 100% 判断，基本能够满足定量模型的分类前处理需要，而进行 1000 次训练则会出现模型过拟合现象，不利于土壤分类。

深入研究发生错误判断的验证样本，其共同特征为砂质土壤。发生错误判断的沙砾底草甸黑土样本和厚层少有机质砂质岩红壤样本目视砂粒含量均较多，由于砂粒导热能力较强，而红外光声光谱测定又很大程度上依靠样本导热系数，过高的砂粒含量可能使样本热扩散加强，掩盖了土壤中其他成分产生的光声效应，影响光谱测定的结果，进而使神经网络判断能力降低。因此，在进行光谱定量模型研究之前，对土壤样本进行分类，特别是基于红外光声光谱的分类，就显得特别重要，并且有必要在今后的研究中，特别针对高砂粒含量的样本测定进行深入探讨。

（四）基于概率神经网络的土壤鉴定

用本实验样本进行概率神经网络分析（probab ilistic neural network，PNN），网络输出以 1 代表黑土，2 代表红壤，3 代表水稻土。

概率神经网络具有如下特性：①训练容易，收敛速度快，从而非常适用于实时处理；②可以完成任意的非线性变换，所形成的判决曲面与贝叶斯最优准则下的曲面相接近；③具有很强的容错性；④模式层的传递函数可以选用各种用来估计概率密度的核函数，并且，分类结果对核函数的形式不敏感；⑤各层神经元的数目比较固定，因而易于硬件实现。

PCA 分析表明，前 6 个主成分所含变异分别为 48.88%、26.45%、6.59%、4.44%、3.13%、2.95%，总和为 92.44%，因此，将这 6 个主成分作为 PNN 模型的输入层，以土壤类型（黑土、水稻土和红壤）作为输出层建立 PNN 模型，验证结果见表 3-8。

表 3-8　PNN 模型土壤鉴定结果　（单位：%）

对黑土判断准确度	对红壤判断准确度	对水稻土判断准确度
100	100	100

基于红外光谱的面源污染监测，需要对土壤进行预分类，以达到较好的预测效果。采用反向传播网络对土壤的红外光声光谱进行处理，可以达到较好的判断分类效果，训练后的网络对验证样本的判断准确度达到 80%，对水稻土样品能够达到 100% 准确判断，完全能够满足定量模型的分类前处理需要。

将土壤光谱进行主成分分析可以达到降维的效果，能够减少输入层神经元的数量，提高网络训练效率。本实验中主成分分析的结果，其第一主成分所含变异百分比为 73.62%，第二、第三主成分所含变异百分比分别为 15.54% 和 5.82%，三者之和约占总信息量的 95%，适合作为网络输入层，同时使输入神经元减少为 3 个，考虑到输出层只有 3 个目标向量，竞争层只需选择 18 个神经元，简化了网络结构。在网络训练次数的选择上，选择 100 次较为适宜，此时网络对训练样本和验证样本的判断准确度都较好，分别达到 88.33% 和 80%。当训练次数达到 1000 次时，网络性能有所降低，对训练样本和验证样本的判断准确度分别降为83.33%和70%，同时模型存在过拟合现象。

使用概率神经网络能够极大地提高分类准确度，并且网络收敛速度极快，容错性明显好于对向传播网络，对验证样本的10个样品均达到100%的鉴定准确性，没有发生黑土和红壤的错位分类，是进行土壤分类前处理的理想方法。

五、 小结

土壤红外光声光谱的测定是其在土壤学中应用的前提。尽管土壤红外光声光谱的测定比常规红外光声光谱快速方便，但仍然存在一些可调节的测定参数，如调制频率、扫描速度、扫描次数、进样体积等。在不同学科的研究中测定参数的确定具有不同要求。在土壤红外光声光谱的测定中，调制频率可决定采样深度，扫描速度决定分析时间，扫描次数影响光谱噪声，而进样体积则影响光声信号的传导。优化这些测定参数有利于更好地测定土壤红外光声光谱。由于土壤红外光声光谱分析中，经常涉及光谱比较问题，由于多种原因原始光谱很多信息被干扰或掩盖，因此需要做一些前处理，如滤波可以去掉光谱测定中的高频噪声，光谱微分可以分离相互干扰或重叠的吸收峰，光谱主成分分析可以实现数据降维，光谱数据标准化或归一化可以减小数据变异，减小光谱系统误差，增强光谱间的可比性。

在土壤光谱前处理的基础上，我们可以发现不同的土壤类型具有明显不同的红外光声光谱特征，借助化学计量的方法，红外光声光谱可以描述不同土壤类型的光声光谱特征，实现土壤的数字化表征，因此也可以利用数字化的光谱来进行土壤分类与鉴定。土壤的红外光声光谱分析表明，影响土壤类型的最大因素是区域性土壤母质和气候环境因子，人为因素对土壤组成影响较小，而对于同一种土壤型，人为因素如种植方式对土壤的影响可以利用红外光声光谱加以表征。利用红外光声光谱对土壤进行数字化是完全可能的，但是在实际应用中考虑到可比性和准确性，需要制订一系列标准的规范，如测定参数、测定条件、光谱数据处理方法等，而这需要大量的基础工作。

第五节　土壤中红外光声光谱的分峰分析

一、 概述

土壤是十分复杂的物质，有机物和无机物共混，有生命的物质和无生命的物质共生，动物、植物和微生物共生（Giacomo and Riccardo，2006）。土壤的红外光声光谱是这些物质组成中分子振动吸收的综合反映。由于不同物质分子键之间相互作用，使得即便是相同的分子键由于伴随物质或基团的不同也产生吸收频率的移动（红移或者蓝移），如土壤中胺基，亚胺、伯胺、仲胺的吸收频率明显不同，甲基和亚甲基的吸收也存在差异，而对同一基团，如甲基，相邻基团不一样或者连接甲基的分子组和结构不一样，甲基的吸收频率也发生改变。但由于不同基团的吸收间隔相对较小，而不同的吸收峰存在一定的带宽，使得相对靠近的吸收峰往往发生兼并，产生一个或若干个相对较强的吸收峰，而兼并后的吸收峰使得各组成基团的吸收峰无法直接判断。因此分峰的目的是将兼并峰中各组成基团的吸收峰分离开来，从而直接判断某具体基团的强弱，为判断物质的组和结构提供依据。例如，土壤的红外光声光谱图中，$2800 \sim 3500 \text{ cm}^{-1}$ 是一个大而强的兼并峰，它主要由含氢的基团振动吸收组成，即 O—H（3400 cm^{-1}）、N—H（3200 cm^{-1}）、C—H（2800 cm^{-1}）；通过分峰理论和技术，可以将这一兼并峰进行分离，如能直接判断 O—H 的多少，而羟基是亲水性基团，由此可以判断土壤的亲水性。

分峰的方法有很多，主要是利用一些数学方法或模型，如微分、卷积、傅里叶转换等，不同的方法使得分峰的结果存在一定差异，分峰的精准度也不一样；同时由于土壤的组成十分复杂，分峰的精准度还取决于样本本身的组成，只有当组成兼并峰基团间的差异足够大时才可能保证更好的分峰效果，否则当分峰的误差太大以至于大过基团组成的误差时，分峰就失去了实际意义。

二、　土壤光谱分峰理论与方法

导数法（微分光谱）和傅里叶变换反卷积法等增强分辨率的方法已广泛应用，但是，如欲对重叠的光谱有较为全面、准确的认识，对光谱进行曲线分峰拟合似乎是十分必要的。而且对许多研究工作而言，如蛋白质的二级结构分析，光谱的分峰曲线拟合已成为一种有力的研究手段。微分光谱的基本理论在第二章已作介绍，本节主要介绍傅里叶变换反卷积法进行分峰分析（邹谋炎，2004）。反卷积可以将混在一起的信号进行复原，客观上起到了对信号进行分离和提取的作用，在光谱分析中具有十分广泛的应用（Tooke，1988；Victor and Esteve，2004；Arthur and Pistorius，2004；Morhac and Matousek，2009；Amneh and Mohammed，2011；Gregorio et al.，2011）。展宽函数通常用于反卷积的核函数，因此，展宽函数对于分峰结果具有重要影响。

分子的每一条谱线都有一个基本的线宽，称为自然宽度，这个线宽由 Heisenberg 不定性原理来确定。按照该原理，光子发射或吸收的能量不确定性 ΔE 和

时间的不确定性 Δt 服从关系式 $\Delta E \Delta t \approx h / 2\pi$，其中 h 为 Plank 常数，Δt 是一个能量态的寿命，ΔE 则意味着谱线的宽度，这种机制决定的谱线宽度呈现 Lorentz 分布形：

$$y = \frac{a_0}{\pi a_2 \left[1 + \left(\dfrac{x - a_1}{a_2} \right)^2 \right]} \tag{3-7}$$

式中，a_0 为振幅参数；a_1 为峰位参数；a_2 为峰宽参数；x 为波数；y 为吸收强度。

此外，分子间的相互作用（碰撞）会使谱线展宽，而分子朝向或背向检测器运动使光频发生 Doppler 展宽。组合自然展宽、碰撞展宽和 Doppler 移动，使得谱线形状呈 Voigt 函数的形状：

$$y = \frac{a_0 a_3}{\pi \sqrt{\pi} a_2} \int_{-\infty}^{+\infty} \frac{\exp(-t^2)}{a_3^2 + \left(\dfrac{x - a_1}{a_2} - t \right)^2} \mathrm{d}t \tag{3-8}$$

式中，a_0 为振幅参数；a_1 为峰位参数；a_2 为峰宽参数；a_3 为峰形参数。

由于光学系统像差等因素，所有展宽因素使得谱线的形状接近于 Gauss 函数形，有利于光谱信号的反卷积。Gauss 函数为

$$y = \frac{a_0}{\pi \sqrt{\pi} a_2} \exp \left[-\frac{1}{2} \left(\frac{x - a_1}{a_2} \right)^2 \right] \tag{3-9}$$

式中，a_0 为振幅参数；a_1 为峰位参数；a_2 为峰宽参数。

此外，在实际应用中还常用到 Lorentz 和 Gauss 函数的组合（Lorentz + Gauss）：

$$y = 2a_0 \left\{ \frac{a_3 \sqrt{\ln 2}}{a_2 \sqrt{\pi}} \exp -4\ln 2 \left(\frac{x - a_1}{a_2} \right)^2 + \frac{1 - a_3}{\pi a_2 \left[1 + 4 \left(\dfrac{x - a_1}{a_2} \right)^2 \right]} \right\} \tag{3-10}$$

式中，a_0 为振幅参数；a_1 为峰位参数；a_2 为峰宽参数；a_3 为峰形参数。

为了达到分峰的最好效果，光谱数据的信噪比要尽量高，而分峰的效果直接受展宽函数（卷积核函数）估计准确度的影响。为了估计展宽函数，需要依据实际情况确定占主导的展宽因素（自然展宽、碰撞展宽、Doppler 展宽以及仪器展宽），从而选择展宽函数（Lorentzian 函数、Gauss 函数或 Voigt 函数）。

光谱曲线分峰拟合是假设实验光谱 $Y_{\exp}(x)$（其中 x 是光谱频率）是由若干个单峰谱带相互叠加所形成的，光谱曲线拟合的任务是找到一组单峰谱带 $F_i(x)$（$i = 1, \cdots, n$），使得下式成立：

$$Y_{\exp}(x) = \sum F_i(x) \tag{3-11}$$

式中，$F_i(x)$ 为单峰谱带，由 Lorentzian 函数、Gauss 函数或 Voigt 函数组成。

综上所述，单峰曲线就是以峰位参数（v）、峰强参数（I）、峰宽参数（w）、峰形（c）参数为参变量的关于光谱频率的函数，即

$$F_i(x) = F_{v_i I_i c_i w_i}(x) \tag{3-12}$$

光谱曲线分峰拟合就是求得一组单峰函数的参数 v_i, I_i, c_i, w_i（$i = 1, \cdots, n$），使得

$$Y_{\text{exp}}(x) = \sum F_{v_i I_i c_i w_i}(x) \tag{3-13}$$

但是，就实际情况而言，式（3-10）等号两边严格相等几乎是不能达到的，在实际计算中，我们努力的目标是使实验光谱 $Y_{\text{exp}}(x)$ 与拟合谱 $\sum F_{v_i I_i c_i w_i}(x)$ 之间的误差尽可能地小。

在实验中采集的光谱是由一组（m 个）离散的实验数据点 $[x_j, Y_{\text{exp}}(x_j)]$（其中 $j = 1, \cdots, m$）所组成。对于参与组成实验光谱的 n 个单峰谱带 $F_{v_i I_i c_i w_i}(x)$（其中 $i = 1, \cdots, n$），定义误差谱函数 Y_{error} 与误差平方和函数 Q 如下：

$$Y_{\text{error}} = Y_{\text{exp}}(x) - \sum F_{v_i I_i c_i w_i}(x)$$

$$Q = (Y_{\text{error}}(x_j))^2 \tag{3-14}$$

这样，对实验光谱进行分峰曲线拟合问题就变为求取 Q 的极小值问题。通过数值迭代法求其极小值。本节将采用不同的展宽函数（Lorentz、Gauss、Lorentz + Gauss 以及 Voigt 函数）对不同土壤及其组成进行分峰分析。

三、 分峰技术在土壤光谱分析中的应用

（一）土壤腐殖物红外光声光谱的分峰

图 3-45 是基于不同展宽函数的 Elliott HA 中红外光声光谱分峰分析结果。4 种展宽函数（Lorentz、Gauss、Lorentz + Gauss 以及 Voigt 函数）均能较好地将原谱分为 23 个峰，相关分析均达显著水平（F 值）。考察相关系数和分峰误差，4 种展宽函数分峰效果的优劣顺序为 Voigt > Lorentz + Gauss > Gauss > Lorentz，Voigt 函数相对最好，Lorentz 函数相对最差，表明该图谱吸收峰的宽度不仅仅是自然变宽，Doppler 效应、仪器系统等都明显对峰宽产生影响。考察基于 Voigt 展宽函数在 $2700 \sim 3700 \text{ cm}^{-1}$ 区域的分峰结果，总共可以分成 6 个峰（2856cm^{-1}、2999cm^{-1}、3130cm^{-1}、3265cm^{-1}、3397cm^{-1}、3535 cm^{-1}）：2856 cm^{-1} 为脂肪族 C—H 的振动吸收；2999 cm^{-1} 为芳香族 C—H 的振动吸收；3130cm^{-1} 和 3265 cm^{-1}

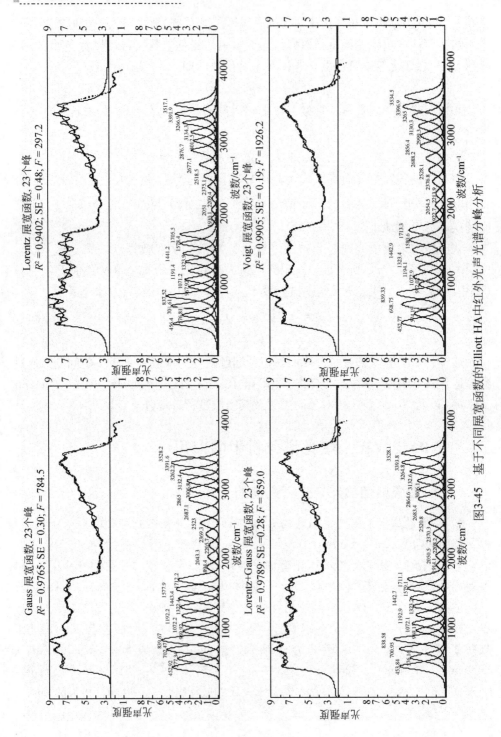

图3-45　基于不同展宽函数的Elliott HA中红外光声光谱分峰分析

为 N—H 的振动吸收（前者为与较弱吸电子基团结合的 N—H，后者为与较强吸电子基团结合的 N—H）；而 3397cm^{-1}和 3535 cm^{-1}为 O—H 的振动吸收（前者为与较弱吸电子基团结合的 O—H，后者为与较强吸电子基团结合的 O—H）。相对于 Lorentz 函数的分峰结果，Voigt 函数与较强吸电子基团结合的 O—H 吸收峰出现明显的蓝移（约 17 个波数），表明非自然展宽因素对该基团的振动吸收产生较明显影响，而对 N—H 和 C—H 影响相对较小。再考察基于 Voigt 展宽函数在 1000 ~ 1800 cm^{-1}区域的分峰结果，总共也可以分成 6 个峰（1073cm^{-1}、1194cm^{-1}、1323cm^{-1}、1443cm^{-1}、1580cm^{-1}、1713 cm^{-1}），这些吸收峰主要为 C—C、C—O、C＝O 和 C＝C 键等的振动吸收，不同展宽函数对分峰结果影响较小。

图 3-46 是基于不同展宽函数的 Elliott MHA 中红外光声光谱分峰分析结果。4 种展宽函数也均能较好地将原谱分为 25 个峰；考察相关系数和分峰误差，4 种展宽函数分峰效果的优劣顺序为 Gauss > Voigt > Lorentz + Gauss > Lorentz，Gauss 函数相对最好，Lorentz 函数相对最差。表明该图谱吸收峰的宽度不仅仅是自然变宽，仍然受其他展宽因素的影响，尤其是仪器系统本身造成的谱宽展宽。考察基于 Gauss 展宽函数在 2700 ~ 3700 cm^{-1}区域的分峰结果，总共可以分成 7 个峰（2802cm^{-1}、2932cm^{-1}、3054cm^{-1}、3178cm^{-1}、3305cm^{-1}、3432cm^{-1}、3565 cm^{-1}）。相对于 Lorentz 函数的分峰结果，Gauss 函数 2900 cm^{-1}以上的 6 个吸收峰出现明显的蓝移（13 ~ 48 个波数），表明非自然展宽因素对该 C—H（主要指芳香族 C—H）、N—H 和 O—H 的振动吸收产生明显影响。再考察基于 Gauss 展宽函数在 1000 ~ 1800 cm^{-1}区域的分峰结果，总共也可以分成 6 个峰（1068cm^{-1}、1177cm^{-1}、1309cm^{-1}、1437cm^{-1}、1579cm^{-1}、1713 cm^{-1}），相对于 Lorentz 函数的分峰结果，Gauss 函数的分峰结果也产生明显的蓝移（8 ~ 22 个波数），表明展宽函数对这一区域的分峰结果也有明显影响。

图 3-47 是基于不同展宽函数的 Elliott CaHA 中红外光声光谱分峰分析结果。4 种展宽函数也均能较好地将原谱分为 25 个峰；考察相关系数和分峰误差，4 种展宽函数分峰效果的优劣顺序为 Lorentz + Gauss > Gauss > Lorentz > Voigt，Lorentz + Gauss 与 Gauss 函数结果靠近，相对较好，而 Lorentz 与 Voigt 函数结果相似，相对较差。表明该图谱的吸收峰的宽度不仅仅是自然变宽，依然受其他展宽因素的影响，尤其是仪器系统本身造成的谱宽展宽，而 Doppler 展宽、碰撞展宽的影响相对较小。考察基于 Lorentz + Gauss 展宽函数在 2700 ~ 3700 cm^{-1}区域的分峰结果，总共可以分成 7 个峰（2775cm^{-1}、2900^{-1}、3020^{-1}、3143^{-1}、3276^{-1}、3407^{-1}、3538 cm^{-1}）；相对于 Lorentz 或 Voigt 函数的分峰结果，Lorentz + Gauss 函数与较强吸电子基团结合的 O—H 吸收峰出现明显的蓝移（约 24 个波数），表明非自然展宽因

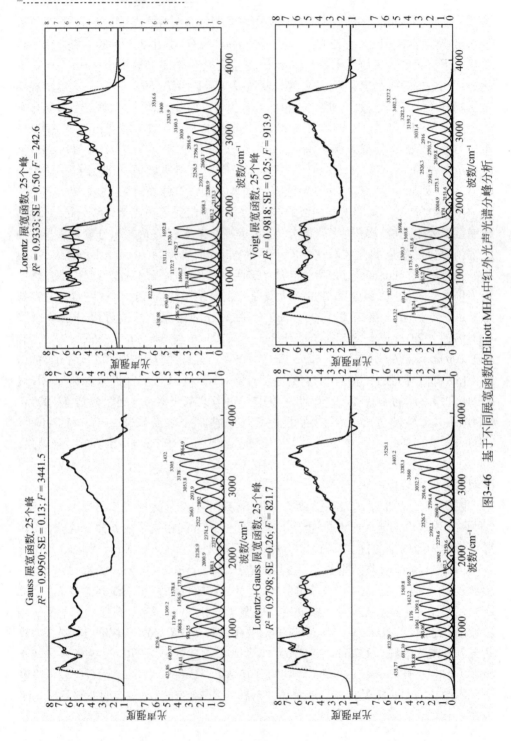

图3-46　基于不同展宽函数的Elliott MHA中红外光声光谱分峰分析

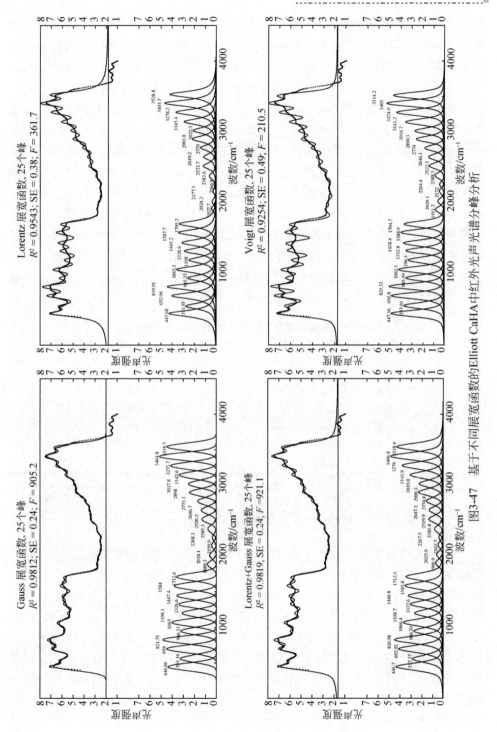

图3-47 基于不同展宽函数的Elliott CaHA中红外光声光谱分峰分析

素（尤其是仪器系统自身因素）对该基团的振动吸收产生较明显影响，而对 N—H 和 C—H 影响相对较小。再考察基于 Lorentz + Gauss 展宽函数在 1000 ~ 1800 cm^{-1} 区域的分峰结果，总共也可以分成 6 个峰（1066 cm^{-1}、1199 cm^{-1}、1328 cm^{-1}、1447 cm^{-1}、1586 cm^{-1}、1712 cm^{-1}），不同展宽函数对分峰结果影响较小。

表 3-9 显示，在 2700 ~ 3700 cm^{-1} 区域与 HA 相比，MHA 和 CaHA 的分峰结果增加了一个芳香族 C—H 吸收峰（3053cm^{-1} 和 3020 cm^{-1}），表明 MHA 和 CaHA 的芳香性强于 HA，且主要为存在较多的与较强吸电子基团结合的芳香基，而 MHA 与 CaHA 的芳香性相近；此外，HA 中与脂肪族和芳香族 C—H 结合基团的吸电子能力较强；与 MHA 相比，HA 和 CaHA 存在较多的与较强吸电子基团结合的 O—H。在 1000 ~ 1800 cm^{-1} 区域，HA、MHA 和 CaHA 均有 6 个吸收峰，除了第 5 个吸收峰外（C=O 振动吸收），其他吸收峰均相近，表明 MHA 和 CaHA 中存在较多的与较强吸电子基团结合的 C=O 基。因此，从基团的角度比较，与 MHA 和 CaHA 相比，HA 中的 C—H（包括脂肪族和芳香族 C—H）与较强的吸电子基团结合，而 C=O 则与较弱的吸电子基团结合。

表 3-9　不同腐殖物质红外光声光谱图的分峰结果

峰序号		1	2	3	4	5	6	7
	HA	2858	2999		3130	3265	3391	3535
2700 ~ 3700 cm^{-1}	MHA	2802	2932	3053	3178	3305	3432	3565
	CaHA	2775	2900	3020	3143	3276	3406	3538
	HA	1073	1194	1323	1443	1500	1713	
1000 ~ 1800 cm^{-1}	MHA	1068	1176	1309	1437	1579	1713	
	CaHA	1066	1199	1328	1447	1586	1712	

注：各物质分峰函数：HA，Voigt 函数；MHA，Gauss 函数；CaHA，Lorentz + Gauss 函数。

（二）典型黏土矿物红外光声光谱的分峰

图 3-48 是基于不同展宽函数的高岭石中红外光声光谱分峰分析结果。4 种展宽函数均能较好地将原谱分为 19 个峰；考察相关系数和分峰误差，4 种展宽函数分峰效果的优劣顺序为 Gauss > Lorentz + Gauss > Lorentz > Voigt，Gauss 函数相对最好，Voigt 函数相对最差，表明该图谱吸收峰的宽度不仅仅是自然变宽，仪器系统等都明显对峰宽产生影响。考察基于 Gauss 展宽函数的分峰结果，在 3656cm^{-1} 和 1064 cm^{-1} 处有两个强吸收峰，分别为 SiO—H 和 Si—O 吸收峰，这是高岭石的特征吸收。其他吸收相对较弱，主要为吸附在高岭石矿物表面的有机物和水分的吸收。

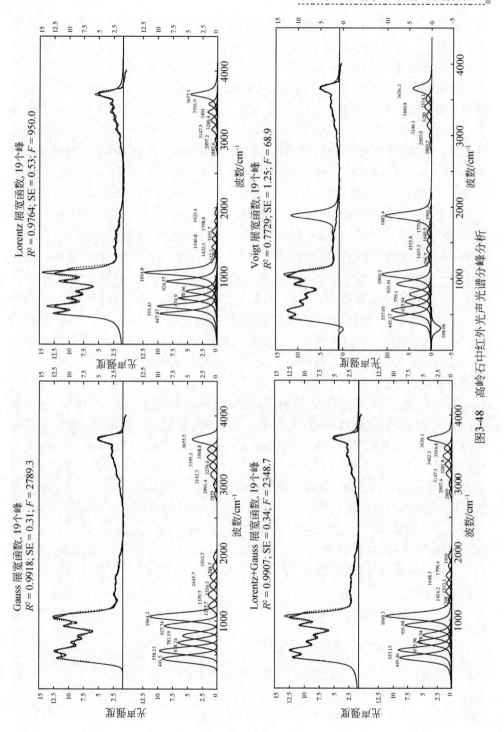

图3-48　高岭石中红外光声光谱分峰分析

图 3-49 是基于不同展宽函数的蒙脱石中红外光声光谱分峰分析结果。4 种展宽函数均能较好地将原谱分为 15 个峰；考察相关系数和分峰误差，4 种展宽函数分峰效果的优劣顺序为 Lorentz > Gauss > Voigt > Lorentz + Gauss，Lorentz 和 Gauss 函数分峰结果相近，相对较好，而 Voigt 和 Lorentz + Gauss 函数相对较差，表明该图谱吸收峰的宽度主要是自然变宽，还有少部分仪器系统造成的谱峰变宽，其他影响因素较小。考察基于 Lorentz 展宽函数在 2700 ~ 3700 cm^{-1} 区域的分峰结果，总共可以分成 6 个峰（3013 cm^{-1}、3159 cm^{-1}、3272 cm^{-1}、3385 cm^{-1}、3486 cm^{-1}、3608 cm^{-1}）：3013 cm^{-1} 为芳香族 C—H 的振动吸收；3159 cm^{-1} 和 3272 cm^{-1} 为 N—H 的振动吸收（前者为与较弱吸电子基团结合的 N—H，后者为与较强吸电子基团结合的 N—H）；而 3385 cm^{-1} 和 3486 cm^{-1} 以及 3608 cm^{-1} 均为 O—H 的振动吸收（3385 cm^{-1} 和 3486 cm^{-1} 为与较弱吸电子基团结合的 O—H，3608 cm^{-1} 为与较强吸电子基团结合的 O—H）。在这一区域 Lorentz + Gauss 函数和 Lorentz 函数的分峰结果无明显差异。再考察基于 Lorentz 展宽函数在 1000 ~ 1800 cm^{-1} 区域的分峰结果，可以分成 5 个峰（1030 cm^{-1}、1159 cm^{-1}、1404 cm^{-1}、1484 cm^{-1}、1636 cm^{-1}），这些吸收峰主要为 C—C、C—O、C =O 和 C =C 键等的振动吸收。在这一区域不同展宽函数对分峰结果的影响主要体现在第一个吸收峰上（1030 cm^{-1}），Lorentz 展宽函数分出的该峰强度（约 7.5）明显低于其他展宽函数（约 8.5）。

图 3-50 是基于不同展宽函数的伊利石中红外光声光谱分峰分析结果。4 种展宽函数均能较好地将原谱分为 17 个峰；考察相关系数和分峰误差，4 种展宽函数分峰效果的优劣顺序为 Gauss > Lorentz > Lorentz + Gauss > Voigt，Gauss 函数相对最好，Voigt 函数相对最差，但差别不是特别大，同时也表明该图谱的吸收峰的宽度不仅仅是自然变宽，仪器系统等都明显对峰宽产生影响。考察基于 Gauss 展宽函数在 2700 ~ 3700 cm^{-1} 区域的分峰结果，总共可以分成 7 个峰（2930 cm^{-1}、3035 cm^{-1}、3154 cm^{-1}、3272 cm^{-1}、3395 cm^{-1}、3499 cm^{-1}、3610 cm^{-1}），没有明显的脂肪族 C—H 的振动吸收，且芳香族 C—H 较少。在这一区域 Gauss 函数和 Voigt 函数的分峰结果无明显差异。再考察基于 Gauss 展宽函数在 1000 ~ 1800 cm^{-1} 区域的分峰结果，可以分成 5 个峰（1064 cm^{-1}、1266 cm^{-1}、1432 cm^{-1}、1564 cm^{-1}、1659 cm^{-1}），Gauss 函数和 Voigt 函数的分峰结果无明显差异，只存在稍许吸收强度的差异。

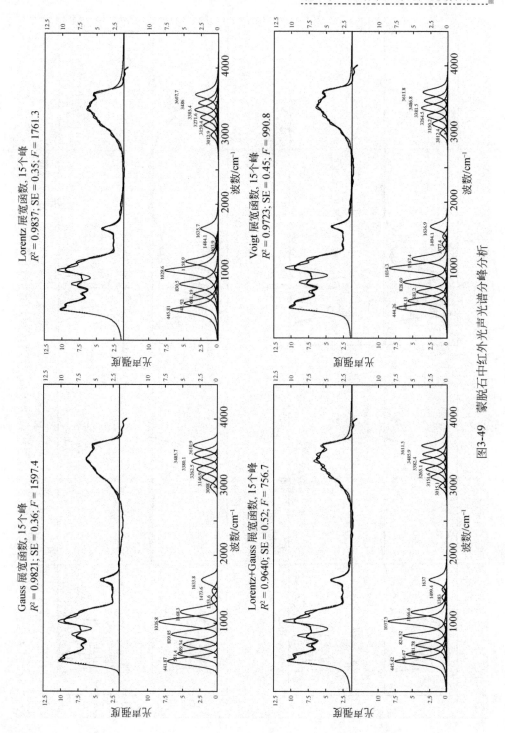

图3-49　蒙脱石中红外光声光谱分峰分析

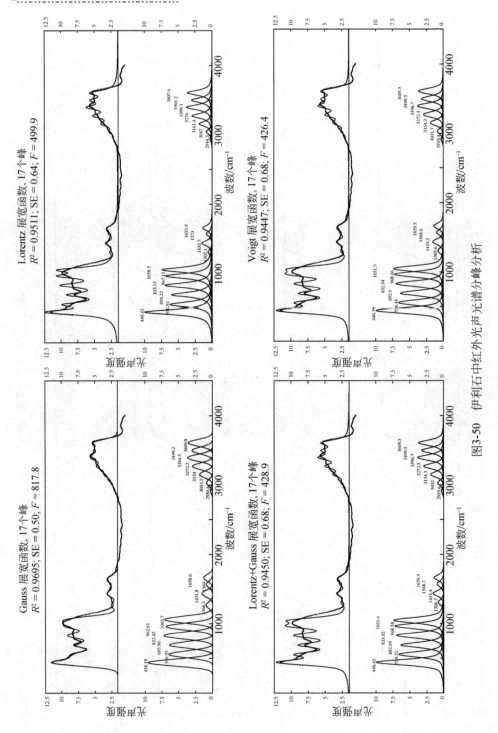

图3-50 伊利石中红外光声光谱分峰分析

表 3-10 中高岭石 C—H 吸收表明 1∶1 型高岭石表面吸附的有机物与 2∶1 型矿物（蒙脱石和伊利石）相比含有更多的脂肪族 C—H 和较少的芳香族 C—H，相对应水分的吸收较少；而蒙脱石所吸附有机物的芳香性要小于伊利石。同时，高岭石所吸附的有机物中可能具有更多羧基（1789 cm^{-1}），从而使得 1∶1 型高岭石为主的土壤呈现一定的酸性。

表 3-10　不同矿物红外光声光谱图的分峰结果

峰序号		1	2	3	4	5	6	7
	高岭石	2859	2993	3142	3275	3395	3509	3656
2700～3700 cm^{-1}	蒙脱石		3013	3159	3272	3385	3488	3508
	伊利石	2930	3035	3154	3272	3395	3499	3610
	高岭石	1064	1216	1380	1516	1646	1789	
1000～1800 cm^{-1}	蒙脱石	1029	1159	1404	1484	1636		
	伊利石	1064	1266	1431	1564	1659		

注：各物质分峰函数：高岭石，Gauss 函数；蒙脱石，Lorentz 函数；伊利石，Gauss 函数。

（三）畜禽粪便红外光声光谱的分峰

图 3-51 是基于不同展宽函数的鸡粪中红外光声光谱分峰分析结果。4 种展宽函数均能较好地将原谱分为 24 个峰，但相关系数均未超过 0.90；考察相关系数和分峰误差，4 种展宽函数分峰效果的优劣顺序为 Gauss ＞ Lorentz + Gauss ＞ Voigt ＞ Lorentz。Gauss 函数相对最好，而 Lorentz 函数相对最差，表明该图谱的吸收峰的宽度还受仪器系统自身的影响，其他影响因素较小。考察基于 Gauss 展宽函数在 2700～3700 cm^{-1} 区域的分峰结果，总共可以分成 6 个峰（2791 cm^{-1}、2918 cm^{-1}、3043 cm^{-1}、3163 cm^{-1}、3281 cm^{-1}、3426 cm^{-1}）：2791 cm^{-1} 处为脂肪族 C—H 的振动吸收，2918 cm^{-1} 和 3043 cm^{-1} 处为芳香族 C—H 的振动吸收；3163 cm^{-1} 和 3281 cm^{-1} 处为 N—H 的振动吸收（前者为与较弱吸电子基团结合的 N—H，后者为与较强吸电子基团结合的 N—H），而 3426 cm^{-1} 为 O—H 的振动吸收。在这一区域 Gauss 函数和 Lorentz 函数的分峰结果相比，主要差异在于 O—H 和 N—H 振动吸收发生明显蓝移（约 20 个波数）；此外，O—H 的振动强度最大，其次为 N—H，再次是芳香族和脂肪族 C—H，这可能表明鸡粪的亲水性较强。再考察基于 Gauss 展宽函数在 1000～1800 cm^{-1} 区域的分峰结果，可以分成 6 个峰（1018 cm^{-1}、1147 cm^{-1}、1291 cm^{-1}、1416 cm^{-1}、1542 cm^{-1}、1659 cm^{-1}），这些吸收峰主要为 C—C、C—O、C＝O 和 C＝C 等键的振动吸收，1659 cm^{-1}（C＝O）吸收较强，这也进一步证明鸡粪可能具有较强的亲水性。

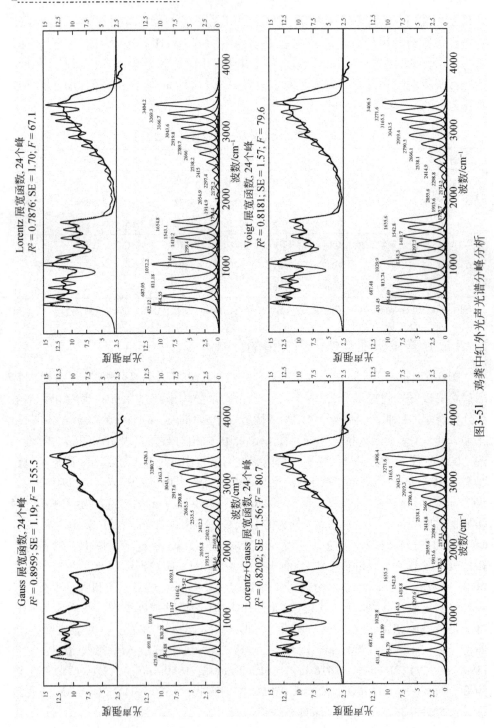

图3-51 鸡粪中红外光声光谱分峰分析

图 3-52 是基于不同展宽函数的猪粪中红外光声光谱分峰分析结果。4 种展宽函数均能较好地将原谱分为 19 个峰；考察相关系数和分峰误差，4 种展宽函数分峰效果的优劣顺序为 Gauss > Lorentz > Voigt > Lorentz + Gauss。Gauss 函数相对最好，而 Lorentz + Gauss 函数相对最差。考察基于 Gauss 展宽函数在 2700 ~ 3700 cm^{-1} 区域的分峰结果，总共可以分成 7 个峰（2797 cm^{-1}、2933 cm^{-1}、3109 cm^{-1}、3253 cm^{-1}、3381 cm^{-1}、3492 cm^{-1}、3585 cm^{-1}）：2797 cm^{-1} 为脂肪族 C—H 的振动吸收，2933 cm^{-1} 和 3109 cm^{-1} 为芳香族 C—H 的振动吸收；3253 cm^{-1} 和 3381 cm^{-1} 为 N—H 的振动吸收，而 3492 cm^{-1} 和 3585 cm^{-1} 为 O—H 的振动吸收。在这一区域 Gauss 函数和 Lorentz 函数分峰结果的差异主要体现在相对吸收强度上；此外，猪粪 O—H 的振动强度相对最小，而 N—H 和芳香族 C—H 的振动较强，脂肪族 C—H 的振动强度较弱，这也表明猪粪的亲水性较强。再考察基于 Gauss 展宽函数在 1000 ~ 1800 cm^{-1} 区域的分峰结果，可以分成 6 个峰（1009 cm^{-1}、1135 cm^{-1}、1282 cm^{-1}、1419 cm^{-1}、1545 cm^{-1}、1655 cm^{-1}），其中 1419 cm^{-1} 为 C—H 弯曲振动，强于 1655 cm^{-1} 处的 C＝O 振动。

图 3-53 是基于不同展宽函数的奶牛粪中红外光声光谱分峰分析结果。4 种展宽函数均能较好地将原谱分为 20 个峰；考察相关系数和分峰误差，4 种展宽函数分峰效果的优劣顺序为 Gauss > Lorentz + Gauss > Voigt > Lorentz。Gauss 函数相对最好，而 Lorentz 函数相对最差。考察基于 Gauss 展宽函数在 2700 ~ 3700 cm^{-1} 区域的分峰结果，总共可以分成 7 个峰（2782 cm^{-1}、2911 cm^{-1}、3042 cm^{-1}、3164 cm^{-1}、3279 cm^{-1}、3399 cm^{-1}、3523 cm^{-1}），奶牛粪 O—H 和 N—H 振动吸收均较强，且脂肪族 C—H 的振动吸收较弱，这表明奶牛粪的亲水性较强。再考察基于 Gauss 展宽函数在 1000 ~ 1800 cm^{-1} 区域的分峰结果，可以分成 6 个峰（1042 cm^{-1}、1268 cm^{-1}、1420 cm^{-1}、1534 cm^{-1}、1652 cm^{-1}、1772 cm^{-1}），这些吸收峰的归属与其他动物粪便相似。

不同动物粪便的光谱吸收位置和个数均存在一定的差异（表 3-11），表明不同动物粪便的物质组成存在较大差异；在 2700 ~ 3700 cm^{-1} 区域的吸收，猪粪和奶牛粪相似，而在 1000 ~ 1800 cm^{-1}，猪粪则与鸡粪相似，由于各基团的相对吸收强度存在明显差异，所以与这些基团结合的相邻基团的电亲和性（吸电子性）也明显不同。不同动物食物的转化有相似的地方，但也存在很大差异，显然这种差异主要是由于所食饲料以及代谢系统和方式的不同造成。三种动物粪便均有较强的亲水性，但强度有所不同。根据脂肪族 C—H 振动的强弱，猪粪和奶牛粪的亲水性相当，鸡粪的亲水性明显小；再考虑亲水性 O—H 和 N—H 的振动吸收强度，由于猪粪的 O—H 振动强度明显减弱，因此猪粪的亲水性可能低于奶牛粪。

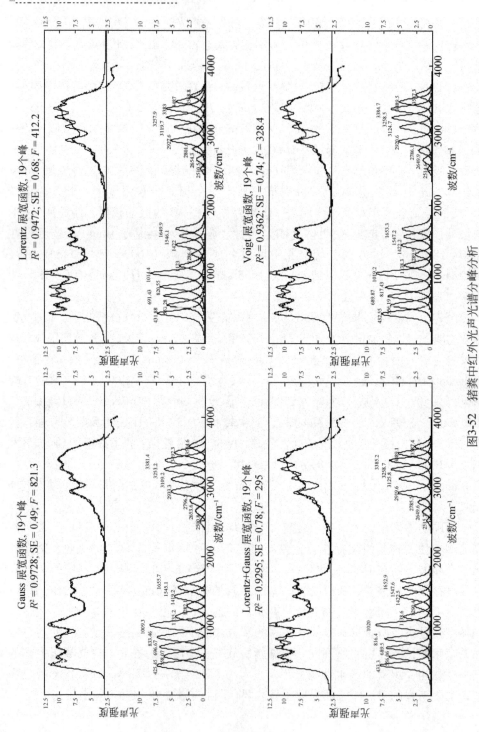

图3-52 猪粪中红外光声光谱分峰分析

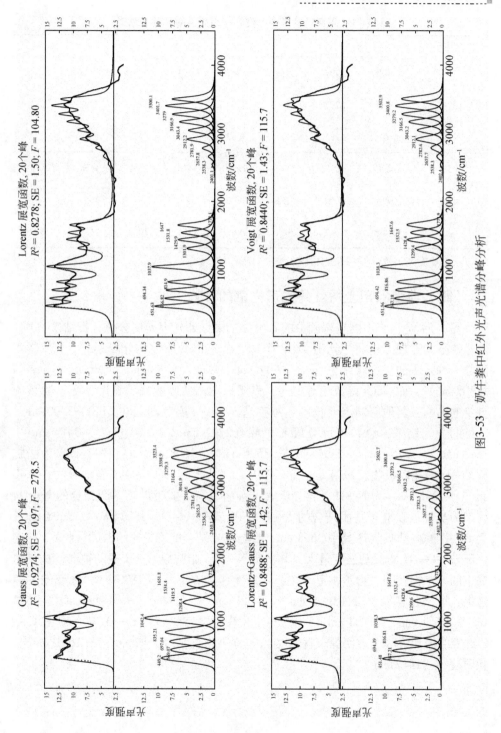

图3-53 奶牛粪中红外光声光谱分峰分析

表 3-11　不同动物粪便中红外光声光谱图的分峰结果

峰序号		1	2	3	4	5	6	7
	鸡粪	2797	2918	3043	3163	3281	3423	
2700～3700 cm^{-1}	猪粪	2797	2933	3109	3253	3381	3492	3584
	奶牛粪	2781	2911	3042	3164	3279	3399	3523
	鸡粪	1018	1147	1291	1410	1542	1659	
1000～1800 cm^{-1}	猪粪	1009	1135	1282	1419	1545	1655	
	奶牛粪	1042		1268	1411	1534	1652	1772

注：各物质均为最好分峰结果，且鸡粪、猪粪、奶牛粪均为 Gauss 函数。

（四）典型农田土壤红外光声光谱的分峰

图 3-54 是基于不同展宽函数的海伦黑土中红外光声光谱分峰分析结果。4 种展宽函数均能较好地将原谱分为 19 个峰。考察相关系数和分峰误差，4 种展宽函数分峰效果的优劣顺序为 Gauss ＞ Lorentz＋Gauss ＞ Lorentz ＞ Voigt。Gauss 函数相对最好，而 Voigt 函数相对最差，表明该图谱的吸收峰的宽度还受仪器系统自身的影响，其他影响因素较小。考察基于 Gauss 展宽函数在 2700～3700 cm^{-1} 区域的分峰结果，总共可以分成 8 个峰（2797 cm^{-1}、2904 cm^{-1}、3019 cm^{-1}、3148 cm^{-1}、3275 cm^{-1}、3396 cm^{-1}、3506 cm^{-1}、3608 cm^{-1}）：2797 cm^{-1} 为脂肪族 C—H 的振动吸收，2904 cm^{-1} 和 3019 cm^{-1} 为芳香族 C—H 的振动吸收；3148 cm^{-1} 和 3275 cm^{-1} 为 N—H 的振动吸收（前者为与较弱吸电子基团结合的 N—H，后者为与较强吸电子基团结合的 N—H），而 3396 cm^{-1}、3506 cm^{-1}、3608 cm^{-1} 为 O—H 的振动吸收（其中 3608 cm^{-1} 为与矿物结合的 O—H 的振动吸收），在这一区域，O—H 的振动强度最大，其次为 N—H，脂肪族 C—H 振动很弱，这表明黑土的亲水性较强。再考察基于 Gauss 展宽函数在 1000～1800 cm^{-1} 区域的分峰结果，可以分成 7 个峰（1006 cm^{-1}、1142 cm^{-1}、1294 cm^{-1}、1412 cm^{-1}、1543 cm^{-1}、1651 cm^{-1}、1764 cm^{-1}），这些吸收峰主要为 C—C、C—O、C=O 和 C=C 键等的振动吸收，表明黑土含有相当的有机物含量（1543 cm^{-1} 和 1651 cm^{-1}）和碳酸钙（1412 cm^{-1}）。

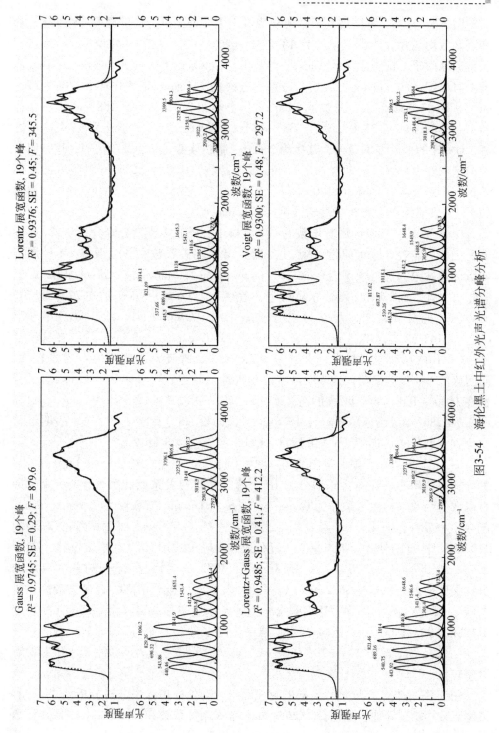

图3-54 海伦黑土中红外光声光谱分峰分析

图 3-55 是基于不同展宽函数的长武黄土中红外光声光谱分峰分析结果。4 种展宽函数均能较好地将原谱分为 18 个峰。考察相关系数和分峰误差，4 种展宽函数分峰效果的优劣顺序为 Gauss > Voigt > Lorentz + Gauss > Lorentz。Gauss 函数相对最好，而 Lorentz 函数相对最差。考察基于 Gauss 展宽函数在 2700 ~ 3700 cm^{-1} 区域的分峰结果，总共可以分成 8 个峰（2752 cm^{-1}、2887 cm^{-1}、3017 cm^{-1}、3138 cm^{-1}、3259 cm^{-1}、3383 cm^{-1}、3493 cm^{-1}、3606 cm^{-1}）：在这一区域，O—H 的振动强度最大，其次为 N—H，脂肪族 C—H 的振动很弱，这表明黄土的亲水性也较强。再考察基于 Gauss 展宽函数在 1000 ~ 1800 cm^{-1} 区域的分峰结果，可以分成 5 个峰（1130 cm^{-1}、1299 cm^{-1}、1455 cm^{-1}、1630 cm^{-1}、1792 cm^{-1}），表明黑土含有相当高碳酸钙（1412 cm^{-1}）。

图 3-56 是基于不同展宽函数的祁阳红壤中红外光声光谱分峰分析结果。4 种展宽函数均能较好地将原谱分为 21 个峰。考察相关系数和分峰误差，4 种展宽函数分峰效果的优劣顺序为 Gauss > Lorentz + Gauss > Voigt > Lorentz。Gauss 函数相对最好，而 Lorentz 函数相对最差。考察基于 Gauss 展宽函数在 2700 ~ 3700 cm^{-1} 区域的分峰结果，总共可以分成 8 个峰（2780 cm^{-1}、2901 cm^{-1}、3023 cm^{-1}、3143 cm^{-1}、3269 cm^{-1}、3397 cm^{-1}、3509 cm^{-1}、3633 cm^{-1}）：在这一区域，O—H 的振动强度最大，尤其是 3633 cm^{-1} 处振动，表明高岭石含量较高；脂肪族 C—H 振动很弱，这表明红壤的亲水性也较强。再考察基于 Gauss 展宽函数在 1000 ~ 1800 cm^{-1} 区域的分峰结果，可以分成 7 个峰（1040 cm^{-1}、1153 cm^{-1}、1286 cm^{-1}、1410 cm^{-1}、1526 cm^{-1}、1642 cm^{-1}、1771 cm^{-1}），表明红壤中含有相当羧酸（1642 cm^{-1} 和 1771 cm^{-1}）且有机物含量较低。

图 3-57 是基于不同展宽函数的常熟水稻土中红外光声光谱分峰分析结果。4 种展宽函数均能较好地将原谱分为 18 个峰。考察相关系数和分峰误差，4 种展宽函数分峰效果的优劣顺序为 Gauss > Voigt > Lorentz + Gauss > Lorentz。Gauss 函数相对最好，而 Lorentz 函数相对最差。考察基于 Gauss 展宽函数在 2700 ~ 3700 cm^{-1} 区域的分峰结果，总共可以分成 7 个峰（2910 cm^{-1}、3038 cm^{-1}、3162 cm^{-1}、3281 cm^{-1}、3400 cm^{-1}、3515 cm^{-1}、3622 cm^{-1}）：在这一区域，O—H 的振动强度最大，尤其是 3622 cm^{-1} 处振动，表明该水稻土中高岭石含量较高；脂肪族 C—H 振动没有出现，这表明水稻土的亲水性很强。再考察基于 Gauss 展宽函数在 1000 ~ 1800 cm^{-1} 区域的分峰结果，可以分成 6 个峰（1043 cm^{-1}、1152 cm^{-1}、1286 cm^{-1}、1422 cm^{-1}、1551 cm^{-1}、1651 cm^{-1}），表明该水稻土中有机物含量较低。

图 3-58 是基于不同展宽函数的封丘潮土中红外光声光谱分峰分析结果。4 种展宽函数均能较好地将原谱分为 26 个峰。考察相关系数和分峰误差，4 种展宽函

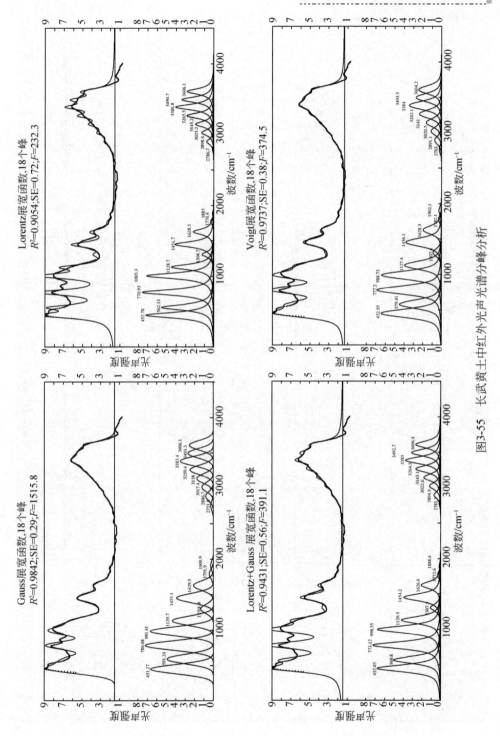

图3-55　长武黄土中红外光声光谱分峰分析

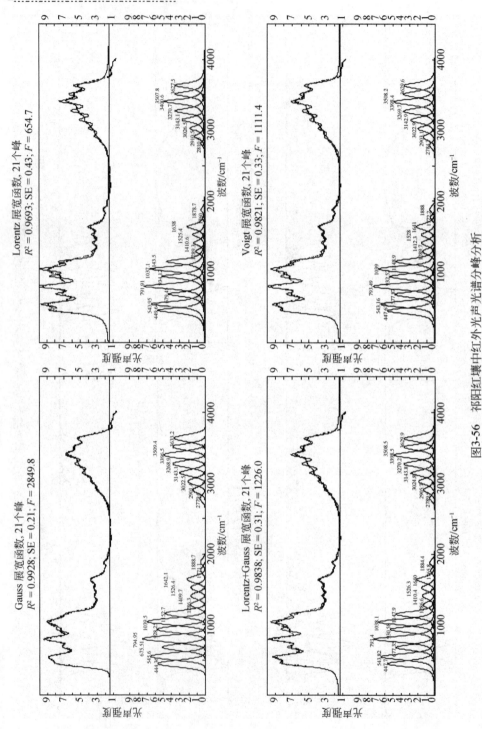

图3-56 祁阳红壤中红外光声光谱分峰分析

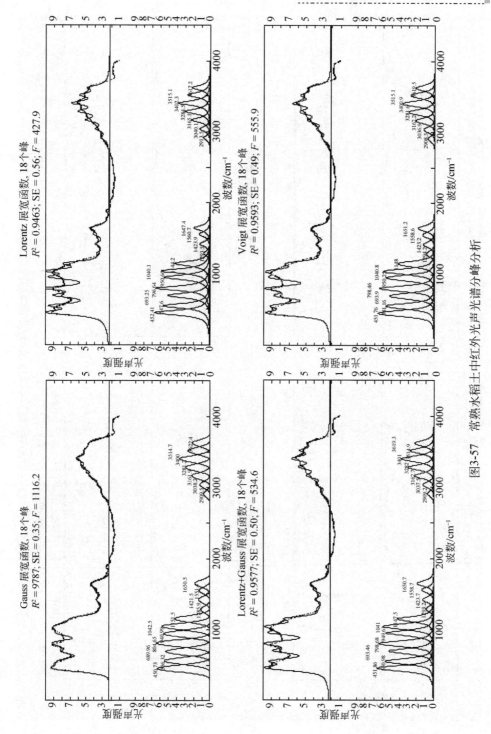

图3-57 常熟水稻土中红外光声光谱分峰分析

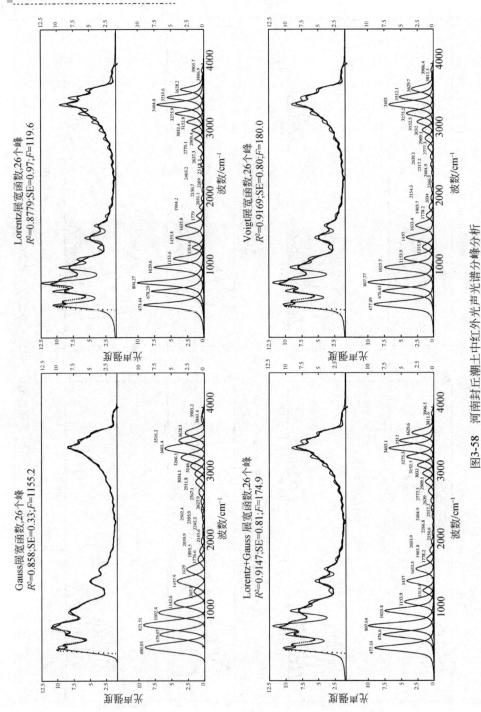

图3-58 河南封丘潮土中红外光声光谱分峰分析

数分峰效果的优劣顺序为 Gauss > Voigt > Lorentz + Gauss > Lorentz。Gauss 函数相对最好，而 Lorentz 函数相对最差。考察基于 Gauss 展宽函数在 2700～3700 cm^{-1} 区域的分峰结果，总共可以分成 8 个峰（2767 cm^{-1}、2912 cm^{-1}、3034 cm^{-1}、3146 cm^{-1}、3266 cm^{-1}、3401 cm^{-1}、3516 cm^{-1}、3628 cm^{-1}）：在这一区域，O—H 的振动强度最大，尤其是 3401 cm^{-1} 和 3628 cm^{-1} 处的振动，表明潮土含有蒙脱石和高岭石；脂肪族 C—H 振动较低，这表明潮土的亲水性很强。再考察基于 Gauss 展宽函数在 1000～1800 cm^{-1} 区域的分峰结果，可以分成 6 个峰（1002 cm^{-1}、1143 cm^{-1}、1308 cm^{-1}、1458 cm^{-1}、1629 cm^{-1}、1777 cm^{-1}），表明潮土中碳酸钙含量很高（1458 cm^{-1}）。

从分峰的角度，不同的土壤表现出不同的特点，包括峰的个数和位置（表 3-12）。根据 2700～3700 cm^{-1} 区域的吸收结果，红壤、水稻土和潮土中均含有 1 : 1 型高岭石且红壤中含量最高；水稻土几乎不含有脂肪族 C—H（其他土壤中均含有），黄土与黑土含有相似的基团组成，但黑土中这些基团相邻基团的吸电子能力更强。根据 1000～1800 cm^{-1} 区域的吸收结果，黑土与红壤的吸收峰相似，但相邻伴随基团差异较大；黄土和潮土均含有较高的碳酸钙，且都应缺失 1540 cm^{-1} 左右处的吸收峰（羧酸），这与土壤均呈碱性有关；水稻土几乎没有 1770 cm^{-1} 左右处的羧基的吸收峰，这与水稻土的还原电位较高有关。

表 3-12　不同类型土壤中红外光声光谱图的分峰结果

峰序号	土壤	1	2	3	4	5	6	7	8
2700～3700 cm^{-1}	黑土	2797	2903	3019	3148	3275	3396	3506	3608
	黄土	2752	2887	3017	3138	3259	3383	3483	3606
	红壤	2780	2901	3023	3143	3269	3397	3509	3633
	水稻土		2909	3008	3162	3281	3400	3515	3622
	潮土	2767	2911	3034	3148	3200	3401	3516	3628
1000～1800 cm^{-1}	黑土	1006	1141	1294	1412	1543	1651	1764	
	黄土		1130	1299	1455		1630	1792	
	红壤	1039	1153	1286	1409	1526	1642	1771	
	水稻土	1043	1152	1285	1422	1551	1651		
	潮土	1002	1143	1308	1458		1629	1776	

注：各物质均为最好分峰结果且均为 Gauss 函数。

表 3-13 可以比较不同土壤的某些理化性质。黄土的碳酸钙含量最高，最低为红壤；潮土的脂肪族 C—H 最多，最低为水稻土；红壤的芳香族 C—H 最多，最低为水稻土；黑土的 N—H 较多，最低为黄土；红壤的 O—H 最多，最低为水

稻土；红壤 SiO—H 较多，最低为黑土和黄土。以上只是一般定性分析，对不同的个体样本，可能会有不一致的结果，但综合这些特征吸收可以判定土壤的性质，并可以通过标准样本建立多元校正方程，对不同的土壤性质进行定量预测。

表 3-13　不同类型土壤特征吸收强度

峰序号	土壤	CaCO$_3$ 含量/%	脂肪族 C—H	芳香族 C—H	N—H	O—H	SiO—H
	黑土	—	0.18	0.95	2.68	3.52	
	黄土	3.98	0.22	1.01	2.21	3.41	—
2700~3700 cm^{-1}	红壤	—	0.72	1.71	2.52	4.49	3.63
	水稻土	—	—	0.92	2.55	3.22	2.19
	潮土	3.78	0.82	1.18	2.61	4.36	2.68

注：各物质均为最好分峰结果且均为 Gauss 函数。"—"表示含量低或吸收强度弱。

四、　小结

土壤中红外光声光谱具备了一定的吸收特征，但由于土壤物质组成的复杂性，有些吸收特征因吸收峰的相互叠加而产生兼并现象，使得某些特征变得不够明显；因此，通过光谱的分峰分析可以将潜在的特征吸收分离出来，使得吸收峰的代表性更强或更具体。光谱微分可以用于分峰分析，但这种分峰分析缺少目的性，分出的结果要么太粗要么太细，有时很难加以解译。反卷积的方法为光谱分峰提供了新的手段，该方法引入了展宽函数，具有一定的理论基础，不但可以进行分峰分析，同时也是光谱降噪的一种有效手段。同一种物质的光谱所采用的展宽函数不一样时分峰也存在一定差异。对于土壤样本，不同的展宽函数的分峰结果都较好，但 Gauss 展宽函数的分峰结果最好，相关性最高且误差最小，因此可应于土壤光谱的分峰分析。

本节中的土壤红外光声光谱的分峰分析只是一种初步尝试，主要根据光谱本身的特征和经验知识加以分析和推导，有些结论需要通过进一步的试验分析予以验证。

参 考 文 献

邹谋炎. 2004. 反卷积和信号复原. 北京：国防工业出版社.

Amneh A, Mohammed B. 2011. Frequency self deconvolution in the quantitative analysis of near infra-red spectra. Analytica Chimica Acta, 705：135-147.

Arthur M A, Pistorius W J. 2004. Deconvolution as a tool to remove fringes from an FT- IR spectrum. Vibrational Spectroscopy, 36: 89-95.

Arthur P, Michael G S. 2005. Independent component analysis of photoacoustic depth profiles. Journal of Molecular Spectroscopy, 229: 231-237.

Du C W, Deng J, Zhou J M, et al. 2011. Characterization of greenhouse soil using infrared photoacoustic spectroscopy. Spectroscopy Letters, 44: 359-368.

Fan M H, Brown R C. 2001. Precision and accuracy of photoacoustic measurements of unburned carbon in fly ash. Fuel, 80: 1545-1554.

Fernández-Getino A P, Hernández Z, Piedra Buena A, et al. 2010. Assessment of the effects of environmental factors on humification processes by derivative infrared spectroscopy and discriminant analysis. Geoderma, 158: 225-232.

Giacomo C, Riccardo S. 2006. Soils: Basis Concepts and Future Challenges. London: Cambridge University Press.

Gregorio M, Tan T V, Teresa V. 2011. A simple visible spectrum deconvolution technique to prevent the artifact induced by the hypsochromic shift from masking the concentration of methylene blue in photodegradation experiments. Applied Catalysis A: General, 402: 218-223.

Irudayaraj J, Yang H. 2002. Depth profiling of a heterogeneous food- packaging model using step- scan Fourier transform infrared photoacoustic spectroscopy. Journal of Food Engineering, 55: 25-33.

Koskinen V, Fonsen J, Kauppinen J, et al. 2006. Extremely sensitive trace gas analysis with modern photoacoustic spectroscopy. Vibrational Spectroscopy, 42: 239-242.

Lin J W P, Dudek L P. 1979. Signal saturation effect and analytical techniques in photoacoustic spectroscopy of soilds. Anal Chem, 51: 1627-1632.

Michaelian K H, Hall R H, Kenny K I. 2006. Photoacoustic infrared spectroscopy of Syncrude postextraction oil sand. Spectrochimica Acta Part A: Molecular and Biomolecular Spectroscopy, 64: 430-434.

McClelland J F, Jones R W, Bajic S J. 2002. Photoacoustic spectroscopy. In: Chalmers J M, Griffiths P R. 2002. Handbook of Vibrational Spectroscopy (Vol 2). Chichester: Wiley & Sons.

Michaelian K H. 2010. Photoacosutic IR Spectroscopy: Instrumentation, Applications and Data Analysis. Weinheim: Wiley-VCH GmbH & Co. KGaA.

Morhac M, Matousek V. 2009. Complete positive deconvolution of spectrometric data. Digital Signal Processing, 19: 372-392.

Nienhaus K G, Ligand U N. 2011. Dynamics in heme proteins observed by Fourier transform infrared-temperature derivative spectroscopy. Biochimicaet Biophysica Acta (BBA) - Proteins & Proteomics, 1814: 1030-1041.

Pontes M J C, Cortez J, Galvao R K H, et al. 2009. Classification of Brazilian soils by using LIBS and variable selection in the wavelet domain. Analytica Chimica Acta, 642: 12-18.

Reddy K T R, Slifkin M A, Weiss A M. 2001. Characterization of inorganic materials with photoacoustic spectrophotometry. Optical Materials, 16: 87-91.

Rockley M G, Davis D M, Richardson H H. 1980. Fourier- transformed infrared photoacoustic spectroscopy of biological- materials. Science, 210: 918-920.

Rockley M G, Devlin J P. 1977. Observation of a nonlinear photoacoustic signal with potential application to nanosecond time resolution. Applied Physics Letters, 31: 24-25.

Rosencwaig A, Gersho A J. 1976. Theory of photoacoustic effect with solids. Appl Phys, 47: 64-69.

Ryczkowski J. 2007. Application of infrared photoacoustic spectroscopy in catalysis. Catalysis Today, 124: 11-20.

Specht D F. 1991. A general regression neural network. IEEE Transactions on Neural Networks, 2: 568-576.

Tooke P B. 1988. Fourier self- deconvolution in IR spectroscopy. TrAC Trends in Analytical Chemistry, 7: 130-136.

Victor A L, Esteve P. 2004. Curve- fitting of Fourier manipulated spectra comprising apodization, smoothing, derivation and deconvolution. Spectrochimica Acta Part A, 60: 2703-2710.

Wetsel G C, McDonal F A. 1977. Photoacoustic determination of absolute optical- absorption coefficient. Appl Phys Lett, 30: 252-254.

Yang T, Irudayaraj J. 2001. Characterization of beef and pork using Fourier- transform infrared photoacoustic spectroscopy. Lebensmittel- Wissenschaft Und- Technologie- Food Science and Technology, 34: 402-409.

Zhang J, Yan Y B. 2005. Probing conformational changes of proteins by quantitative second- derivative infrared spectroscopy. Analytical Biochemistry, 340: 89-98.

Zheng J C, Tang Z L, He Y H, et al. 2008. Sensitive detection of weak absorption signals in photoacoustic spectroscopy by using derivative spectroscopy and wavelet transform. Journal of Applied Physics, 103: 093116_1-3

第四章 基于红外光声光谱的土壤性质预测

第一节 土壤红外光声光谱分析的影响因素

一、 概述

红外光声光谱法应用于土壤快速测定，为面源污染调控提供实时监测数据是其发展的一个主要方向。光声光谱的特点是所需样品量少，无需复杂的前处理，并且测定过程中对样品无损，应用在土壤快速检测及原位测定都有很大的优势。

由于土壤是十分复杂的体系，土壤红外光声光谱是土壤中各种物质或官能团的综合反映，光谱解析极为困难。传统的单波长校正方法容易遗失大部分光谱的信息，且干扰较大，导致分析结果不稳定，预测精度很差。偏最小二乘法能提取光谱中的主成分因子（隐变量），通过预期标准偏差和反复迭代确定所需要的隐变量数，建立校正模型，达到预测土壤养分的目的。人工神经网络具有智能性，即具有记忆、分析和容错的功能，并且能够无限逼近任何非线性函数，十分有利于复杂土壤体系中的养分分析和预测。

合理的土壤分类能够提高光谱定量模型的预测精度，本章以大量的不同土壤样本为基础，考虑以某一种土壤类型为基础进行定量建模，因此将土壤样品按类型进行单独分析。

二、 土壤红外光声光谱定量分析的影响因素

（一）红外光声光谱测量的环境因素

外部环境因素对土壤的红外光声光谱测定及其发展有很大影响。不同光谱仪器的选择，不同的光谱前处理方法，在定量分析中不同化学计量方法的选用，以及分析中不同波段的选择（近红外、中红外）都会影响光谱分析结果，甚至不同评价指标的选择也会对光谱的预测结果产生影响。

1. 光谱仪器的选择

Ge 等（2011）研究了 4 种不同型号的反射光谱在土壤检测中的差异性，利用主成分分析比较了不同光谱仪在土壤聚类分析中的应用，同种土壤在分类中差异明显；同时，也应用不同仪器下测得的光谱结合化学计量手段分别建立模型，比较各自的预测结果，差异明显；另外，以其中一种仪器测得的光谱建立的模型对另外几个仪器测得的光谱进行预测，结果差于对本仪器测得的光谱的预测，表明光谱仪器的差异性对土壤的光谱分析有很大的影响，这对土壤光谱数据库的建立是个很大的考验。杜昌文等（2009）研究了红外光声光谱对土壤矿物的表征与鉴定，比较了透射、衰减全反射及红外光声光谱在土壤矿物表征上的优劣，表明光声光谱包含更多的土壤信息，在土壤分析中较前两种光谱更具潜力。

2. 数据前处理方法

不同的光谱数据前处理手段对光谱的定量分析有很重要的作用。数据前处理方法有：一阶导数变换、二阶导数变换、平滑、去噪等。从图 4-1 可以看出，平滑后的光谱可读性更强，经过一阶变换后的光谱比原始光谱的信息更明确，对光谱求导不仅能显示原始光谱中不明显的吸收峰，同时还能锐化吸收峰（Du and Zhou，2009）。Morgan 等（2009）研究了可见 – 近红外反射光谱的原始光谱与一阶光谱在土壤无机碳定量分析中的差异，结果表明原始光谱的预测效果高于一阶光谱。

3. 化学计量学方法

土壤光谱预测模型的建立依靠化学计量学方法，依靠不同方法建立的模型有所不同。Mouazen 等（2010）比较了主成分分析（PCA）、偏最小二乘法（PLSR）、BP 神经网络结合主成分分析（BPNN-PCs）、BP 神经网络结合偏最小二乘（BPNN-LVs）4 种化学计量学方法对土壤有机碳（SOC），交换性钾、钠、镁、磷的预测。结果表明，BPNN-LVs 的预测效果最好，预测误差最小。而 Vasques 等（2008）比较了逐步多元线性回归、主成分分析、偏最小二乘法、回归树 4 种方法在土壤碳建模方法上的优劣，结合不同的光谱预处理方法进行模拟预测。结果表明，偏最小二乘的预测效果最好，逐步多元线性回归次之。杜昌文等（2009）应用中红外光声光谱定量研究了土壤有效氮、磷、钾及土壤有机质。结果表明，中红外光声光谱结合偏最小二乘回归分析能很好地预测土壤的以上性质。另外，杜昌文和周健民（2007）比较了不同的化学计量学手段在土壤有效磷（Olsen P）预测分析上的优劣，偏最小二乘回归（$1.79 \text{ mg} \cdot \text{kg}^{-1}$）优于人工神经网络（$2.40 \text{ mg} \cdot \text{kg}^{-1}$）。

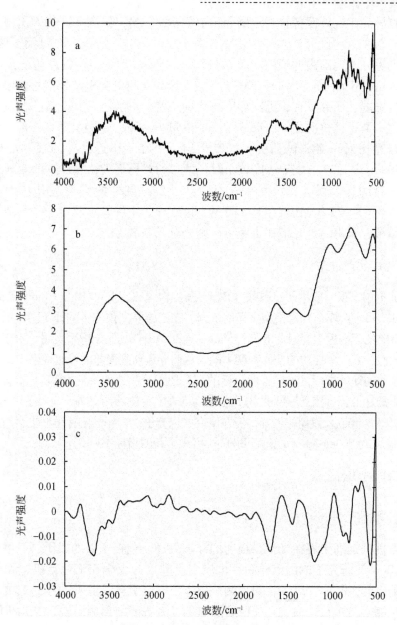

图 4-1　不同数据前处理对比

a. 原始光谱；b. 平滑标准化后的光谱；c. 一阶光谱

4. 红外波段的选择

目前，土壤的红外光谱主要研究的是近红外和中红外区。Reeves（2010）探讨了近红外和中红外区各自在土壤分析上的优劣。Madari 等（2006）比较了不同波段（近红外、中红外）对土壤物质预测的影响。土壤总碳、总氮及土壤砂粒、黏粒在两种光谱范围内的预测相关系数都在 0.90 以上，但中红外区的预测要好于近红外区。Bogrekci 和 Lee（2007）比较了紫外、可见和近红外区对土壤磷浓度的相关性强弱，研究发现，近红外区与土壤总磷、水溶性磷有极强的相关性，可见区次之，紫外区再次之。Bellon-Maurel 和 McBratney（2011）回顾评价了中红外和近红外光谱对土壤碳的研究，研究指出，中红外比近红外的预测准确率高10% ~40%，当样本的变异程度较小时，两者的差异更大；当样本的变异程度较大时，两者的预测误差都将增大，但中红外比近红外的重现性更好。Viscarra Rosse（2006a，2006b）比较了基于可见、近红外、中红外以及 3 个区域结合的定量分析结果，指出红外光谱在土壤学研究上有无限潜力。

5. 最优化评价指标

目前土壤学家一般用回归系数（R^2）、预测误差（SEP）、RPD（ratio of performance to deviation）作为判定模型好坏的依据。在土壤模型预测中的评价指标的可信度也是很重要的影响因素，对此 Bellon-Maurel 等（2010）做了分析后表明，由于土壤样本的未知性，其土壤性质的变异程度不同，从而导致预测误差的可比性下降；RPD 作为非常重要的评价指标，其优劣性指标的划分还不统一，但一般 RPD > 2 就认为模型已经非常好了，可接受模型的 RPD 值在 1.5 左右（Du and Zhou，2009）。一般意义上来说，RPD 值越大模型就越好，但在研究中也有争议，好的定标模型也会对应较低的 RPD 值，故 Bellon-Maurel 和 McBratney 引入了新的指标（2010）。

（二）土壤因素

1. 土壤前处理

土壤前处理即土壤在光谱扫描前的样本处理，包括土壤的风干、研磨。Morgan 等（2009）研究了原位土样和经过风干研磨后的土样在土壤有机、无机碳的预测上的差异。其中，风干土的预测效果高于原位土样，说明水分在土壤碳的红外光谱预测上是个负面因子。而研磨后增加了有机碳的预测误差，对无机碳的预测效果有所提高。Viscarra Rossel 等（2009）比较了原位土样和风干研磨土样的差别，结果表明，原位土样测量的预测效果（RMSE = 7.9%）优于实验室制样（风干、研磨 < 2mm）后的预测效果（RMSE = 8.3%）。Brunet 等（2007）研究了土壤样本前处理对土壤总碳、总氮预测的影响。对土壤总碳来说，研磨降低了预测的精度；但对土壤总氮来说，研磨对预测结果影响不大。Terhoeven-Urselmans

等（2008）研究了红外光谱在土壤生物化学性质上的应用，做了光谱的土壤前处理分析，表明土壤有效磷和交换性钾在处理前后预测差异不大；土壤微生物磷在原位土测定中预测效果好于处理后土壤，土壤微生物碳氮比在处理后土壤中的预测效果较好。由上述研究结果发现，原位土和风干研磨后的土在光谱的测定中各有优缺点，对于不同的土壤组分和土壤性质，表现出了不同的优势。提醒我们可以根据所测土壤性质来决定是否对土壤进行前处理。

另外，Fontán 等（2010）比较了不同土壤粒度下有机碳、无机碳和总碳的预测结果，研究指出，土壤的粒度影响预测结果的准确性，以 2 mm 较好，由于模型的建立需要结合土壤的常规分析，研究者同时指出，有机碳的常规分析所带来的误差比土壤粒度大小引起的误差更大。

2. 土壤样本的代表性

样本的代表性是模型建立的基础条件，而代表性主要取决于采样时的样本密度。Wetterlind 等（2010）研究了样本密度对模型预测的影响，少量样本就可以建立很好的土壤黏粒、砂粒、有机质及土壤全氮的定标模型，而对土壤有效磷、钾、镁及土壤 pH 来说，建立好的定标模型需要相对更多的样本，而再多的样本对土壤粉粒来说都很难建立好的定标模型。研究者指出定标模型的好坏取决于所要研究的土壤性质及土壤中这种物质的含量多少。对于土壤总氮来说，张雪莲等（2010）研究发现各地区总氮的预测效果均较好。而高度可变的土壤特性和地形属性也是研究的主要限制因子，增加土壤样本的数量及其代表性是增加预测精度的唯一条件（Huang et al.，2007）。

3. 土壤性质

从表 4-1 可以看出，不同的土壤物质组分和土壤性质的光谱预测结果存在差异。土壤总碳的预测效果最好，无机碳的预测较有机碳好。对土壤有机碳来说，其在土壤中的变异程度越大，预测效果越好。Chang 等（2005）对土壤大量养分的研究表明，近红外光谱对土壤氮有很好的预测效果，对土壤磷、钾的预测效果不佳（He et al.，2007）。Awiti 等（2008）研究了近红外光谱在土壤性质分类上的应用，根据土壤中物质含量的不同划分土壤养分盈缺。总碳、总氮、有效阳离子交换量的预测相关系数均大于 0.9，而可交换性钙、镁、黏粒的预测相关系数大于 0.7，土壤钾为 0.64。Minasny 等（2009）用中红外光谱进行了预测研究，其中有机碳、阳离子交换量的相关系数大于 0.9，黏粒和 pH 的相关系数也在 0.8 以上。另外，研究发现中红外反射光谱可以用来预测柠檬酸条件下的交换性铁含量。Bilgili 等（2010）用近红外光谱研究了半干旱地区土壤的性质，其中，土壤有机质、阳离子交换量、土壤黏粒的预测效果最好，相关系数都在 0.7 以上。Tatzber 等（2007）和 Linker 等（2005）利用红外光谱分别对土壤的碳酸钙和硝酸盐含量做了研究。Bornemann 等（2008）利用中红外光谱快速检测了土壤有机质中的炭黑。Neumann 等（2011）结合中红外和近红外研究了蒙脱石中铁的氧化还原。Galvez-Sola 等（2010）用近红外光谱研究了堆肥土壤中磷的含量预测及其动力学分析。中红外和近红外光谱在土壤中微量元素上也有一定的应用潜力（Reeves and Smith，2009）。

表 4-1　不同土壤性质的预测结果（近红外）

土壤性质	样本数	平均值	标准误	范围	方法	R^2	参考文献
总碳/%	97	1.71	0.65	0.87 ~ 3.54	PLSR	0.94	Chang 等（2005）
总碳/(g·kg^{-1})	65	36.8	1.34	12 ~ 73	PLSR	0.91	Awiti 等（2008）
无机总碳/%	98	1.23	0.65	0.35 ~ 2.97	PLSR	0.93	Chang 等（2005）
有机总碳/%	99	0.55	0.07	0.39 ~ 0.71	PLSR	0.34	Chang 等（2005）
有机碳/%	228	1.5	0.53	0.31 ~ 2.9	PLSR	0.57	Summers 等（2011）
有机碳/%	225	53.9	29.4	3.4 ~ 335.0	PLSR	0.82	Sankey 等（2008）
黏粒/%	237	16.32	5.42	4.97 ~ 36.0	PLSR	0.66	Summers 等（2011）
黏粒/(g·kg^{-1})	65	52.4	0.95	35 ~ 85	PLSR	0.77	Awiti 等（2008）
黏粒/(g·kg^{-1})	444	121.4	49.2	0 ~ 441.1	PLSR	0.52	Sankey 等（2008）
铁氧化物/%	229	1.5	0.37	0.79 ~ 3.05	PLSR	0.61	Summers 等（2011）
碳酸盐/%	75	2.65	5.37	0 ~ 25.7	PLSR	0.69	Summers 等（2011）
总氮/(g·kg^{-1})	65	3.8	0.09	2.4 ~ 5.7	PLSR	0.9	Awiti 等（2008）
pH	65	6.5	0.05	5.1 ~ 7.4	PLSR	0.72	Awiti 等（2008）

4. 土壤的空间分布

　　由于土壤的地带性分布及成土因素的差异，不同类型土壤的组成和性质存在差异。Viscarra Rossel 等（2006a，2006b）用有机无机混合物模拟多种土壤，并对其组成进行光谱预测，结果显示能精确预测高岭石、蒙脱石、伊利石 3 种矿物（RMSE分别为 3.6%、3.4%、3.4%），对其他物质的预测效果较差；而模拟土壤与实际土壤的成分也差异较大。结合地理信息系统进行土壤空间性质的研究也是土壤光谱的发展方向。定量分析土壤的物理化学性质并结合地理信息系统对土壤的空间多样性进行制图，研究土壤的空间变异性（Odlare et al.，2005；Cobo et al.，2010）。

　　土壤多样性对光谱预测也有一定的影响。Bricklemyer 和 Brown（2010）以土壤有机质和黏粒为指标，表明同一类型其土壤变异程度越大，预测结果越好。王玉等（2003）研究了中国 6 种地带性土壤的红外光谱特征，说明不同地带性土壤的光谱差异。根据不同类型土壤的光谱差异性研究发现红外光声光谱具有分类土壤的能力（杜昌文等，2008；Du et al.，2008），而在以后的定量分析研究中，可以利用光谱信息分类土壤，再根据未知土壤所处的范围，选择适合用于定标的样本。

三、 小结

红外光谱在土壤性质的定量分析上已经取得了一定的成果，但由于用于研究的仪器、数据处理方法以及土样采集的变异性差异，使得所建立的土壤性质模型具有差异性，而无法整合在一起组成更大、信息更为丰富的土壤光谱数据库，这对土壤的光谱研究形成了一个很大的考验。建立一个适合的土壤样本库所需的土壤样本数量还有待继续研究摸索。建立土壤碳等目前能较好进行光谱分析的土壤定量模型，对测土施肥以及土壤的碳库研究有积极意义。总结之前的研究成果发现：①不同型号的光谱仪所测得的同种土壤在分类中的差异明显，预测结果也差异明显；表明光谱仪器的差异性对土壤的光谱分析有很大的影响，同时中红外区在土壤的预测上要好于近红外区。②定量分析模型建立中化学计量学方法的选择影响模型的稳定性，土壤的最优化评价指标 SEP、RPD 在土壤模型预测中的可信度根据土壤性质的变异程度不同而有所差异。③土壤的前处理应根据所测土壤性质来决定。④定标模型的好坏取决于所要研究的土壤性质及其变异程度。建立较好的定标模型所需样本的多少，也取决于所测土壤的性质。⑤增加土壤样本的数量及其代表性是增加预测精度的有效途径，区域范围内建模的预测准确度远高于全球范围内建模，而同一种土壤变异越大，预测的结果越好。

以上研究结果指导我们在未来的土壤研究中，应注意在处理不同型号的光谱仪扫描所得的数据时带来的误差。在模型建立时，根据所要模拟预测的对象有针对性地选择适当的化学计量学方法，建立线性或者非线性的光谱模型。土壤前处理的选择要依据所测土壤性质，并结合样本的变异程度判断模型的好坏。尽量在区域范围内建模，以增加模型的精确度。

第二节 基于 FTIR-PAS 的我国典型农田土壤养分预测

一、 概述

土壤肥力是土壤性质的综合表现，通常情况下土壤肥力是指土壤中的养分状况以及与其直接关联的作物产量，而在未获取作物产量之前的土壤肥力评估则依赖于土壤的养分状况，因此测土是施肥的重要依据。

由于不同的土壤类型、气候条件、施肥、作物类型、种植和管理模式等造成土壤肥力（养分状况）具有很大的时空变异性，因此需要经常性的进行测土（Frederick and Louis，2005）；而足够精度的测土结果需要海量的土壤分析来支撑。显然传统的化学分析方法很难支撑测土施肥，这也成为土壤配方施肥应用中的一个限制性瓶颈，而仪器分析的方法则为海量土壤信息的获取提供了新的手段。近20年来，土壤信息的近距离传感（soil proximal sensing）得到不断发展（Viscarra Rossel et al.，2010），其中红外光谱在土壤分析中取得了长足的进步，并开始在农业精确施肥中加以应用；近几年来红外光声光谱开始广泛应用于土壤学中，并显示出独特的优势（Bogrekci and Lee，2005，2007；Dai et al.，2006；Gehl and Rice，2007；He et al.，2005；Jahn et al.，2005；Linker et al.，2005，2006；Wu et al.，2005；Zimmermann et al.，2007；Viscarra Rossel et al.，2006a，2006b，2010；Du and Zhou，2011；Pedersen et al.，2011）。本节将介绍这一方法在中国典型农田土壤分析中的应用，为土壤分析提供方法基础。

二、 基于 FTIR-PAS 的水稻土养分定量模型研究

（一）水稻土样品的背景数据

选用江苏省水稻土样品，共740个样，这些土壤样本采自江苏南部，采样点分布见图4-2。表4-2给出了该土样的一些性质参数的统计，每一种土壤性质均存在较大的变异，可以用于校正分析。

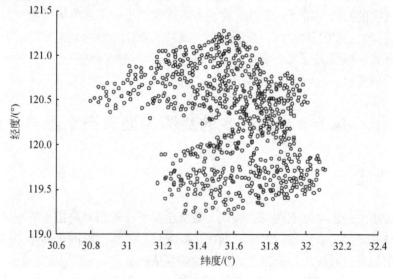

图4-2　水稻土样本采样点分布

表 4-2 水稻土样品性质参数统计结果

土壤性质参数	样品数	最小值	最大值	平均值	标准偏差
pH	740	4.61	8.42	6.23	0.89
有机质/(g·kg⁻¹)	740	7.75	62.8	29.8	7.17
CEC/(cmol·kg⁻¹)	740	4.31	32.5	17.3	3.96
全氮/(g·kg⁻¹)	740	0.36	3.14	1.62	0.36
全磷/(g·kg⁻¹)	740	0.23	1.59	0.61	0.18
全钾/(g·kg⁻¹)	740	6.92	24.8	15.0	2.55
速效磷/(mg·kg⁻¹)	740	0.93	143	8.57	8.95
速效钾/(mg·kg⁻¹)	740	31.0	361	83.3	26.85

（二）基于 PLSR 的养分预测模型的构建

将原始光谱数据作为输入，随机抽出 75% 进行线性回归，余下 25% 的样品做交叉检验（cross-validation），确定因子数，分别针对 8 个性质参数作回归分析，并考虑不同波数段对预测结果影响。图 4-3 显示了校正样本和验证样本的实际值和预测值散点图。

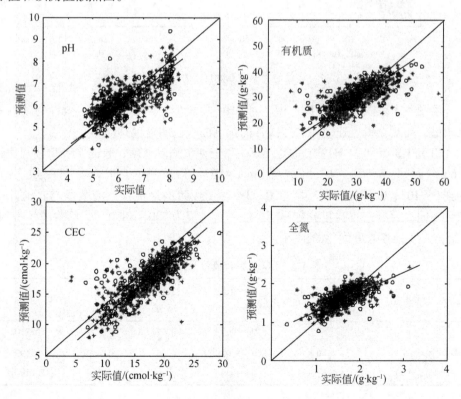

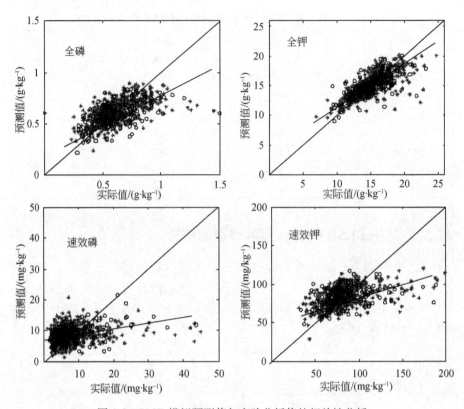

图 4-3 PLSR 模拟预测值与实验分析值的相关性分析

由图 4-3 可以看出，PLSR 模型对 pH、有机质、CEC、全氮、全钾的预测效果较好，而对全磷、速效磷和速效钾的预测曲线已明显偏移。

由表 4-3 可见，pH、有机质、CEC 和全钾预测较准确，验证 RMSE 分别达到 $0.66\text{g} \cdot \text{kg}^{-1}$、$5.50 \text{ g} \cdot \text{kg}^{-1}$、$2.66 \text{ cmol} \cdot \text{kg}^{-1}$ 和 $1.79 \text{ g} \cdot \text{kg}^{-1}$，决定系数也分别达到 0.7102、0.6996、0.7841 和 0.7396。速效磷的最优预测波数段与其他几个参数不同，含有速效磷相关变异信息的光谱主要为 $800 \sim 1800 \text{ cm}^{-1}$ 区域内。表 4-3 给出了 8 种参数最优化的预测模型。

表 4-3　PLSR 分析参数及分析结果

土壤性质	最优预测因子数	最优预测波数段/cm^{-1}	校正 RMSE	验证 RMSE	R^2
pH	9	$800 \sim 3900$	0.62	0.66	0.7102
有机质/$(\text{g} \cdot \text{kg}^{-1})$	10	$800 \sim 3900$	4.96	5.50	0.6996
CEC/$(\text{cmol} \cdot \text{kg}^{-1})$	11	$400 \sim 4000$	2.40	2.66	0.7841

续表

土壤性质	最优预测因子数	最优预测波数段/cm^{-1}	校正RMSE	验证RMSE	R^2
全氮/(g·kg^{-1})	10	800~3900	0.25	0.31	0.6794
全磷/(g·kg^{-1})	8	800~3900	0.14	0.16	0.5934
全钾/(g·kg^{-1})	8	800~3900	1.72	1.79	0.7396
速效磷/(mg·kg^{-1})	9	800~1800	9.16	6.51	0.2807
速效钾/(mg·kg^{-1})	10	800~3900	25.2	22.9	0.4235

（三）基于反向传递网络（back-propagation network，BPN）的养分预测模型的构建

PLSR 模型是基于线性转换，在模拟线性关系时具有较好的效果，然而对于非线性关系则存在较大问题。在土壤参数的预测中，很多土壤参数与光谱之间可能存在间接的非线性关系，人工神经网络模型则为这种关系的模拟提供了手段。直接将光谱作为神经网络的输入层，会使输入神经元过多，导致网络性能下降，收敛速度变慢，不利于定量分析。因此本实验采用主成分分析法作为光谱的前处理方法，然后选择几个主成分作为网络输入层，大大简化网络结构。图4-4 为各主成分变异百分数图。

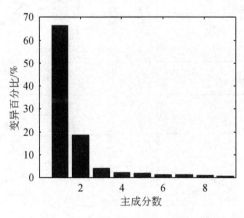

图4-4　主成分分析各成分变异百分比

其中第一主成分占 66.45%，第二主成分占 18.34%，第三至第五主成分分别占 3.97%、2.07% 和 1.80%，前 20 个主成分所占信息量在 99% 以上，可作为

网络的输入层。输出层为单个参数，故输出层神经元为 1 个。经过比较，实验中采用训练步长为 1000；输入层和隐含层的传递函数均采用 S 形的正切函数"tan-sig"；输出层传递函数采用线性函数"purelin"；网络训练函数采用"trainlm"；性能函数取均方误差"mse"。

为避免出现过度拟合现象，研究根据网络表现确定隐含层神经元数，因输入层神经元为 20，输出层神经元为 1，选择隐含层神经元由 3 增加到 9，通过比较 RMSE 和 R^2 来确定节点数。图 4-5 为针对不同参数确定隐含层神经元数对网络训练的影响。

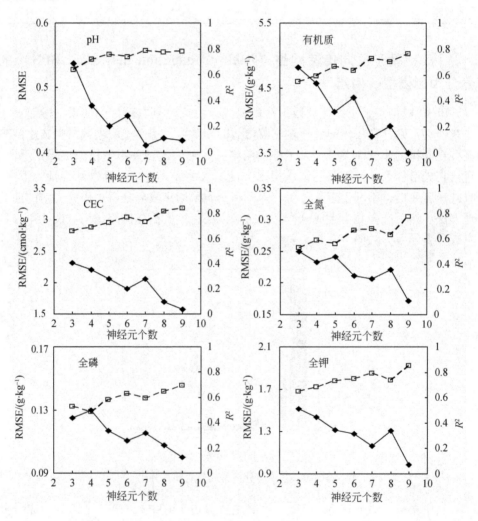

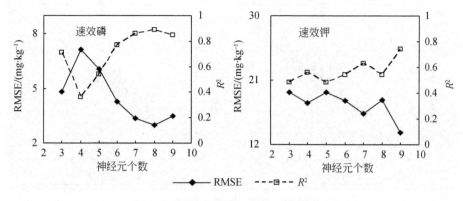

图4-5　神经元个数对网络训练的影响

图4-5的结果显示，网络的性能并不是随隐含层神经元的增多而一直上升的，指示网络性能的两个指标均方根误差和对校正样本的决定系数，随选择神经元的增多而呈波动趋势。在选择隐含层神经元时，应综合考虑网络的均方根误差和决定系数。一般来说均方根误差越小越好，说明模型精度较高；决定系数越大越好，说明模型对校正样本的回归能力较强。基于以上考虑，针对pH建模时，隐含层神经元选择7个，对有机质、CEC、全氮、全磷、全钾和速效钾建模时，均选择9个隐含层神经元，而对速效磷建模选择8个隐含层神经元。

虽然网络性能随隐含层神经元数变化呈波动性，但总体来说还是随其增多而变高的。但选择过多的神经元会使网络的结构臃肿，训练时间过长，收敛极慢，并且可能造成"过拟合"现象，网络严重偏离真实情况。因此在隐含层神经元的选择上，应根据实际需要，在考虑输入层、输出层规模的基础上合理选择，不宜过多。选择合适的神经元，并用验证样本进行预测能力评价。网络对验证样本的预测能力见图4-6，表4-4给出了评价指标。

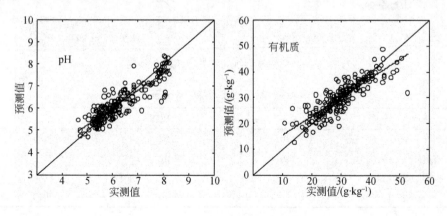

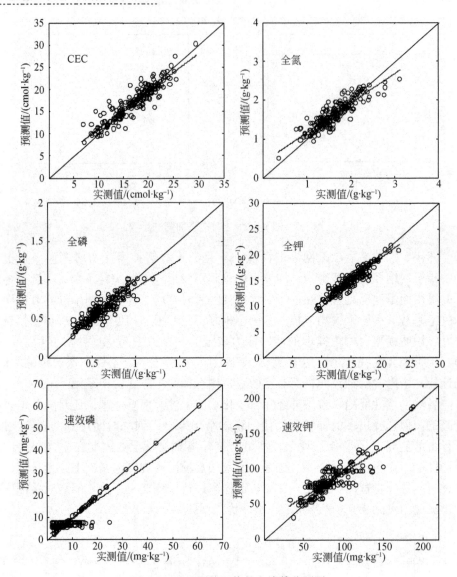

图 4-6　基于训练网络的土壤养分预测

表 4-4　基于训练网络的养分预测

土壤性质参数	样品数	验证 RMSE	R^2
pH	201	0.38	0.7886
有机质/(g·kg^{-1})	201	3.42	0.7382
CEC/(cmol·kg^{-1})	201	1.51	0.8484
全氮/(g·kg^{-1})	201	0.16	0.7910

土壤性质参数	样品数	验证 RMSE	R^2
全磷/(g·kg^{-1})	201	0.077	0.7503
全钾/(g·kg^{-1})	201	0.84	0.8677
速效磷/(mg·kg^{-1})	201	2.77	0.8061
速效钾/(mg·kg^{-1})	201	0.38	0.7886

可见，BPN 网络进行建模时其定量效果是相当好的，验证均方根误差都较低，并且回归系数都相当高，说明预测值与实测值的差别不大，模型外推的能力也较强。

（四）两种养分模型的精度比较

综合考虑两种模型的预测能力，表4-5 列出了两个模型预测时的均方根误差和决定系数。由表4-5 可以看出，两种模型的预测能力都不错，但 BPN 模型预测效果比 PLSR 预测效果好，误差均较低。并且 PLSR 对速效钾预测效果差，而 BPN 对 8 个参数的预测效果都很好。

表 4-5 两种模型的预测能力比较

土壤性质参数	PLSR		BPN	
	RMSE	R^2	RMSE	R^2
pH	0.66	0.7102	0.38	0.7886
有机质/(g·kg^{-1})	5.50	0.6996	3.42	0.7382
CEC/(cmol·kg^{-1})	2.66	0.7841	1.51	0.8484
全氮/(g·kg^{-1})	0.31	0.6794	0.16	0.7910
全磷/(g·kg^{-1})	0.16	0.5934	0.077	0.7503
全钾/(g·kg^{-1})	1.79	0.7396	0.84	0.8677
速效磷/(mg·kg^{-1})	6.51	0.2807	2.77	0.8061
速效钾/(mg·kg^{-1})	22.9	0.4235	0.38	0.7886

三、 基于 FTIR-PAS 的红壤养分定量模型研究

（一）红壤样品的背景数据

红壤样品选用的调查样品采自江西，共 532 个样品，严格来说，该部分样品

并不全是红壤，并且由表4-6的统计结果可以看出，其样品性质差异极大，特别是速效磷、速效钾，有多达3个数量级的差异，因此作为定量分析的样本并不是特别理想（表4-6），也可预见，速效磷、速效钾的定量效果不会太好。

表4-6　红壤样品性质参数统计结果

土壤性质参数	样品数	最小值	最大值	平均值	标准偏差
pH	532	3.70	8.13	4.99	0.46
有机质/(g·kg^{-1})	532	3.62	111	31.9	14.9
CEC/(cmol·kg^{-1})	532	2.79	30.4	9.01	3.12
全氮/(g·kg^{-1})	532	0.23	4.40	1.69	0.76
全磷/(g·kg^{-1})	532	0.02	4.22	0.50	0.30
全钾/(g·kg^{-1})	532	3.17	41.3	17.8	8.62
速效磷/(mg·kg^{-1})	363	0.2	279	28.0	48.6
速效钾/(mg·kg^{-1})	532	18.3	1393	116	98.1

（二）基于 PLS 的养分预测模型构建

将原始光谱数据作为输入，随机抽取75%进行线性回归，余下25%的样品做交叉检验，确定因子数，分别针对8个性质参数作回归分析，并考虑不同波数段对预测结果影响。由图4-7可以看出，PLSR模型对红壤pH、有机质、CEC、全氮、全钾的预测效果较好，而对全磷、速效磷和速效钾的预测曲线明显偏移。特别是速效磷，大部分样品的浓度值在 50 mg·kg^{-1} 之内，而个别样品甚至高达 250 mg·kg^{-1} 以上，样本差异过大且不均一。表4-7给出了8种参数最优化的预测模型。

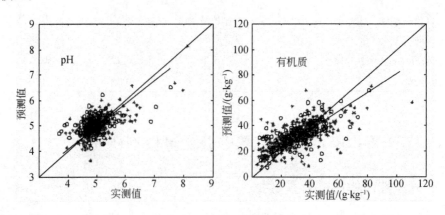

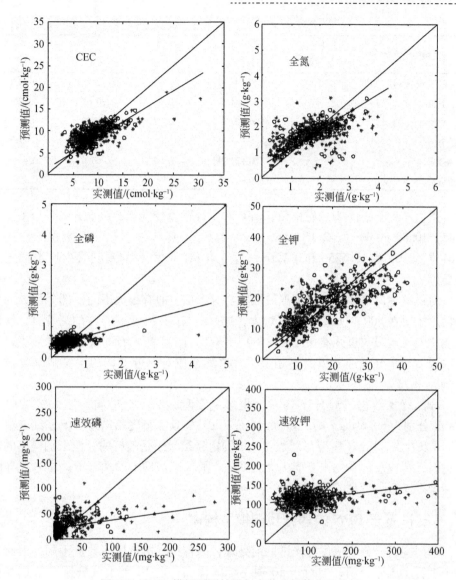

图 4-7　PLSR 模拟预测结果与实验分析值相关分析

表 4-7　PLSR 分析参数及其结果

土壤性质参数	最优预测因子数	最优预测波数段/cm^{-1}	校正 RMSE	验证 RMSE	R^2
pH	13	800~3900	0.38	0.45	0.6137
有机质/(g·kg^{-1})	9	400~4000	10.9	10.8	0.6978

土壤性质参数	最优预测因子数	最优预测波数段/cm^{-1}	校正RMSE	验证RMSE	R^2
CEC/(cmol·kg^{-1})	8	400~4000	2.51	2.15	0.6256
全氮/(g·kg^{-1})	6	400~4000	0.62	0.61	0.6226
全磷/(g·kg^{-1})	11	800~3900	0.27	0.29	0.4170
全钾/(g·kg^{-1})	15	800~3900	5.79	6.20	0.7268
速效磷/(mg·kg^{-1})	15	800~1800	35.4	60.6	0.4968
速效钾/(mg·kg^{-1})	9	800~1800	994	86.2	0.1996

由表4-7可见，pH、有机质、CEC和全钾预测较准确，验证RMSE分别达到0.45、10.82 g·kg^{-1}、2.15 cmol·kg^{-1}和6.20 g·kg^{-1}，决定系数也分别达到0.6137、0.6978、0.6256和0.7268，对红壤pH和CEC的预测效果比水稻土的还要好。

对红壤性质参数的最优预测波数段与对水稻土的有很大不同，部分参数的变异信息主要在800~1800 cm^{-1}区域内，这可能与红壤中大量存在的高岭石、铁铝氧化物的光谱吸收过强有关。在2500~3900 cm^{-1}，高岭石的吸收非常强烈，其吸收强度与水分的羟基吸收不相上下，这就造成对部分参数的定量结果有很大影响。

样品背景数据的差异不均一性也影响定量效果，速效磷、速效钾的验证RMSE分别为60.6 mg·kg^{-1}和86.2 mg·kg^{-1}，预测精度相当差。但仔细考察图4-7可以看出，PLSR模型在低浓度区域的定量结果还是较好的，但个别样品的数值过高，造成总样本的预测能力大大降低。故在建模样本的选择上，样本差异的均一程度应重点考虑。

（三） 基于BPN的养分预测模型构建

采用主成分分析法作为光谱的前处理，因各指标所指样品数量不同，因此要逐个进行主成分分析，但对于10项指标的样品，前10个主成分所含信息都在99%以上，故选用20个主成分作为网络的输入层。输出层为单个参数，故输出层神经元为1个。经过比较，实验中采用训练步长为1000；输入层和隐含层的传递函数均采用S形的正切函数"tansig"；输出层传递函数采用线性函数"purelin"；网络训练函数采用"trainlm"；性能函数取均方误差"mse"。

因输入层神经元为20，输出层神经元为1，依据经验，隐含层神经元数选择由3增加到9，通过比较RMSE和R^2来确定节点数。图4-8为隐含层神经元数对网络模拟的影响。

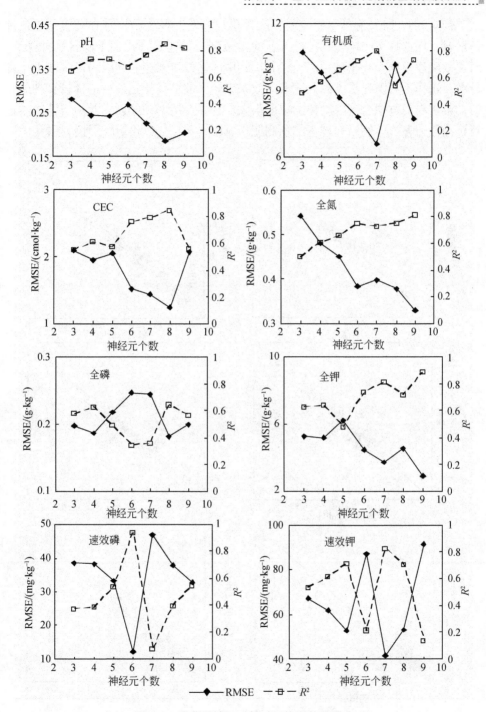

图 4-8　隐藏层神经元数对网络训练的影响

　　针对 pH、CEC 和全磷建模时，隐含层神经元选择 8 个，对有机质和速效钾建模时，均选择 7 个隐含层神经元，对全氮和全钾建模选择 9 个隐含层神经元，对速效磷建模选择 6 个隐含层神经元。其中，速效磷和速效钾因为样本数据广度较大，选择不同隐含层神经元建模的效果有较大波动，特别是在选择较少神经元时，常常出现过拟合现象，预测偏差很大。选择合适的神经元，并用验证样本进行预测能力评价。网络对样本的预测能力见图4-9，表4-8 给出了评价指标。

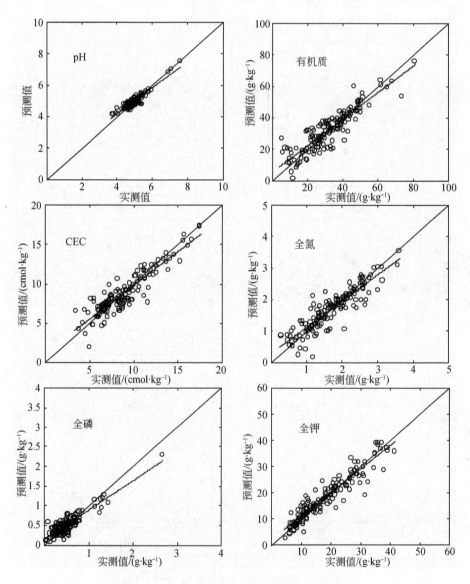

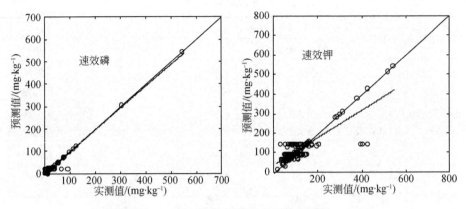

图 4-9　基于训练网络的土壤养分预测

表 4-8　基于训练网络的养分预测

土壤性质参数	样品数	RMSE	R^2
pH	145	0.17	0.8484
有机质/$(g \cdot kg^{-1})$	145	5.74	0.8078
CEC/$(cmol \cdot kg^{-1})$	145	1.10	0.8324
全氮/$(g \cdot kg^{-1})$	145	0.29	0.7961
全磷/$(g \cdot kg^{-1})$	145	0.12	0.7792
全钾/$(g \cdot kg^{-1})$	145	2.90	0.8885
速效磷/$(mg \cdot kg^{-1})$	98	11.6	0.9680
速效钾/$(mg \cdot kg^{-1})$	145	40.8	0.7004

可以看出，BPN 网络对各项参数的预测能力都较强，精度较高，但图 4-9 中速效钾的预测图显示，受个别离群数值影响，在 $0 \sim 200$ mg·kg^{-1} 区域，模型已经过拟合，大量样品的预测结果竟然非常接近，这是十分严重的偏离。因此，在考察模型时不能只看验证指标，而要综合考察预测样品回归图。

（四）两种养分模型的精度比较

综合考虑两种模型的预测能力，表 4-9 列出了两种模型预测时的均方根误差和决定系数。由表 4-9 可以看出，除速效磷和速效钾外，两种模型的预测能力都不错，但 BPN 模型预测效果比 PLSR 预测效果好，误差均较低。并且 BPN 能够大大提高对速效磷和速效钾的预测效果，虽然结果仍然不是很理想。

表 4-9 两种模型的预测能力比较

土壤性质参数	PLSR		BPN	
	验证 RMSE	R^2	验证 RMSE	R^2
pH	0.45	0.6137	0.17	0.8484
有机质/$(g \cdot kg^{-1})$	10.8	0.6978	5.74	0.8078
CEC/$(cmol \cdot kg^{-1})$	2.15	0.6256	1.10	0.8324
全氮/$(g \cdot kg^{-1})$	0.61	0.6226	0.29	0.7961
全磷/$(g \cdot kg^{-1})$	0.29	0.4170	0.12	0.7792
全钾/$(g \cdot kg^{-1})$	6.20	0.7268	2.90	0.8885
速效磷/$(mg \cdot kg^{-1})$	60.6	0.4968	11.6	0.968
速效钾/$(mg \cdot kg^{-1})$	86.2	0.1996	40.8	0.7004

四、 基于 FTIR-PAS 的黑土养分定量模型研究

（一）黑土样品的背景数据

黑土样品来自黑龙江省，共 308 个样品，均为表层土壤样品（0 ~ 20 cm），这部分样品背景数据缺失非常严重。表 4-10 给出了该部分土样的一些性质参数的统计。

表 4-10 黑土样品性质参数统计结果

土壤性质参数	样品数	最小值	最大值	平均值	标准偏差
pH	302	4.81	8.34	6.00	0.47
有机质/$(g \cdot kg^{-1})$	303	23.2	182	58.5	23.3
CEC/$(cmol \cdot kg^{-1})$	304	13.2	69.1	34.2	6.95
全氮/$(g \cdot kg^{-1})$	303	1.32	8.33	3.09	1.09
全磷/$(g \cdot kg^{-1})$	302	0.01	3.22	1.23	0.48
全钾/$(g \cdot kg^{-1})$	117	15.7	25.0	19.8	1.59
全硫/$(g \cdot kg^{-1})$	303	0.15	1.98	0.50	0.20
速效氮/$(mg \cdot kg^{-1})$	303	115	710	277	100
速效磷/$(mg \cdot kg^{-1})$	303	1.79	147	21.2	15.3
速效钾/$(mg \cdot kg^{-1})$	303	74.0	584	197	64.1

（二）基于 PLS 的养分预测模型构建

将原始光谱数据作为输入，取出 75% 进行线性回归，另外 25% 的样品做交

叉检验，确定因子数，分别针对 10 个性质参数作回归分析，并考虑选择不同波数段对预测结果影响。由图 4-10 可以看出，PLSR 模型对 pH、有机质、全氮、全磷、速效氮的预测效果较好，而对 CEC、速效磷和速效钾预测曲线偏移明显。表 4-11 给出了 8 种参数最优化的预测模型。

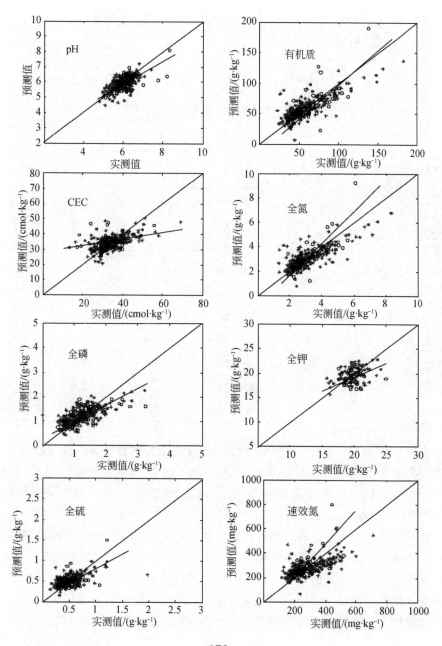

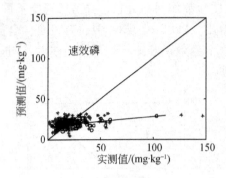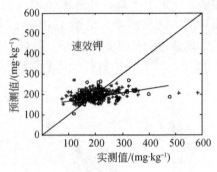

图4-10　PLSR 模拟预测结果与实验分析值相关分析

表4-11　PLSR 分析结果

土壤性质参数	最优预测因子数	最优预测波数段/cm^{-1}	校正RMSE	验证RMSE	R^2
pH	9	400~4000	0.39	0.47	0.5972
有机质/(g·kg^{-1})	6	800~1800	14.3	15.9	0.7923
CEC/(cmol·kg^{-1})	7	400~4000	5.56	6.53	0.6221
全氮/(g·kg^{-1})	10	800~1800	0.25	0.31	0.6794
全磷/(g·kg^{-1})	11	800~3900	0.33	0.41	0.6938
全硫/(g·kg^{-1})	10	800~1800	0.17	0.18	0.6189
全钾/(g·kg^{-1})	9	800~1800	1.59	2.19	0.4608
速效氮/(mg·kg^{-1})	5	800~1800	78.6	77.3	0.6766
速效磷/(mg·kg^{-1})	7	800~3900	14.4	15.0	0.3379
速效钾/(mg·kg^{-1})	5	800~3900	59.9	65.4	0.2814

由表4-11可见，pH、有机质、全氮、全磷、全硫和速效氮的预测较准确，验证RMSE 分别达到0.47、15.9 g·kg^{-1}、0.31 g·kg^{-1}、0.41 g·kg^{-1}、0.18 g·kg^{-1} 和77.3 mg·kg^{-1}，决定系数也分别达到 0.5972、0.7923、0.6794、0.6938、0.6189 和 0.6766。

在预测全氮和速效氮时，最优预测波数段为 800~1800 cm^{-1}，硝酸根基团和铵根基团在该段都有灵敏的特征吸收，预测效果非常好。对于速效养分，最优预测因子数都较少，这是因为黑土样品间的速效养分差异不大，少量因子基本就可以涵盖其变异，但对于速效磷和速效钾来说，光声光谱的预测效果仍然不佳，这是因为偏最小二乘法的线性方程不能完全拟合的关系。

（三）基于 BPN 的养分预测模型构建

采用主成分分析法作为光谱的前处理，因各指标所指样品数量不同，因此要逐个进行主成分分析，但对于 10 项指标的样品，前 10 个主成分所含信息都在 98.8% 以上，故选用 10 个主成分作为网络的输入层。输出层为单个参数，故输出层神经元为 1 个。经过比较，实验中采用训练步长为 1000；输入层和隐含层的传递函数均采用 S 形的正切函数"tansig"；输出层传递函数采用线性函数"purelin"；网络训练函数采用"trainlm"；性能函数取均方误差"mse"。

因输入层神经元为 10，输出层神经元为 1，选择隐含层神经元由 3 增加到 8，通过比较 RMSE 和 R^2 来确定节点数，图 4-11 为针对不同参数确定隐含层神经元数，针对这 10 个参数建模时，隐含层神经元选择 8 个最佳。选择合适的神经元，并用验证样本进行预测能力评价。网络对验证样本的预测能力见图 4-12，表 4-12 给出了评价指标。

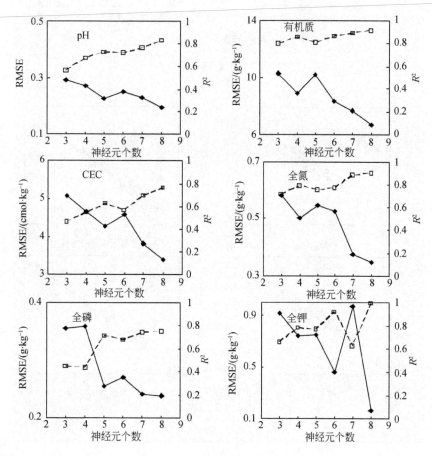

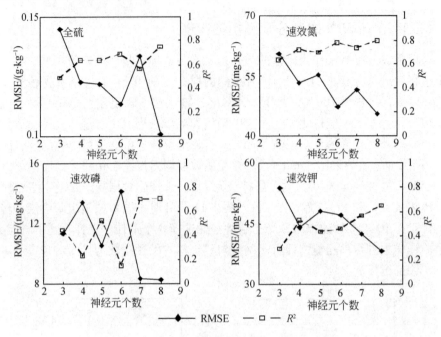

图 4-11 针对不同参数确定隐含层神经元数

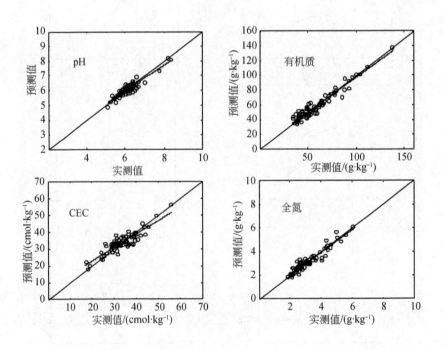

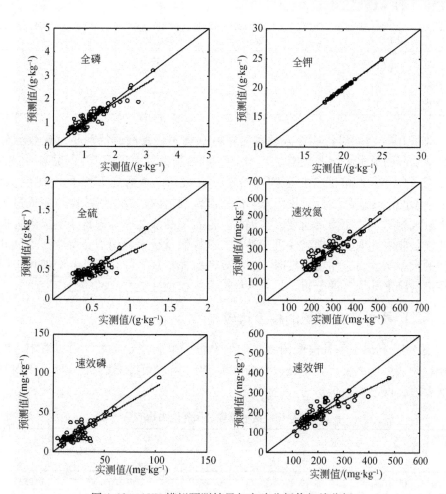

图 4-12 ANN 模拟预测结果与实验分析值相关分析

表 4-12 基于训练网络的养分预测

土壤性质参数	样品数	验证 RMSE	R^2
pH	75	0.20	0.8534
有机质/$(g \cdot kg^{-1})$	76	5.04	0.9356
CEC/$(cmol \cdot kg^{-1})$	75	3.03	0.7735
全氮/$(g \cdot kg^{-1})$	76	0.29	0.905
全磷/$(g \cdot kg^{-1})$	75	0.19	0.8345
全钾/$(g \cdot kg^{-1})$	29	0.066	0.9981
全硫/$(g \cdot kg^{-1})$	76	0.082	0.6208

土壤性质参数	样品数	验证 RMSE	R^2
速效氮/(mg·kg⁻¹)	76	37.0	0.7439
速效磷/(mg·kg⁻¹)	76	6.59	0.7629
速效钾/(mg·kg⁻¹)	76	29.4	0.6986

选用 BPN 网络对各项参数的预测能力都有明显提高，特别是对速效养分的预测精度有明显提高，并且图 4-12 中的回归曲线都较为逼近 1:1，说明预测的准确度相当高。这也可能与验证样本的选择有关系，考虑到 BPN 的非线性拟合，验证样本的浓度应尽量位于校正样本的浓度范围之内，故一些浓度很高或过低的样本就被剔除了，使预测精度大大提高。但若用高浓度样本进行预测，因为模型的曲线是非线性的，数据需要进行外推，这样做就很不合理了。所以，虽然 BPN 模型的预测精度高，但在建模时，一定要考虑样本选择的合理性，应使校正样本有较广的跨度和均匀的分布，只有这样拟合的模型才能有广阔的适应性。

(四) 两种养分模型的精度比较

表 4-13 列出了两种模型预测时的均方根误差和决定系数。可以看出，对于性质较为接近、浓度变异不是很大的黑土，BPN 模型预测效果比 PLSR 预测效果明显要好，误差均较低。

表 4-13　两种模型的预测能力比较

土壤性质参数	PLSR		BPN	
	验证 RMSE	R^2	验证 RMSE	R^2
pH	0.47	0.5972	0.20	0.8534
有机质/(g·kg⁻¹)	15.9	0.7923	5.04	0.9356
CEC/(cmol·kg⁻¹)	6.53	0.6221	3.03	0.7735
全氮/(g·kg⁻¹)	0.31	0.6794	0.29	0.905
全磷/(g·kg⁻¹)	0.41	0.6938	0.19	0.8345
全钾/(g·kg⁻¹)	2.19	0.4608	0.066	0.9981
全硫/(g·kg⁻¹)	0.18	0.6189	0.083	0.6208
速效氮/(mg·kg⁻¹)	77.3	0.6766	37.0	0.7439
速效磷/(mg·kg⁻¹)	15.0	0.3379	6.59	0.7629
速效钾/(mg·kg⁻¹)	65.4	0.2814	29.4	0.6986

五、　小结

基于红外光声光谱的建模预测，能够为面源污染监测提供快速、高效的数据获取方法。利用两种定量模型对土壤养分参数进行预测，总体来说，BPN 模型要优于 PLSR 模型。在使用 PLSR 模型时，要考虑选取的光谱波段以及建模的因子数，一般来说，对于红外较灵敏的基团，如与有机质、氮参数有关的基团，应选取其特征吸收所在波段，避免将其他波段的噪声引入定量分析，而对于红外灵敏度较低的基团吸收，最好选取全光谱，能较好提高预测精度；建模的因子数选择应合适，过少的因子数存在的问题主要是因变量（即浓度）的信息抽取得不够，过多的因子数又可能扩大次要因子的影响，使定量模型的效果下降。使用 BPN模型则要考虑隐含层的神经元数量，神经元数量过少，可能使模型过拟合，偏离实际情况，神经元数量多一般定量效果较好，但过多的神经元数量会使网络结构臃肿，训练速度变慢，收敛极慢，不利于定量，可根据经验公式选择神经元数量，并结合交互检验的结果进行合理选择。

对于 3 种土壤的定量模型，水稻土和黑土模型的定量效果较好，因为其样品的性质较为相近，特别是黑土，其各样品的参数也较为接近，定量效果最好，这也符合 Linker 等（2005）的结论。采自江西的红壤样品，其样品较复杂，包括了红壤和一些泥质、砂质土壤，性质变化较大，因此定量效果不好，可以考虑再对其进行归类，然后进行定量分析。全氮、全磷、全钾的定量效果好于速效氮、速效磷和速效钾，可能是一些非速效养分基团在光谱上的贡献较大，但因为缺少相关的化学分析数据，未能进行深入探讨。pH 和有机质的定量效果都比较精确，这是因为羟基和含碳基团的红外活性较高，反映出的信息较全面。

第三节　基于 FTIR-PAS 的温室土壤盐分特征研究

一、　概述

由于较高的经济效益，近些年来我国的温室栽培迅速增加，但在温室栽培中由于经济效益的驱动，肥料尤其是氮肥施用量显著增加，有些地方的施氮水平可达 100 kg/亩[①]，由此造成氮的利用率低（< 10%），同时造成土壤肥力衰退，并

---

① 1 亩 ≈ 667m^2，后同。

引发水体富营养化。与传统的露地耕作土壤不同，温室土壤在耕作过程中受较多的人为调控，但在调控的过程中产生了多种问题，如大量施肥导致的土壤盐渍化，在外来淋溶作用下养分流失更剧烈，成为农业面源污染不可忽视的来源。因此，研究如何表征温室土壤的离子特征并预测温室土壤的发展是当前温室农业发展及面源污染治理所面临的重要问题。

常规农化分析只从不同的角度分析温室土壤的特征，很难实现整体上的综合表征。红外光谱能够综合反应土壤的理化性质，在温室土壤研究中具有明显的特点。常规的透射光谱在研究土壤时存在制样时间长和难以定量的缺点，而红外光声光谱（FTIR-PAS）则可克服这一缺点，结合化学计量学的方法，能够实现土壤的定性与定量分析。红外光谱包含大量化学键信息，需要抽取主要或者目标变异信息进行研究，最常用的是偏最小二乘回归（PLSR）和人工神经网络（ANN）的方法。PLSR 是一种线性转换的方法，可用几个或十几个主成分代表整个光谱的信息，方便了数据的后处理，而神经网络则可以无限逼近任何非线性函数，是非线性模拟的重要数学工具。

本章通过 PLSR 和 ANN 对温室土壤红外光谱进行分析，以实现温室土壤盐分的表征及其变化趋势的预测。

二、 供试土壤

采集中国 235 个点的温室表层土壤样本（0～20 cm），这些样点分布于山东（57 个）、辽宁（39 个）、江苏（33 个）、四川（106 个）。土样室温风干后磨碎过 2 mm 筛，用于土壤基本理化性质和光谱的测定，土壤理化性质见表4-14。

表4-14 不同地区温室土壤理化性质

土壤性质	样品数	最大值	最小值	平均值	标准差
SOM/(g·kg^{-1})	57	30.11	3.41	10.31	5.35
pH	194	8.11	3.79	6.34	0.84
EC/mΩ	194	1.81	0.04	0.33	0.30
全氮/(g·kg^{-1})	194	6.28	0.54	2.24	1.25
交换性 NO$_3$-N/(mg·kg^{-1})	194	4236	31.0	511	666
交换性 NH$_4^+$-N/(mg·kg^{-1})	235	157.9	1.80	9.25	13.86
速效磷/(mg·kg^{-1})	194	439	3.00	112	99
速效钾/(mg·kg^{-1})	194	764	3.00	149	140
交换性氯/(mg·kg^{-1})	194	571	19.0	94	92
交换性 SO$_4^{2-}$-S/(mg·kg^{-1})	194	1178	41.0	226	208

续表

土壤性质	样品数	最大值	最小值	平均值	标准差
交换性 CO_3^{2-}-C/$(mg \cdot kg^{-1})$	194	347	37.0	115	73
交换性钙/$(mg \cdot kg^{-1})$	194	1138	10.0	185	187
交换性镁/$(mg \cdot kg^{-1})$	194	170	6.00	37	29
交换性钠/$(mg \cdot kg^{-1})$	194	225	12.0	51	35
交换性铁/$(mg \cdot kg^{-1})$	235	344	10.0	62	62
交换性锰/$(mg \cdot kg^{-1})$	235	124	5.00	42	23
交换性铜/$(mg \cdot kg^{-1})$	235	16.27	0.35	3.88	2.45
交换性锌/$(mg \cdot kg^{-1})$	235	19.57	0.41	2.79	3.15

三、 温室土壤性质的表征

（一）温室土壤类别

本节采用的土壤来自中国北部（辽宁）、东部（江苏和山东）和中部（四川），这些地方的土壤类型差异很大，正常情况下，其红外光声光谱的主成分分布可以很好地将这些土壤类型分开，可是这些地区的温室土壤（表层）红外光声光谱的主成分分布则均在一个椭圆形区域内，除了一些零星的样本游离于该区域外，各区域土壤没有明显的分布（图4-13）。由此可见，温室土壤有趋同的趋势，而这种趋势极有可能是高强度的利用以及高强度的输入与输出造成的。

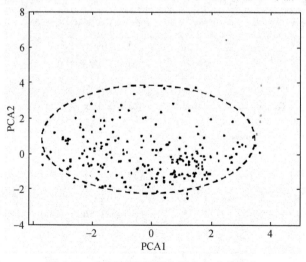

图4-13 不同地区温室土壤的主成分分布

（二）温室土壤盐分的定量表征

温室土壤同露地土壤一样组成复杂，其盐分特征信息需要通过多元校正的方法从光谱中提取。PLSR 首先用于温室土壤盐分信息的提取，有关 PLS 详见第一章和第二章有关介绍。最佳的 PLSR 模型可用相关系数的预测误差来表征，当 PLSR 成分数增多时，校正相关系数无限趋向于 1，但当 PLSR 成分数超过一定的个数时，尽管相关系数还能增加，但预测误差却变大，即出现过模拟。因此，PLSR 模型中成分数确定可以通过最低的预测误差和满意的相关系数来确定。温室土壤性质的模拟结果见表 4-15。不同土壤性质的预测最佳模型的 PLSR 成分数不一样（表 4-15）。PLSR 模拟的好坏需要用两个参数来衡量，即相关系数（R^2）和预测误差（RMSEV），只用其中一个参数可能导致偏颇。近年来，RPD（样本标准差和预测误差的比值）成为光谱分析中衡量模型好坏的指标。通常情况下，在农业应用中 RPD > 3 是可接受的且 RPD > 5 为优秀模型。但是这一标准对于土壤分析过于严格，模型的优劣还应考虑所应用的领域。在土壤分析中，根据 RPD 值的大小，可以将模型分为三类：第一类为优秀模型（RPD >2.0），这一类包括有机质和全氮的预测；第二类为良好模型（1.5 < PRD < 2.0），这一类包括土壤 pH、EC、NO_3^--N、交换性磷、交换性钾、CO_3^{2-}-C、交换性镁、交换性铁、交换性锰和交换性铜；第三类为较差模型（RPD < 1.4），这一类包括土壤 NH_4^+-N、交换性氯、SO_4^{2-}-S、交换性钙、交换性钠以及交换性锌。

表 4-15　基于 PLSR 的土壤性质的预测（样本来自所有采样区，$n = 235$）

土壤性质	光谱前处理方法*	n	R^2	RMSEV	PLSR 成分数	RPD
SOM/($g \cdot kg^{-1}$)	—	57	0.94	1.92	6	2.79
pH	1D	194	0.86	0.43	10	1.95
EC/mΩ	MNN	194	0.82	0.17	10	1.76
全氮/($g \cdot kg^{-1}$)	—	194	0.90	0.53	9	2.40
交换性 NO_3^--N/($mg \cdot kg^{-1}$)	—	194	0.78	411	9	1.62
交换性 NH_4^+-N/($mg \cdot kg^{-1}$)	—	239	0.57	9.75	8	1.32
交换性磷/($mg \cdot kg^{-1}$)	—	194	0.81	60.42	6	1.69
交换性钾/($mg \cdot kg^{-1}$)	MNN	194	0.81	89.70	10	1.56
交换性氯/($mg \cdot kg^{-1}$)	1D	194	0.75	65.23	7	1.41
交换性 SO_4^{2-}-S/($mg \cdot kg^{-1}$)	2D	194	0.76	140	7	1.49
交换性 CO_3^{2-}-C/($mg \cdot kg^{-1}$)	MNN	194	0.81	43.00	7	1.70
交换性钙/($mg \cdot kg^{-1}$)	MNN	194	0.64	134	8	1.40

续表

土壤性质	光谱前处理方法*	n	R^2	RMSEV	PLSR 成分数	RPD
交换性镁/(mg·kg⁻¹)	1D	194	0.76	18.87	6	1.54
交换性钠/(mg·kg⁻¹)	2D	194	0.67	25.40	6	1.39
交换性铁/(mg·kg⁻¹)	—	239	0.90	29.00	8	1.92
交换性锰/(mg·kg⁻¹)	2D	239	0.79	15.13	9	1.52
交换性铜/(mg·kg⁻¹)	—	239	0.84	1.34	6	1.83
交换性锌/(mg·kg⁻¹)	1D	239	0.67	2.27	6	1.39

* 1D：一阶微分；2D：二阶微分；MMN：最大 – 最小法标准化；—：无前处理。下表同。

　　对比以前的研究，中红外光声光谱在土壤分析中的预测能力明显优于近红外光谱和中红外反射光谱，这是由红外光声光谱获取信号的机制所导致的。在基于红外光声光谱的土壤性质预测中，RPD 值是可以改进的，即可以通过改善预测模型来提高 RPD 值。改善预测模型的方法通常有以下两种：一种是校正模型的改进，包括选择合适的波长范围和合适的算法；另一种是标准校正样本的选择，即用于校正的标准土壤样本要与待测样本是同一土壤类型，且所预测的性质要有足够大的变异。因此在一定的数学模型下，标准校正样本的选择对预测误差影响很大。为了减小预测误差，首先需要进行土壤鉴定，找出与待测土壤尽可能相似的样本进行校正分析。

　　由于土壤校正样本的类型影响预测结果，因此对四川省一个区域内土壤类型相对较一致的土壤样本进行建模和预测（表 4-16）。与表 4-15 相比 RPD 值均有不同程度提高，只有土壤交换性锌的预测还落在第三类较差的预测水平，表明所建模型的预测能力明显提高；表 4-16 中 PLSR 模拟所采用的 PLSR 成分数（5 ~ 8）明显减少，表明同一类型或相近类型的土壤建模预测中的干扰明显减小，从而能减少误差，最终提高模型的预测能力。表 4-16 只是基于初步的定性土壤鉴定基础上的建模预测，而进一步通过定量的土壤鉴定进行建模预测则能进一步提高模型的预测能力。

表 4-16　基于 PLSR 的土壤性质的预测（样本来自四川，$n = 106$）

土壤性质	光谱前处理方法	n	R^2	RMSEV	PLSR 成分数	RPD
pH	1D	65	0.93	0.34	6	2.59
EC/mΩ	MNN	65	0.90	0.15	7	2.07
全氮/(g·kg⁻¹)	—	65	0.93	0.41	8	2.59
交换性 NO_3^--N/(mg·kg⁻¹)	—	65	0.86	397	7	1.88

土壤性质	光谱前处理方法	n	R^2	RMSEV	PLSR 成分数	RPD
交换性 NH_4^+ -N/($mg \cdot kg^{-1}$)	—	106	0.79	10.11	7	1.69
速效磷/($mg \cdot kg^{-1}$)	—	65	0.83	33.34	5	1.99
速效钾/($mg \cdot kg^{-1}$)	MNN	65	0.88	30.33	7	1.95
交换性氯/($mg \cdot kg^{-1}$)	1D	65	0.86	53.67	6	1.77
交换性 SO_4^{2-} -S/($mg \cdot kg^{-1}$)	2D	65	0.80	163	6	1.71
交换性 CO_3^{2-} -C/($mg \cdot kg^{-1}$)	MNN	65	0.83	28.28	6	1.77
交换性钙/($mg \cdot kg^{-1}$)	MNN	65	0.81	68.09	6	1.75
交换性镁/($mg \cdot kg^{-1}$)	1D	65	0.83	18.26	5	1.66
交换性钠/($mg \cdot kg^{-1}$)	2D	65	0.76	17.55	6	1.46
交换性铁/($mg \cdot kg^{-1}$)	—	106	0.92	30.37	6	2.47
交换性锰/($mg \cdot kg^{-1}$)	2D	106	0.83	7.01	6	1.79
交换性铜/($mg \cdot kg^{-1}$)	—	106	0.86	1.27	6	1.86
交换性锌/($mg \cdot kg^{-1}$)	1D	106	0.78	1.45	5	1.49

对于不同的土壤性质，PLSR 各成分向量的构成明显不同（表 4-17）。在所列的土壤性质中，土壤有机质的主要波数区域最广，包括 600～1050 cm^{-1}、1250～1550 cm^{-1}、3000～3650 cm^{-1}，几乎涵盖了其他土壤性质的波区，表明土壤有机质对其他土壤性质均会产生重要影响。

表 4-17　基于土壤红外光声光谱和 PLSR 回归预测不同土壤性质的主要贡献波数区域

土壤性质	光谱波区/cm^{-1}
SOM	600～1050, 1250～1550, 3000～3650
pH	600～850, 1050～1600
EC	600～1000, 1200～1600, 3200～3600
全氮	800～1200, 1400～1600, 3000～3600
交换性 NO_3^- -N	1000～1100, 1200～1550, 3350～3550
交换性 NH_4^+ -N	950～1050, 1450～1550, 3200～3500
速效磷	650～1000, 1200～1500, 3200～3300
速效钾	1400～1550, 3200～3500
交换性氯	1000～1100, 1500～1600, 3100～3600
交换性 SO_4^{2-} -S	800～950, 3450～3550

土壤性质	光谱波区/cm^{-1}
交换性 CO_3^{2-}-C	1100~1600
交换性钙	1350~1550, 3250~3450
交换性镁	1050~1150, 1500~1650, 3300~3550
交换性钠	950~1050, 1500~1600
交换性铁	800~1050, 3300~3600
交换性锰	1200~1550, 3300~3600
交换性铜	900~1050, 3300~3600
交换性锌	1000~1050, 1550~1650, 3300~3600

表4-18比较了土壤有机质及土壤中红外光声光谱与其他土壤性质的相关性。尽管土壤有机质与其他许多土壤性质有较密切的关系，但有些关系是间接的、不确定的或者受环境影响很大，如土壤 pH，因此相关性时好时坏。而红外光声光谱与其他土壤性质的相关性明显提高，相关系数最低的为 0.71（交换性钠），绝大部分相关系数在 0.80 以上；而对于有机质，相关系数最高为 0.79（全氮）。这表明土壤中红外光声光谱本身携带的信息明显高于土壤有机质，因此土壤中红外光声光谱能更好地用于土壤肥力的评估。

表4-18 土壤有机质及土壤中红外光声光谱与其他土壤性质的线性相关性

土壤性质	PLSR $Y=$ PAS spectra（R^2）	线性回归 $Y=$ SOM（R^2）
pH	0.86	0.05
EC	0.84	0.26
全氮	0.92	0.79
交换性 NO_3^--N	0.86	0.27
交换性 NH_4^+-N	0.90	0.59
速效磷	0.90	0.67
速效钾	0.89	0.68
交换性氯	0.85	0.06
交换性 SO_4^{2-}-S	0.81	0.30
交换性 CO_3^{2-}-C	0.89	0.05
交换性钙	0.83	0.24
交换性镁	0.80	0.26
交换性钠	0.71	0.07
交换性铁	0.86	0.46
交换性锰	0.86	0.25
交换性铜	0.88	0.48
交换性锌	0.76	0.49

四、 基于 FTIR-ATR 和 FTIR-PAS 的硝态氮预测

ATR 光谱与土壤中碱解氮、Olsen-P 和 CO_3^{2-} 的相关性非常高，这与 ATR 制样的特点有关，在用纯水将土样制成胶状物之后，土壤中的水溶性物质进入液相从而极易发生红外吸收，ATR 光谱也很好地表征了其存在。因此，ATR 光谱对于土壤中易发生淋溶作用的物质，将是一个非常有力的检测手段。本节采用 PLSR 分析方法进行光谱定量模型建模，考察 ATR 光谱对土壤中硝态氮的预测效果，并与 PAS 光谱的预测结果进行比较，见图 4-14。

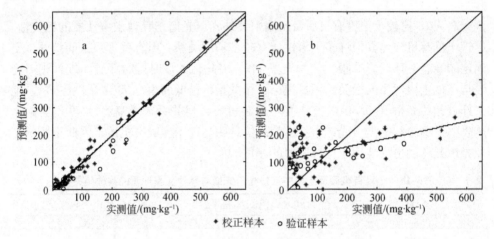

图 4-14　FTIR-ATR 和 FTIR-PAS 光谱的土壤硝态氮 PLSR 预测（$n = 106$）

其中校正样本数为 80，验证样本数为 26。a. ATR 光谱，$R^2 = 0.9788$，RMSEP $= 35.40$；
b. PAS 光谱，$R^2 = 0.4792$，RMSEP $= 109.2$

PLSR 分析均选用 6 个主成分数，选择硝态氮特征吸收所在的 $1200 \sim 1500 \ cm^{-1}$ 区域，图 4-14 显示，基于两种光谱的 PLSR 预测硝态氮模型，ATR 光谱预测效果明显好于 PAS 光谱，可见 ATR 光谱对于土壤硝态氮的反映是十分灵敏和准确的，而 PAS 光谱则要差很多，这也说明由于两种光谱的测定原理不同，其在土壤面源污染物的监测中也有不同作用。对于易淋溶的水溶性养分，如硝态氮、Olsen-P 等，ATR 光谱的应用效果要好于 PAS 光谱。ATR 光谱的预测均方根误差 RMSEP 达到 35.40 mg $\cdot$ kg^{-1}，相对于总样本 622 mg $\cdot$ kg^{-1} 的浓度最大值已经是非常准确了，特别是在 $0 \sim 100$ mg $\cdot$ kg^{-1} 的低浓度区域有较好的预测能力。因温室土壤样品来源较多，为降低土壤背景不同造成的干扰，图 4-15 给出了山东省 20 个土样的硝态氮预测结果。

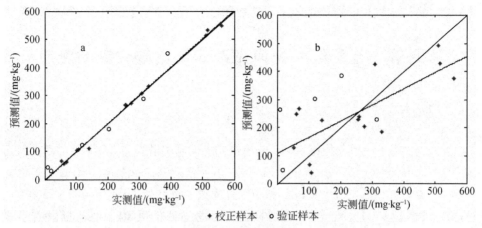

图 4-15　ATR 和 PAS 光谱的山东土壤硝态氮 PLSR 预测 （$n=57$）

其中校正样本数为 43，验证样本数为 14。a. ATR 光谱，$R^2 = 0.9982$，RMSEP = 31.79；

b. PAS 光谱，$R^2 = 0.7588$，RMSEP = 269.6

图 4-15 显示，尽管样本容量减小很多，但缩小取样范围、减小土壤背景差异后，PLSR 预测土壤硝态氮更为准确，FTIR-ATR 光谱和 FTIR-PAS 光谱的预测能力都有提高，这也与上文的结论相符。FTIR-ATR 光谱的硝态氮预测效果仍然远好于 FTIR-PAS 光谱，说明应用 ATR 光谱进行水溶性养分的测定更为准确有效，是否应用红外光声光谱需要根据研究目的确定。

五、　小结

结合主成分分析和 SOM 对土壤红外光谱进行分析，获得较好的分类效果。神经网络分析结果表明，温室土壤随耕作年代变长，人为影响逐渐增大，土壤红外光谱特性趋同，各地区土壤差异逐渐变小。使用主成分得分图对其进一步分析可知，不同耕作时期其养分性质各不相同，通过对得分图分析可以了解部分化学参数的变化情况，同时，本节对影响速效磷、总盐量等的因素进行分析归属，确立了其特征吸收带在 900 ~ 1500 cm^{-1}。比较 ATR 光谱和 PAS 光谱，各具特点，对硝态氮的预测可以看出，对于水溶性养分的监测，ATR 光谱更为准确，还可以用于淋溶水体中养分的测定，有巨大的发展前景。通过光谱学手段研究温室土壤随耕作年代的变化情况，对单个地区、同一发育条件下的土壤已能达到较好的分类，并探讨其变化方向，但在研究来源多样的土壤时，分类效果不佳，土壤发育条件不同是一个重要原因，另外，也可能是因为各地的温室管理方法、土壤利用方式存在差异。研究多种来源的温室土壤，找到较好的分类手段，并对其总体发展趋势进行深入探讨，可为温室土壤管理提供有效的监测手段。

第四节　基于红外光声光谱的土壤碳酸钙的测定

一、　概述

红外光谱分析法以其操作方便、分析快速、样品用量少、样品不受破坏并且可以回收等优点，在土壤学分析中具有潜在的应用（Viscarra Rossel et al.，2006a，2006b）。红外光谱通常分为近红外和中红外光谱，近红外光谱位于800~2500 nm，主要由C—H、O—H、N—H在中红外光谱区基频吸收的倍频、合频和差频吸收带叠加而成，吸收较为复杂；中红外光谱位于400~4000 cm^{-1}（2500~25 000 nm），是基频振动吸收区（为研究方便中红外区一般用波数作单位，即1 cm所包含的整波的数量）。由于基频振动是红外活性振动中吸收最强的振动，更有利于红外光谱的定性和定量分析（McCarty and Reeves，2006）。

红外反射光谱在土壤学研究中得到了较广泛的应用，并在土壤碳、氮和土壤矿物等定性与定量分析中发挥了重要作用（McCarty and Reeves et al.，2006；Viscarra Rossel et al.，2008）。中红外反射光谱在土壤定量分析的精准性强于近红外反射光谱（Reeve，1994，1996；Janik et al.，1998；McCarty et al.，2002），然而由于近红外光谱易实现便携性，所以在土壤学分析中近红外反射光谱的应用更加广泛（Michel and Ludwig，2010；邓晶等，2008）。虽然红外反射光谱在土壤学中的应用已经有了很大发展，但对于高吸收土壤样品，反射信号强度相对较弱，同时对样品形态变化敏感，光谱的重现性不够好，因此在土壤定性与定量分析中可能会存在较大的误差。

近10年来，红外光声光谱开始应用于各个学科，它是基于光声效应的光谱研究方法（Du et al.，2008）。当一束调制的红外光照射到样品上时，样品吸收特定波长的能量被激发，激发态物质通过无辐射跃迁回到基态并放出热能，这些热能传到样品周围的气体（氦气）并产生压力波，压力波被麦克风检测并转换成声音信号，形成光声光谱。光声光谱通过直接检测样品吸收的能量变化，得到样品的吸收光谱，因此在信号获取机制上明显不同于传统的红外吸收光谱。近年来，红外光声光谱已经在土壤学研究中有所应用，Du等（2007，2009）将研究了中红外光声光谱土壤分析中的应用，可实现土壤的分类与鉴定，并结合化学计量学的方法实现定量分析，在土壤分析中具有潜在的应用价值。

主成分分析（PCA）是重要的化学计量学方法之一，它将多点的光谱数据重新整理后形成新的成分，并按所含原光谱信息由多到少排列，第一主成分所含光谱信息最多，其次为第二主成分，依此类推。一般前几个主成分所含累积光谱信息可达99%，所以只取前几个主成分就可以获得所有光谱数据的几乎全部信息，从而达到降维的效果。不同类型土壤的主成分得分有差异，根据主成分得分作图可以通过聚类分析鉴别不同类型土壤，甚至是不同地区采集的同类型土壤。

本节以第四纪黄土为试验材料，首次测定了土壤近红外光声光谱，并分别在近红外和中红外区域比较了红外反射光谱和红外光声光谱的特征及其差异，然后通过红外光谱建模快速预测土壤碳酸钙的含量，为红外光声光谱在土壤分析中的应用打下基础。

二、 供试土壤和光谱测定

（一）试验材料

供试土壤为第四纪黄土，分别采自陕西省的杨凌（48 个）、安塞（64 个）、周至（51 个）。土样在室温下风干，磨碎，过 2 mm 筛，并在室温下避光保存。3 个地区土壤的部分理化性质见表4-19。

表 4-19 供试土壤的理化性质　　　　　　（单位:%）

地区	土壤性质	样本数	最小值	最大值	平均值	标准差
杨凌	碳酸钙	48	4.28	12.33	9.13	1.45
	水	48	0	3.99	1.92	0.84
	黏粒	48	9.55	17.00	12.97	1.59
安塞	碳酸钙	64	7.80	12.40	10.35	0.94
	水	64	0.47	1.45	0.87	0.21
	黏粒	64	4.80	11.90	6.77	1.38
周至	碳酸钙	51	0	12.50	2.38	3.16
	水	51	1.39	3.41	2.24	0.45
	黏粒	51	8.19	17.30	13.85	2.49

为便于对比不同光谱的谱图，选择碳酸钙含量为8.17%，含水量为3.73%，黏粒含量（<2 μm）为13%的样品作谱图比较。

（二） 红外光谱仪及光谱测定

近红外反射光谱采用近红外光谱仪（FieldSpec，ASD，美国），波长范围为 800~2500 nm，扫描分辨率 4 nm，32 次扫描。光栅型近红外光声光谱为自行搭建，分别由光源、单色器（Omni-λ150，卓立汉光，中国）、斩波器和锁相放大器（SR830，SRS，美国）构成，并结合光声检测附件（Model 300，METC，美国），控制软件为 Omni-λ150（卓立汉光，中国），波长范围为 800~2500 nm，扫描分辨率 4 nm，调制频率 20 Hz，氮气吹扫，2 次扫描。

中红外反射光谱采用红外光谱仪 FTS 175（Fiber Optic Center，美国），DTGS 检测器，光谱检测范围为 800~4000 cm^{-1}，扫描分辨率 8 cm^{-1}，64 次扫描。中红外光声光谱采用红外光谱仪 Nicolet 380（美国），配合光声附件 PA300（MTEC，美国），光谱检测范围为 800~4000 cm^{-1}，氮气吹扫，扫描分辨率 8 cm^{-1}，动镜速率 0.32 cm·s^{-1}，32 次扫描，炭黑做对照。

（三） 光谱数据处理

通过对原始光谱进行微分，获取一阶微分光谱，一阶微分光谱能使吸收峰锐化，具有分峰和减少干扰的作用。利用 Matlab 对光谱数据进行标准化处理，便于各种光谱谱图的比较，并使用 Matlab 主成分分析（PCA），分别用前三个主成分得分做三维散点图。

三、 黄土不同红外光谱特征

（一） 黄土近红外光声光谱及反射光谱特征

黄土的近红外反射光谱有 3 个较为明显的峰，分别位于 1430 nm、1900 nm、2200 nm 处，另外在 2335 nm 处也有吸收（图 4-16a）。从一阶微分光谱中能更清晰地看到几处特征吸收（图 4-16b）。1400 nm 和 1900 nm 附近的吸收是土壤中水的吸收。黏土矿物的近红外吸收主要是发生于中红外区的 O—H、H$_2$O 和 CO$_3^{2-}$ 基频的泛频和合频的吸收，结合在黏土矿物分子上的水在 1400 nm 和 1900 nm 处也有强烈的吸收。高岭石在 1400 nm 和 2200 nm 处有吸收，蒙脱石在 1400 nm、1900 nm、2200 nm 处有强烈的特征吸收（Baumgardner et al.，1985），从谱图上看，该土壤中可能含有蒙脱石和高岭石。2335 nm 处是土壤中碳酸盐的吸收，碳酸盐在近红外区有多个吸收峰，较强的吸收位于 2335 nm 处，较弱的吸收位于 2160 nm、1990 nm、1870 nm 处（Tatzber et al.，2007；Stenberg et al.，2010），由于近红外光谱中水的强烈吸收干扰，碳酸盐的几个较弱的吸收峰均受到严重干扰。

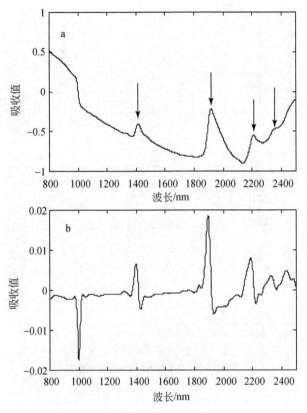

图4-16　黄土近红外反射光谱

a. 原始光谱；b. 一阶微分光谱

　　黄土的近红外光声光谱具有4个较强的吸收峰（图4-17a）。其中900 nm处吸收最强，为C—H三级跃迁的泛频吸收。1430 nm处的吸收与近红外反射光谱相似，主要为水中O—H的振动吸收。1700 nm处的吸收主要是C—H、S—H的基频的泛频吸收。2120 nm处主要为N—H合频的吸收。而在2335 nm处没有吸收峰。一阶微分光谱同样具有明显的分峰作用（图4-17b），较原始光谱吸收峰数量明显增加。由于近红外光声光谱用于土壤研究尚属首次，故在对土壤的吸收特征的描述上还很匮乏，该吸收特征的内在原因有待于进一步的研究。

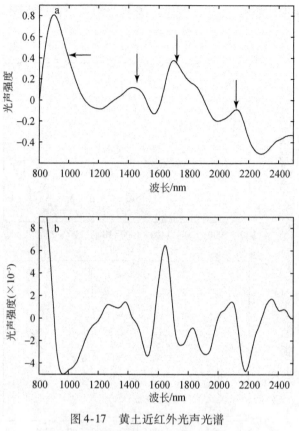

图 4-17　黄土近红外光声光谱

a. 原始光谱；b. 一阶微分光谱

（二）黄土中红外光声及反射光谱特征

黄土的中红外反射光谱的吸收峰较多（图 4-18a），从一阶微分光谱中能更清楚地看到吸收峰位置（图 4-18b）。光谱在 1500~2000 cm^{-1} 处为双键的振动吸收，其中 1650~1960 cm^{-1} 为 C═O 的伸缩振动。1300~1500 cm^{-1} 是饱和碳氢的变形振动或碳酸盐的伸缩振动吸收。1000~1200 cm^{-1} 是 C—O 的伸缩振动吸收峰，较易识别。

黄土的中红外光声光谱与其反射光谱大致相似（图 4-19），从图 4-19a 中可以看到，光声光谱在 3000~3600 cm^{-1}、1600~1700 cm^{-1}、1400~1500 cm^{-1}、1000 cm^{-1} 左右都有强烈吸收。从一阶微分光谱可以看出，1700~2100 cm^{-1} 处有两个明显的吸收峰，2250~2600 cm^{-1} 处还有两个小的吸收峰（图 4-19b）。1650~1750 cm^{-1} 主要为 C═O 的伸缩振动吸收，碳酸盐在 1400~1500 cm^{-1} 处有

吸收，900~1200 cm^{-1}处的吸收主要为碳水化合物中 C—O 的伸缩振动吸收。

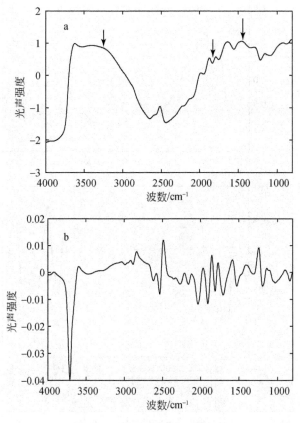

图 4-18　黄土中红外反射光谱
a. 原始光谱；b. 一阶微分光谱

对比图 4-18 和图 4-19 可以看出，在中红外区，黄土的光声光谱和反射光谱具有相对应的吸收，但吸收峰的位置及强度有所差异。在 3620 cm^{-1}均有一个较尖锐的吸收峰，为高岭石的 Si—O—H 伸缩振动吸收；在 3500~3000 cm^{-1}范围内均有一个宽峰，为 O—H、N—H 和 C—H 伸缩振动区，但光声光谱在 3400 cm^{-1}附近出现一个强峰，表明光声光谱对水的吸收更加灵敏。在 1000~2000 cm^{-1}范围内，反射光谱出现了较多的相互干扰明显的吸收峰，形成了一个大的宽峰，而光声光谱尽管吸收峰数量较少，但吸收特征明显，在 1100 cm^{-1}、1450 cm^{-1} 和 1650 cm^{-1}左右具有 3 个明显的吸收峰。在 1600~1700 cm^{-1}、1400~1500 cm^{-1}范围内两种光谱都各有一个吸收峰。显然，反射及光声光谱在红外区所表现出的吸收差异与两种光谱对信号的检测手段有关。

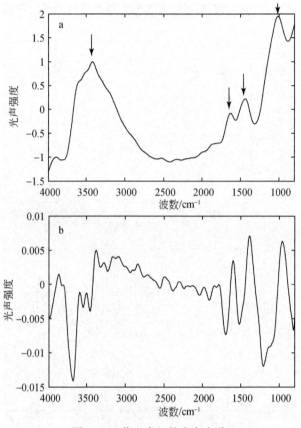

图 4-19 黄土中红外光声光谱
a. 原始光谱；b. 一阶微分光谱

（三）基于红外光谱的土壤鉴定

不同类型的土壤由于其物质组成不同，从光谱图上就可以看到明显的差异，而同种类型的土壤由于其物质组成较为相似，从光谱图上很难区分不同地区的样本。主成分分析能够达到对土壤进行分类鉴定的目的。我们分别用近红外反射、中红外反射、中红外光声光谱对 3 个地区的黄土做主成分分析，3 种光谱前 3 个主成分的累积信息量分别为 99.7%、94.6% 和 92.3%。从图 4-20 可以看出，3 种光谱对不同地区采集的黄土样本的分类上存在差异，近红外反射光谱的分类效果最差（图 4-20a），3 个地区的黄土有明显交叉现象。根据中红外反射光谱未能区分杨凌和安塞的土壤，可能这两个地区的黄土发育较为相似，从表 4-19 也可以看出采自杨凌和安塞的黄土中碳酸钙含量较为一致，而碳酸钙的淋溶淀积表征黄土的发育程度。中红外光声光谱成功地区分了 3 个地区的黄土，表明中红外光声光谱可以用作同种类型土壤的分类鉴定。

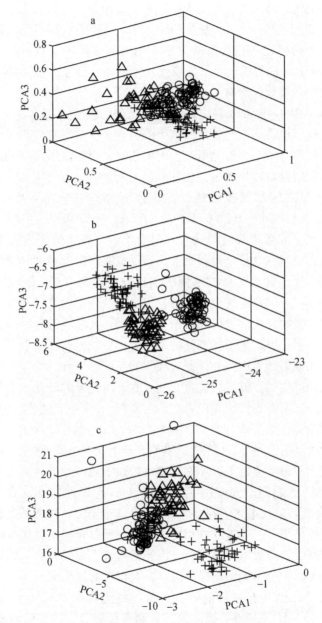

图 4-20　3 个地区土壤前 3 个主成分的三维散点图

a. 近红外反射光谱；b. 中红外反射光谱；c. 中红外光声光谱（○安塞；△杨凌；＋周至）

另外，我们从侧面可以看出，近红外光谱携带其所有光谱信息的 99.7% 仍然不能表征不同地区的黄土的差异，而中红外光谱用更少的信息量就能够很好地区分 3 种地区的黄土（图 4-20a、图 4-20b），表明近红外区本身所含的信息量要少于中红外区。而光声光谱在土壤的鉴定方面要弱于反射光谱（图 4-20b、图 4-20c），可能由于其所携带的土壤信息较反射光谱要少，与光谱在 1000~2000 cm^{-1} 处的吸收峰数量及吸收强度有关。

从图 4-16~图 4-19 可以看出，中红外光谱的吸收峰明显比近红外光谱多，从主成分分析也可以看出近红外区所携带的黄土土壤信息量要小于中红外区。中红外区主要是物质分子基频振动所产生的吸收区，因此该区携带的信息量大，吸收特征明显，谱图相对较易解析。近红外区的光谱吸收带是物质中能量较高的化学键在中红外光谱区基频吸收的泛频、合频与差频叠加而成（Clark et al.，1990），主要是反映与 C—H、O—H、N—H、S—H 等基团有关的样品结构、组成、性质的信息。虽然谱线看似简单，但由于该区光谱的严重重叠性和不连续性，使得物质在该区的含量信息很难被直接提取并给出合理的光谱解析。随着信息技术的发展，现代光谱分析技术使得信息分离成为可能，因此在土壤学研究中，近红外和中红外将会更好地发挥各自优势。红外反射光谱和光声光谱虽然都是分子键的振动吸收特定波长的光所产生的光谱，其本质都是吸收光谱，但信号采集原理明显不同。反射光谱检测到的是光被部分吸收后的反射信号，而光声光谱检测到的是无辐射的光声信号，即被吸收的光能通过分子的振动被转化成热能后引起空气振动产生的声波，它包含光的吸收到声信号的转变两个过程。从图谱的对比可以看出，反射光谱比光声光谱信号复杂，光声光谱信号相互之间干扰较小，但信号也较弱，如光声光谱在 1000~2000 cm^{-1} 的吸收明显弱于反射光谱，而这个区域的吸收为 C=O、C—O 的吸收，这与土壤中多种有机物的吸收密切相关。而在黄土的分类鉴定上，反射光谱也较强于光声光谱，可能是由于其光谱信息更多，信号更强烈。而碳酸钙作为黄土的代表性物质，在 2250 cm^{-1} 和 1450 cm^{-1} 处有吸收，反射光谱在 2250 cm^{-1} 处信号更强，推测其对黄土中碳酸钙的定量预测上效果更好。与近红外相比，中红外反射光谱相对较少应用于土壤分析，这与其较高的研究成本有关；而光声光谱用于土壤的研究时间较短，其光声信号直接反映土壤中分子键振动吸收信息，有很大的应用潜力。

不同的红外光谱具有各自的特点，黄土的近红外光谱主要是反映 C—H、O—H、N—H、S—H 等基团的振动的泛频和合频吸收，这些吸收相互叠加，谱线难于直接解译，难于用于定性分析，但可以结合化学计量学的方法进行定量分析；中红外光谱反映基频的振动吸收，特征性更强，特别是碳酸盐（C=O）的振动吸收，不但可以进行定性分析，还可以更好地实现定量分析；红外反射光谱较光声光谱包含的信息更多，但红外光声光谱克服了红外反射光谱测定中样品颗粒大小和表面形态的影响，更有利于土壤信息的提取；光谱中不同波长范围的吸收与样品中物质的存在及含量密切相关，比较不同光谱对不同波段的灵敏度差异，有利于更好地发挥不同光谱在土壤分析中的作用。

四、　基于红外光声光谱的碳酸钙含量的测定

采用所采集的 165 个黄土样本进行 PLSR 模拟和验证（其中 75% 的样本用于模拟，25% 的样本用于验证），其结果如图 4-21 所示。当 PLSR 成分数为 6 时模拟达到最优，此时，校正误差、验证误差、校正相关系数和 RPD 分别为 1.10%、1.54%、0.9113 和 2.44；RPD 值大于 2，修正后的 RPD 值大于 4，表明该模型达到优秀水平。图 4-21 的模拟采用全波区（500 ~ 4000 cm^{-1}），表 4-20 是采用不同波区的模拟结果。全波区的模拟结果与 1000 ~ 2000 cm^{-1} 的模拟结果相似，表明光谱有关碳酸钙的信息主要位于 1000 ~ 2000 cm^{-1}。

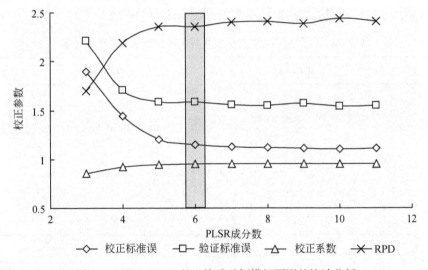

图 4-21　基于 PLSR 的土壤碳酸钙模拟预测的统计分析

表 4-20　基于 PLSR 采用不同波区模拟土壤碳酸钙结果分析（PLSR 成分数为 6）

光谱区域/cm^{-1}	500 ~ 4000	500 ~ 1000	1000 ~ 2000	2000 ~ 3500
校正误差/%	1.10	2.79	1.14	1.90
验证误差/%	1.54	8.15	1.55	2.21

续表

光谱区域/cm^{-1}	500~4000	500~1000	1000~2000	2000~3500
校正相关系数（R^2）	0.9113	0.4319	0.9048	0.7365
RPD	2.44	0.46	2.43	1.70
修正RPD	4.16	0.79	4.13	2.89

表4-21 表明，有关土壤碳酸钙的波区主要在1000~2000 cm^{-1}，但碳酸钙的吸收实际上有三个大的区域，1000~2000 cm^{-1}是吸收最强的区域，而其他区域的吸收都相对较弱。此外，PLSR模拟为线性模拟，无法表征非线性关系，因此在非线性关系比较大的模拟中就会产生较大的误差。人工神经网络能无限逼近任何非线性函数，因此，作为对比，广义回归神经网络（generalized regression neural network，GRNN）被用于土壤碳酸钙的模拟与预测。首先对光谱不同波区进行主成分分析，结果见表4-21；该结果表明，前4个主成分所含的变异信息均在90%以上，因此可以通过这4个主成分对光谱进行降维。

表4-21 不同波区主成分分析主要主成分所占变异的百分比

光谱区域/cm^{-1}	500~4000	500~1000	1000~2000	2000~3500
PCA1	43.4	83.9	54.4	63.9
PCA2	22.2	11.6	40.2	17.2
PCA3	13.7	3.9	3.1	11.3
PCA4	11.2	0.3	1.8	4.8
总变异	90.5	99.7	99.5	97.2

降维后的4个主成分可作为GRNN的输入层，训练网络后的独立验证结果如图4-22所示。不同波区的预测结果差别明显，并与PLSR模拟结果相似，全波区的模拟结果与1000~2000 cm^{-1}的模拟结果都较好，GRNN模拟与PLSR模拟的相关性相近，但GRNN模拟的验证误差明显低于PLSR模拟（从1.55%降到1.21%），而RPD从2.44升至3.11，修正后RPD值大于5。因此在碳酸钙的模拟中，仍然存在一定比例的非线性关系，尽管其比例相对较小。此外，考虑到测定和运算，1000~2000 cm^{-1}可作为土壤碳酸钙模拟和预测的波区。

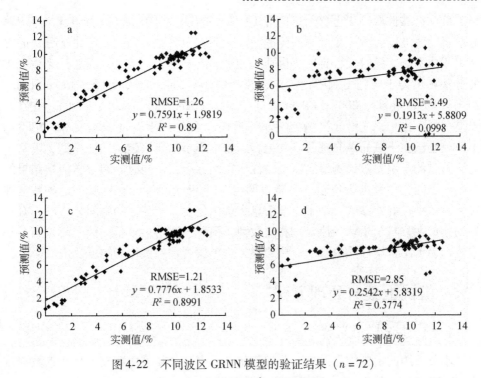

图 4-22　不同波区 GRNN 模型的验证结果（$n = 72$）

（RMSE：标准误；R^2：相关系数）

a. 全波区，$500 \sim 4000$ cm^{-1}；b. $500 \sim 1000$ cm^{-1}；c. $1000 \sim 2000$ cm^{-1}；d. $2000 \sim 3500$ cm^{-1}

五、　小结

在近红外区，黄土的近红外反射光谱与近红外光声光谱明显不同，而在中红外区，$1000 \sim 2000$ cm^{-1} 区域存在明显不同，且中红外光谱携带更多的土壤信息。黄土富含碳酸钙，在中红外光声光谱中体现在 1450 cm^{-1} 处，这一波区干涉相对较少，因此可以作为定量分析碳酸钙的波区。PLSR 和 GRNN 模型均可以较好地预测土壤碳酸钙的量，且 GRNN 模型优于 PLSR 模型，预测标准误为 1.21%，为土壤碳酸钙的快速测定提供了新的手段。

第五节　基于 FTIR-PAS 预测模型的土壤制图

一、　概述

土壤信息量十分巨大，而土壤制图是土壤信息管理的有效手段。土壤制图的精准性和可靠性取决于土壤信息的准确性和可靠性。对于土壤肥力而言，土壤养分信息的精准度影响土壤肥力制图的精准度。在土壤肥力制图中，化学分析的方法由于成本高、耗时长，难以提供适时和足够的土壤养分信息，而红外光谱分析的方法则可为土壤肥力制图提供信息源（Bogrekci and Lee，2005；Brown et al.，2006；Brunet et al.，2007；Elliott et al.，2007；Wetterlind et al.，2008）。在红外光谱分析方法中，光声光谱测定简单，谱图包含信息丰富（杜昌文等，2008）。本节就尝试在土壤光声光谱图基础上，采用偏最小二乘法建立预测模型，以基于光谱信息的土壤参数预测值绘制土壤性质空间分布图，同时绘制化学测定结果的空间分布图，两者进行比较。实验表明，对于 pH、CEC、有机质、全氮和全钾等预测效果较好的参数，基于光谱信息和基于化学分析数据的空间分布图具有较好的相似性，对于全磷、速效磷和速效钾，模型预测结果较差，但空间分布图基本可以表示出土壤性质的空间变化趋势，为土壤管理提供快捷的可视化依据。

二、 供试土壤与处理方法

（一）供试样品选择

本节选用的土壤样品采自江苏省苏州市吴中区，其采样数较多且背景数据较完整。供试样品共 74 个，采样分布见图 4-23。

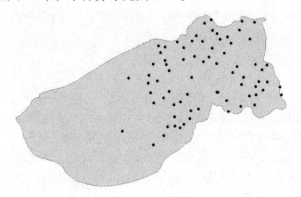

图 4-23　吴中区采样点分布图

（二）数据处理方法

首先确定偏最小二乘法回归模型，以吴中区 740 个样品（除去本实验采用的74 个样品）进行偏最小二乘分析（PLSR），得到回归模型，再以该模型预测吴中区的目标样品，预测最佳因子数均选择 6 个。预测结果与化学分析结果均用Matlab 分析，土壤制图采用线性插值法（triangle-based linear interpolation）。

三、　基于光谱预测结果的土壤绘图

在 Matlab 软件中对数据进行处理，以 PLSR 预测值和化学测定值进行空间绘图，得到各参数的分布图，见图 4-24。

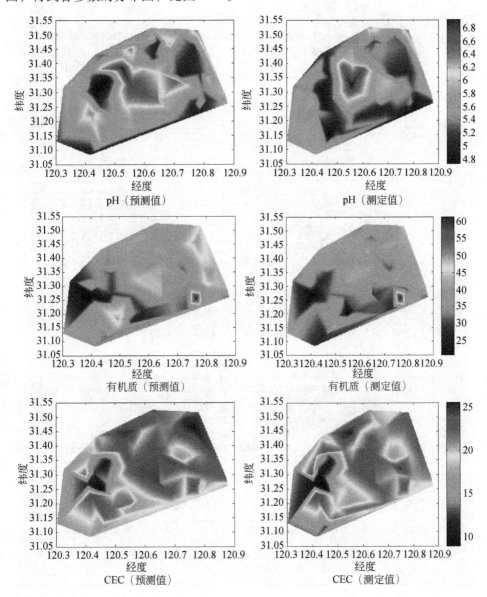

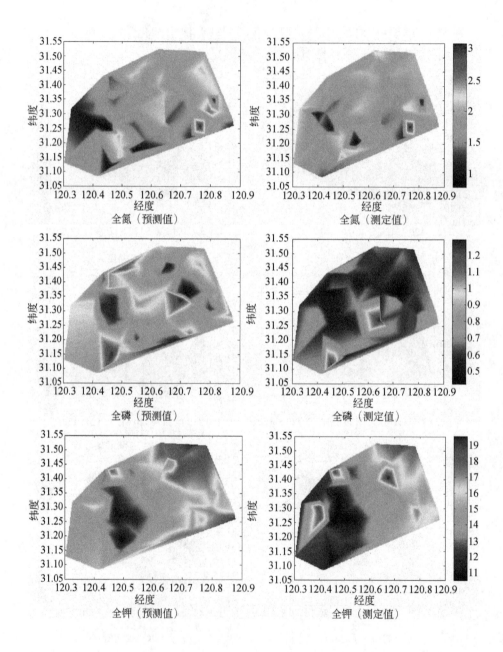

全氮（预测值）

全氮（测定值）

全磷（预测值）

全磷（测定值）

全钾（预测值）

全钾（测定值）

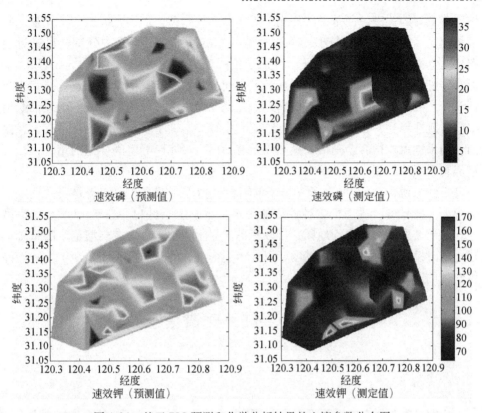

图 4-24　基于 PLS 预测和化学分析结果的土壤参数分布图

对比图 4-21 中 PLSR 预测结果图和化学分析结果图可以看出，绘图准确度大大依赖预测模型的精确度。对于预测较为准确的 pH、CEC、有机质、全氮和全钾，预测结果图与化学测定值的图偏差较小。而全磷、速效磷和速效钾的绘图结果比较，两种来源的数据结果差异较大，主要是预测结果普遍偏高。但仔细考察全磷、速效磷和速效钾的分布图可看出，虽然预测值普遍偏高，但与测定结果的分布图比较，空间分布的高低趋势还是类似的，尤其是在采样地区的东北和东南方向，其过渡性特征极为相似，然而在采样区的西南方向，其分布趋势差异较大，这一现象可结合图 4-23 的采样点分布图进行分析。在采样区东北和东南方向，采样点较为密集，而西南地区的采样点设置较少，不及其他地区密集，因此个别样点的回归值若有偏差则会对空间插值的结果产生较大影响。

四、小结

实时的土壤绘图能从宏观层面了解土壤氮、磷等养分元素的分布情况，是评估土壤肥力的关键，而基于红外光声光谱的土壤绘图，能够大大减少工作量，并且快速、高效。采用偏最小二乘法对土壤光谱进行分析，并将分析结果进行绘图，基本能够反映其分布特征，特别是预测较为准确的 pH、CEC、有机质、全氮和全钾 5 个参数，可以较准确地满足空间表征的需要。而全磷、速效磷和速效钾 3 个参数的预测结果则普遍偏高，但在东北和东南方向仍可以较准确地描绘出空间过渡性特征，在西南方向的描绘准确性较差，这主要与采样点密度有关，西南方向采样点较稀，个别值的预测结果有偏离，可能影响空间插值的结果，从而造成整个图的改变。

总体来说，基于 PLSR 预测模型的输出图精确度较高，但前提是要先建立预测模型，并且可以适用于该种性质的土壤，该限定条件也存在于 BPN 预测模型上。对于需要长期监测的地区，可以考虑建立土壤光谱库，在土壤鉴定的基础上建立实时模型，提高其预测精度，以获得更为准确的空间分布图，为土壤管理提供有效的监控手段。

第六节　土壤红外光谱信息系统

一、　概述

土壤是农业生产中最重要的载体，因此土壤管理在农业可持续性发展中占有十分重要的地位。土壤管理的基础是土壤信息的获取，在土壤信息分析的基础上对有关土壤的各项农业生产活动进行决策，如施肥、灌水、作物种类和品种等。

目前土壤信息的获取主要通过各类化学分析的方法，如土壤有机质、土壤养分以及土壤水分等测定，这些测定方法为土壤管理提供了有效的信息。随着科技的进步和农业的发展，由于环境、资源以及可持续性等要求不断提高，人们对土壤管理的要求也不断提高，而要提高土壤管理水平，就需要足够多且足够准确的土壤信息，而传统的化学分析获取土壤信息的方法显然满足不了这种需求。仪器分析的方法则为土壤信息快速地获取提供了手段或平台，其中红外光谱法是最具有应用潜力的分析方法。由于红外光谱本身的特点，所要求光谱分析与常规分析存在明显差异，即因为不同信息的相互干扰或重叠，经常要采用多元校正的分析方法，再加上土壤的复杂性，因此在土壤信息的获取和识别中，需要一个系统进行管理，以便快速获取和识别目标信息，为土壤管理提供依据。显然，这个光谱管理系统首先需要标准库，即红外光谱库（Sankey et al.，2008），其次是模型和接口。光谱库是基础，模型和接口是核心，需要大量的数据支撑。

二、 土壤红外光谱信息系统

（一）软件的功能介绍

系统名称为"土壤红外光谱信息管理系统"（杜昌文，2010），开发工具，Matlab Gui 编程。首先是数据库构建：包括标准土壤样品数据库和未知土壤样品库。一个土壤样品具有一条土壤光谱，称之为光谱属性，本数据库预置了多种光谱属性空间，光谱带属性可以是近红外光谱也可是中红外光谱；既可以是反射光谱，也可以是光声光谱。另外还有理化属性和空间属性（经度、纬度坐标和坡度等）。也就是说一条土壤数据由光谱属性、理化属性和空间属性组成。数据库里将有若干条数据，数据库可以扩大、修改，同时具有按属性搜索、调用等功能。其次是多元校正分析：选择和调用数据库的数据，对光谱数据进行分析，如光谱鉴定、光谱数据标准化、主成分分析、光谱噪声过滤（小波分析）、微分光谱等，同时分析光谱属性与理化属性或空间属性的关系，建立多元校正模型，然后通过光谱属性进行土壤鉴定，并可以预测未知土壤的理化属性或空间属性。多元校正的方法可以是偏最小二乘法，也可以是人工神经网络，算法也可提供多种供选择。

（二）软件基本操作

1. 数据库连接

图 4-25 为软件界面并显示数据库连接成功。

图 4-25　软件数据库连接

2. 理化数据导入

图 4-26 显示土壤理化数据的导入。

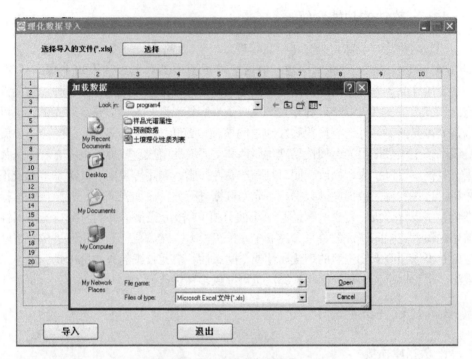

图 4-26　理化数据的导入

注意事项：

理化数据的格式必须符合特定要求，建议导入完毕理化数据以后，立即导入光谱数据。

3. 光谱数据导入

图 4-27 显示土壤光谱数据的导入。

注意事项：

（1）首先选择光谱数据的文件夹。

（2）f* – f**，其中的 $*$ 与 $**$ 分别代表光谱数据所对应的理化数据的位置。

（3）建议在导入完毕理化数据以后，立即导入光谱数据，程序可以自动提取 $*$ 与 $**$ 两个数字。

图 4-27 光谱数据的导入

4. 插入表格

图 4-28 显示表格的插入，可确定参数的类型和属性。

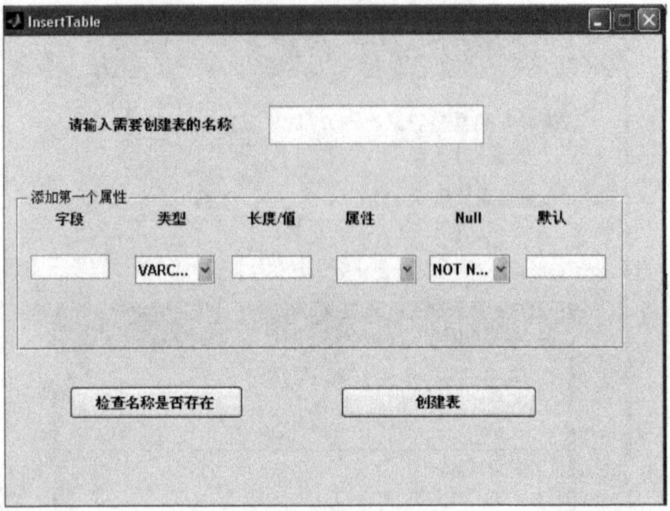

图 4-28 表格的插入

5. 删除表

图 4-29 显示删除数据，可以整条删除。

图 4-29 删除数据

6. 添加字段

图 4-30 显示添加字段，可改变数据结构。

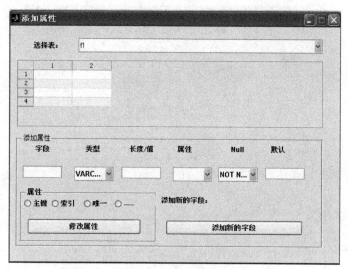

图 4-30　添加字段

7. 删除字段

图 4-31 显示删除字段和添加字段功能一样，可以编辑数据结构。

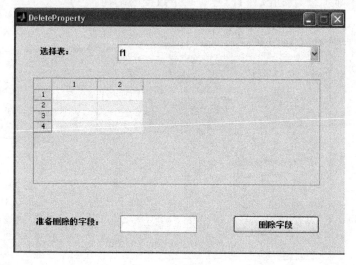

图 4-31　删除字段

8. 添加数据

图 4-32 显示添加数据，可编辑数据库。

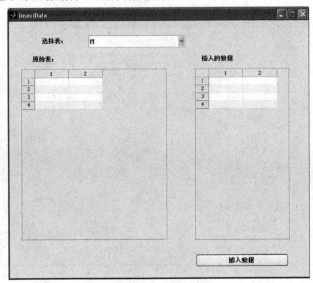

图 4-32　添加数据

9. 查看数据

图 4-33 显示查看数据，可以查看某条数据的结构。

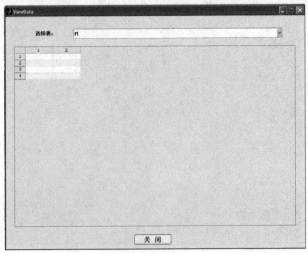

图 4-33　查看数据

10. 修改数据

图 4-34 显示修改数据，可对某一条数据的结构和属性进行修改。

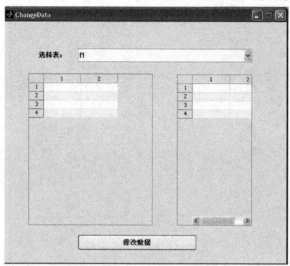

图 4-34　修改数据

11. 搜索数据

图 4-35 显示搜索数据，可用属性或类型等字段查找数据。

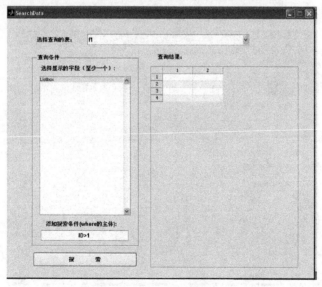

图 4-35　搜索数据

12. 删除数据

图 4-36 显示删除数据，即可以整条删除数据，包括理化属性和光谱属性。

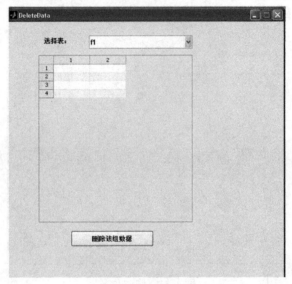

图 4-36　删除数据

13. 特殊查询

图 4-37 显示特殊查询，可根据特殊字段进行查询。

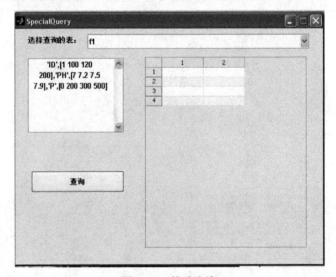

图 4-37　特殊查询

14. 定性分析

图 4-38 显示分析菜单，可选择分析的种类。

图 4-38　定性分析菜单

图 4-39 显示定性分析的主界面，可选择分析方法。

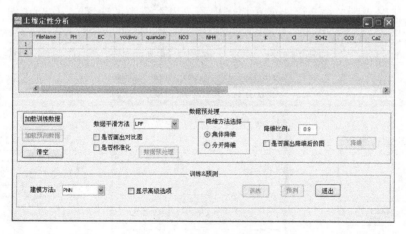

图 4-39　定性分析主界面

使用说明如下：

（1）首先限制光谱的范围。当点击 FileName 的空白输入框的时候，会弹出一个对话框。对话框有 2 个输入，分别是上限与下限，如图 4-40 所示，表示光谱的上限为 4000，下限为 500。

如果想限制多个范围，可以继续点击下面的空格。

（2）同样的方法，可以限制其他的理化属性。

（3）在做定性分析的时候，我们默认标准数据的分类是已知的，并且用已知的数据预测其他的光谱数据。假设我们知道现有的数据的分类是 2、3、4，那么在 Type 的选项下面，有如下限制（图 4-41）。

图 4-40　光谱上、下限

图 4-41　选择 Type 上、下限 1

（4）这个时候，可以点击"加载训练数据"，如图 4-42 所示。

（5）这个时候，训练数据已经从数据库里加载到了工作空间。使用同样的方法，我们选择 Type 为 -1 的数据（也就是没有分类的数据），作为我们的预测数据（图 4-43）。

（6）点击"加载预测数据"，那么预测数据也加载到了工作空间（图 4-44）。

图 4-42　加载训练数据 1

图 4-43　选择 Type 上、下限 2

图 4-44　加载训练数据 2

（7）数据的预处理方法有 3 种，分别是 LPF、Differential 和 SWT。同时预处理中提供了 2 个选项，分别是是否标准化和是否画出对比图（图4-45）。

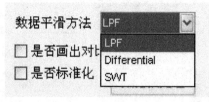

图 4-45　数据平滑方法

假设选择 LPF，并且 2 个选项都选择，如图 4-46 所示。

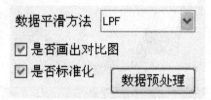

图 4-46　选择 LPF

点击"数据预处理"按钮，即可看到结果图（图 4-47，图 4-48，图 4-49）。

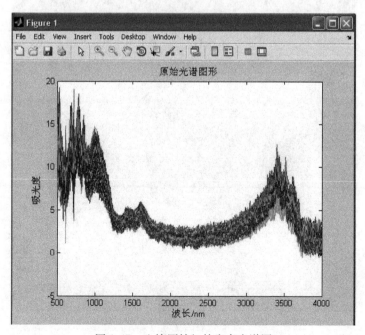

图 4-47　土壤原始红外光声光谱图

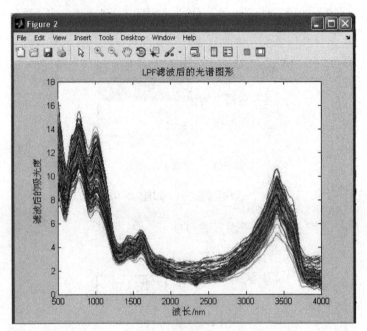

图 4-48　LPF 滤波后的土壤红外光声光谱图

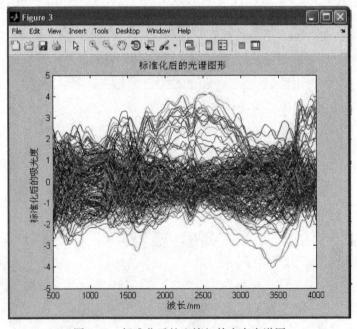

图 4-49　标准化后的土壤红外光声光谱图

（8）数据的降维处理过程，有 2 种方法可选：一种是把预测数据与训练数据放在一起降维，另一种是先对训练数据进行降维，然后用相应的降维系数，对预测数据进行降维。在降维的过程中，可以限制降维比例（如 90%）（图 4-50）。同样，用户可以选择是否画出降维后的效果图（图 4-51）。

图 4-50　降维比例

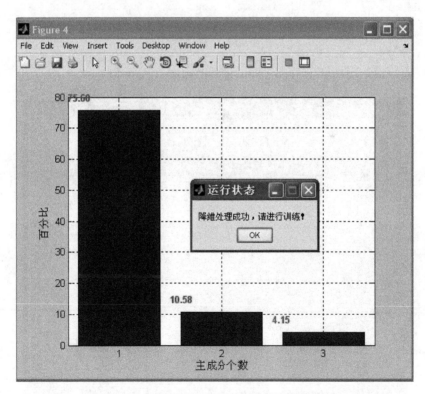

图 4-51　土壤红外光声光谱主成分降维效果图

（9）在训练的方法上，程序提供了如下方法（图 4-52）。

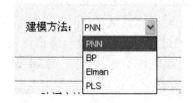

图 4-52　训练方法

点击"训练"按钮，可以得到训练的效果图（图4-53）。

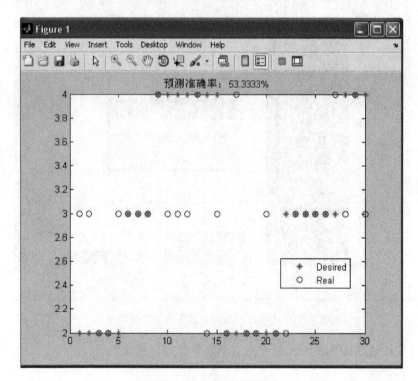

图 4-53　训练效果图

（10）用户可以把预测结果写回到数据库里，用来方便定量分析。训练结束以后，即可点击"预测"按钮，对预测数据进行类别预测。预测结果输出如图 4-54 所示。

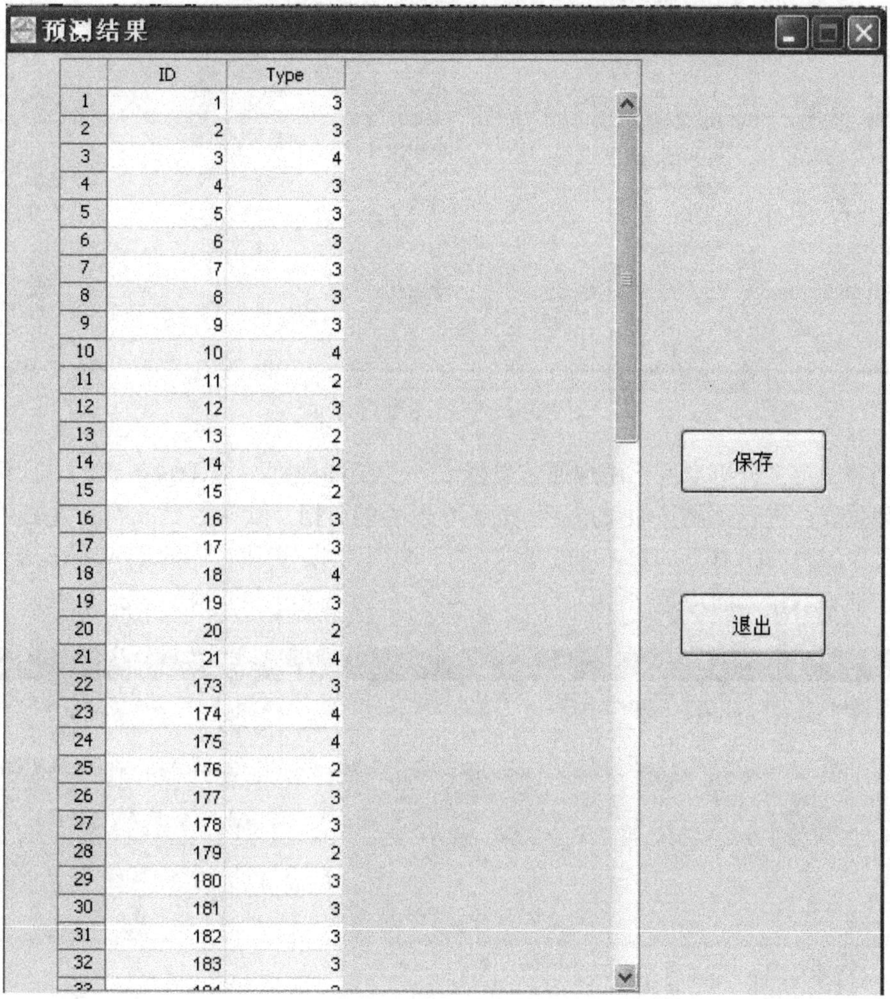

图 4-54　预测结果的输出图

15. 定量分析

定量分析的主界面与定性分析非常类似（图 4-55）。

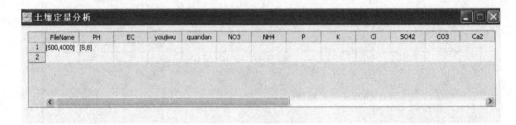

图 4-55　定量分析的主菜单

对于定量分析来说，用户通常选择统一类别的数据，如 Type = 2，对于不同的理化属性进行预测。假设对于 pH > 6 以上的数据，默认为是准确的数据，那么程序的目的是对于 pH≤6 的数据，进行重新预测，当然它们的 Type 都是 2。

训练数据如图 4-56 所示。

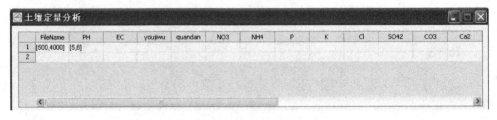

图 4-56　训练数据

预测数据如图 4-57 所示。

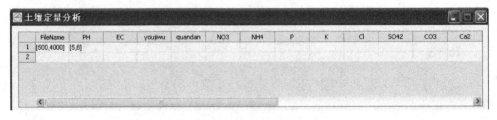

图 4-57　预测数据

对于数据的预处理和降维，过程与定性分析类似。

对于定量分析来说，我们可以选择多个数据作为输出（不仅仅是 pH 一个）。点击"选择输出"按钮（图 4-58）。

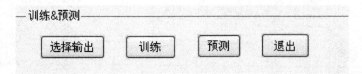

图 4-58　选择输出

即可看到如下页面，选择 pH 为输出（图 4-59）。

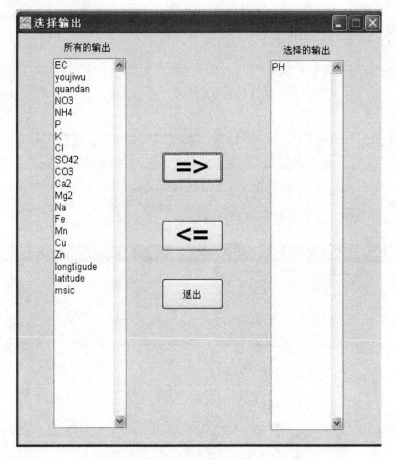

图 4-59　选择 pH 为输出

点击训练按钮，训练效果图即可展示训练的误差等（图 4-60，图 4-61）。

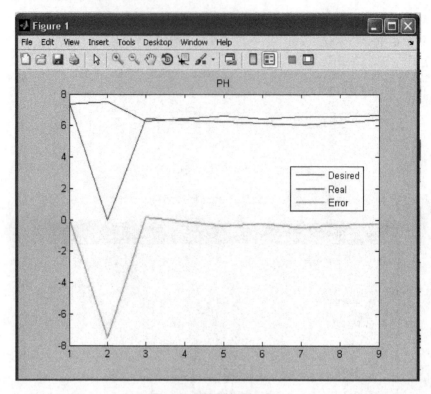

图 4-60　训练结果的误差

点击"预测"按钮，即可得到预测结果。

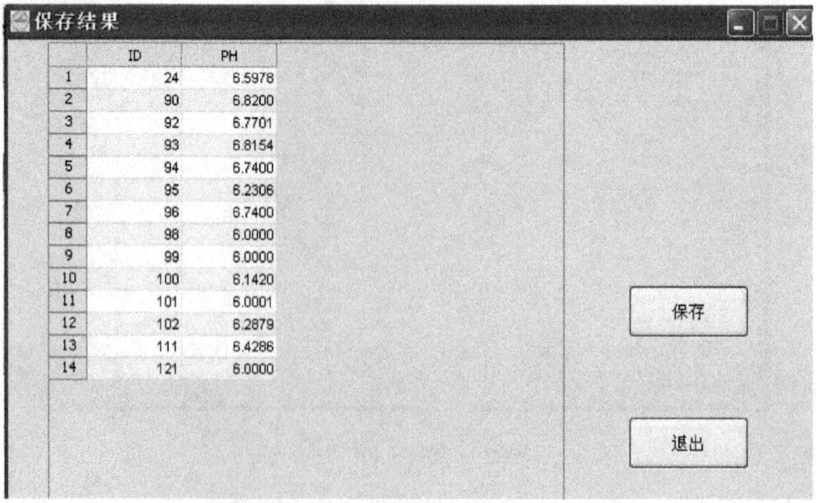

	ID	PH
1	24	6.5978
2	90	6.8200
3	92	6.7701
4	93	6.8154
5	94	6.7400
6	95	6.2306
7	96	6.7400
8	98	6.0000
9	99	6.0000
10	100	6.1420
11	101	6.0001
12	102	6.2879
13	111	6.4286
14	121	6.0000

保存

退出

图 4-61　训练结果的输出

16. 可视化作图

可视化作图的主界面如图 4-62 所示。

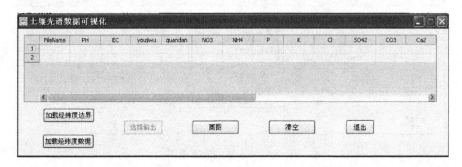

图 4-62　可视化作图的主界面

其中加载经纬度的边界，用来加载地区的边界数据（来自文件）。

加载经纬度数据，是指从数据库里，通过限制经纬度的范围，加载相应的理化数据。

首先我们加载边界数据，点击"加载经纬度边界"按钮，弹出文件对话框，选择合适的边界数据（图 4-63）。

图 4-63　选择边界文件

在加载经纬度数据之前，我们假设所选数据的经度范围为120°～140°（图4-64）。

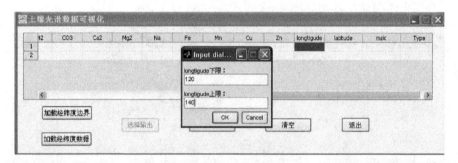

图4-64　选择经纬度范围

点击"加载经纬度数据"，即可把数据加载到工作空间。

点击"选择输出"，即可选择理化属性之一作为纵坐标（图4-65）。

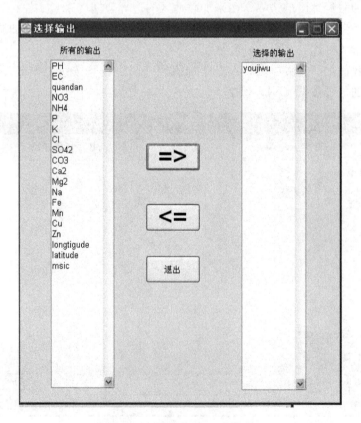

图4-65　选择youjiwu为输出

点击"画图",即可根据经度、纬度画出理化属性的分布情况(图4-66,图4-67)。

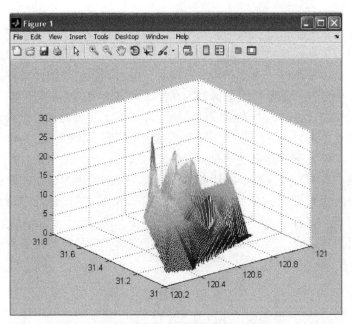

图4-66 土壤理化属性的三维分布图

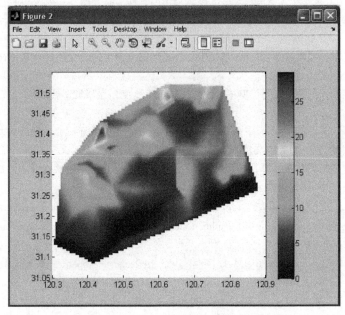

图4-67 土壤理化属性的空间制图

三、 小结

红外光谱在土壤信息获取中应用的前提是构建红外光谱信息系统。本节所构建的红外光谱信息系统总体上可分成三块：光谱数据库、模型和接口、输入和输出。其中数据库是基础，模型和接口是核心，输入和输出是辅助条件。这个系统在土壤管理中可发挥重要作用。例如，在测土配方施肥中，肥料供应商可配备红外光谱专用检测设备和红外光谱信息系统，用户需要购买肥料时，只需在将要施用肥料的田地里采集几克到几十克样品并提供给肥料供应商，肥料供应商可现场扫描并通过红外光谱信息系统分析出土壤肥力状况，从而给出推荐配方，而用户则可以根据推荐配方购买肥料，从而使得测土配方施肥更为精准和专业。

本系统现为第一个版本，尽管已经实现了基本的土壤定性与定量分析，但是光谱数据库还不完善，模型和接口还有待进一步改进，软件的界面友好性以及功能还需要更多的工作。但无论如何，这个系统将为未来高效的土壤管理提供手段和平台。

参 考 文 献

邓晶，杜昌文，周健民，等. 2008. 红外光谱在土壤学中的应用. 土壤，40：872-877.

杜昌文. 2010. 土壤红外光谱信息系统. 国家知识产权局. 软件编号，2010SR054437.

杜昌文，周健民. 2007. 傅里叶变换红外光声光谱法测定土壤中有效磷. 分析化学，35：119-122.

杜昌文，周桂勤，邓晶，等. 2009. 基于中红外光谱的土壤矿物表征及其鉴定. 农业机械学报，40：154-158.

杜昌文，周健民，王火焰，等. 2008. 土壤的中红外光声光谱研究. 光谱学与光谱分析，28：1242-1245.

王玉，张一平，陈思根. 2003. 中国6种地带性土壤红外光谱特征研究. 西北农林科技大学学报（自然科学版），31：57-61.

张雪莲，李晓娜，武菊英，等. 2010. 不同类型土壤总氮的近红外光谱技术测定研究. 光谱学与光谱分析，30：906-910.

Awiti A, Walsh M, Shepherd K, et al. 2008. Soil condition classification using infrared spectroscopy：a proposition for assessment of soil condition along a tropical forest-cropland chronosequence. Geoderma, 143：73-84.

Baumgardner M F, Silva L F, Bieh L L, et al. 1985. Reflectance properties of soils. Advances in Agronomy, 38：2-44.

Bellon-Maurel V, McBratney A. 2011. Near-infrared（NIR）and mid-infrared（MIR）spectroscopic techniques for assessing the amount of carbon stock in soils critical review and research perspectives. Soil Biology & Biochemistry, 43: 1398-1410.

Bellon-Maurel V, Fernandez-Ahumada E, Palagos B, et al. 2010. Critical review of chemometric indicators commonly used for assessing the quality of the prediction of soil attributes by NIR spectroscopy. Trends in Analytical Chemistry, 29: 1073-1081.

Bilgili A V, Es H M, Akbas F, et al. 2010. Visible-near infrared reflectance spectroscopy for assessment of soil properties in a semi-arid area of Turkey. Journal of Arid Environments, 74: 229-238.

Bogrekci I, Lee W S. 2005. Spectral phosphorus mapping using diffuse reflectance of soils and grass. Biosystems Engineering, 91: 305-312.

Bogrekci I, Lee W S. 2007. Comparison of ultraviolet, visible, and near infrared sensing for soil phosphorus. Biosystems Engineering, 96: 293-299.

Bornemann L, Welp G, Brodowski S, et al. 2008. Rapid assessment of black carbon in soil organic matter using mid-infrared spectroscopy. Organic Geochemistry, 39: 1537-1544.

Bricklemyer R, Brown D. 2010. On-the-go VisNIR: potential and limitations for mapping soil clay and organic carbon. Computers and Electronics in Agriculture, 70: 209-216.

Brown D J, Shepherd K D, Walsh M G, et al. 2006. Global soil characterization with VNIR diffuse reflectance spectroscopy. Geoderma, 132: 273-290.

Brunet D, Barthès B, Chotte J L, et al. 2007. Determination of carbon and nitrogen contents in Alfisols, Oxisols and Ultisols from Africa and Brazil using NIRS analysis: effects of sample grinding and set heterogeneity. Geoderma, 139: 106-117.

Chang C W, You C F, Huang C Y, et al. 2005. Rapid determination of chemical and physical properties in marine sediments using a near-infrared reflectance spectroscopic technique. Applied Geochemistry, 20: 1637-1647.

Clark R N, King T V V, Klejwa M, et al. 1990. High spectral resolution reflectance spectroscopy of minerals. Journal of Geophysical Research, 95: 12653-12680.

Cobo J G, Dercon G, Yekeye T, et al. 2010. Integration of mid-infrared spectroscopy and geostatistics in the assessment of soil spatial variability at landscape level. Geoderma, 158: 398-411.

Dai J, Ran W, Xing B, et al. 2006. Characterization of fulvic acid fractions obtained by sequential extractions with pH buffers, water, and ethanol from paddy soils. Geoderma, 135: 284-295.

Du C W, Zhou J M. 2009. Evaluation of soil fertility using infrared spectroscopy: a review. Environmental Chemistry Letters, 7: 97-113.

Du C W, Zhou J M, Wang H Y, et al. 2009. Determination of soil properties using Fourier transform mid-infrared photoacoustic spectroscopy. Vibrational Spectroscopy, 49: 32-37.

Du C, Linker R, Shaviv A, et al. 2008. Identification of agricultural Mediterranean soils using mid-infrared photoacoustic spectroscopy. Geoderma, 143: 85-90.

Du C W, Linker R, Shaviv A. 2007. Soil identification using fourier transform infrared photoacoustic spectroscopy. Applied Spectroscopy, 61: 1065-1067.

Du C W, Zhou J M. 2011. Application of infrared photoacoustic spectroscopy in soil analysis. Applied

Spectroscopy Reviews, 46: 405-422.

Elliott G N, Worgan H, Broadhurst D, et al. 2007. Soil differentiation using fingerprint Fourier transform infrared spectroscopy, chemometrics and genetic algorithm-based feature selection. Soil Biology & Biochemistry, 39: 2888-2896.

Frederick R T, Louis M T. 2005. Soils and Soil fertility. Ames USA: Blackwell Publishing.

Fontán J, Calvache S, López-Bellido R, et al. 2010. Soil carbon measurement in clods and sieved samples in a Mediterranean Vertisol by visible and near-infrared reflectance spectroscopy. Geoderma, 156: 93-98.

Galvez-Sola L, Morales J, Mayoral A M, et al. 2010. Estimation of phosphorus content and dynamics during composting: use of near infrared spectroscopy. Chemosphere, 78: 13-21.

Ge Y F, Morgan C, Grunwald S. 2011. Comparison of soil reflectance spectra and calibration models obtained using multiple spectrometers. Geoderma, 161: 202-211.

Gehl R J, Rice C W. 2007. Emerging technologies for in situ measurement of soil carbon. Climatic Change, 80: 43-54.

He Y, Song H Y, Pereira A G, et al. 2005. A new approach to predict N, P, K and OM content in a loamy mixed soil by using near infrared reflectance spectroscopy. Advances In Intelligent Computing, Pt 1, Proceedings, 3644: 859-867.

He Y, Huang M, Garcia A, et al. 2007. Prediction of soil macronutrients content using near-infrared spectroscopy. Computers and Electronics in Agriculture, 58: 144-153.

Huang X W, Senthilkumar S, Kravchenko A, et al. 2007. Total carbon mapping in glacial till soils using near-infrared spectroscopy, Landsat imagery and topographical information. Geoderma, 141: 34-42.

Jahn B R, Linker R, Upadhyaya S K, et al. 2006. Mid-infrared spectroscopic determination of soil nitrate content. Biosystems Engineering, 94: 505-515.

Janik L J, Merry R H, Skjemstad J O. 1998. Can mid-infrared diffuse reflectance analysis replace soil extractions? Australian Journal of Experimental Agriculture, 38: 681-696.

Linker R, Shmulevich I, Kenny A, et al. 2005. Soil identification and chemometrics for direct determination of nitrate in soils using FTIR-ATR mid-infrared spectroscopy. Chemosphere, 61: 652-658.

Linker R, Weiner M, Shmulevich I, et al. 2006. Nitrate determination in soil pastes using attenuated total reflectance mid-infrared spectroscopy: Improved accuracy via soil identification. Biosystems Engineering, 94 : 111-118.

Madari B E, Reeves J B, Machado P, et al. 2006. Mid-and near-infrared spectroscopic assessment of soil compositional parameters and structural indices in two Ferralsols. Geoderma, 136: 245-259.

McCarty G W, Reeves J B. 2006. Comparison of near infrared and mid infrared diffuse reflectance spectroscopy for field-scale measurement of soil fertility parameters. Soil Science, 171: 94-102.

McCarty G W, Reeves III J B, Reeves V B, et al. 2002. Mid-infrared and near-infrared diffuse reflectance spectroscopy for soil carbon measurement. Soil Science Society of America Journal, 66:

640-646.

Michel K, Ludwig B. 2010. Prediction of model pools for a long-term experiment using near-infrared spectroscopy. Journal of Plant Nutrition and Soil Science, 173: 55-60.

Minasny B, Hartemink A. 2011. Predicting soil properties in the tropics. Earth-Science Reviews, 106: 52-62.

Minasny B, Tranter G, McBratney A, et al. 2009. Regional transferability of mid-infrared diffuse reflectance spectroscopic prediction for soil chemical properties. Geoderma, 153: 155-162.

Morgan C L S, Waiser T H, Brown D J, et al. 2009. Simulated in situ characterization of soil organic and inorganic carbon with visible near-infrared diffuse reflectance spectroscopy. Geoderma, 151: 249-256.

Mouazen A M, Kuang B, Baerdemaeker J D, et al. 2010. Comparison among principal component, partial least squares and back propagation neural network analyses for accuracy of measurement of selected soil propertieswith visible and near infrared spectroscopy. Geoderma, 158: 23-31.

Neumann A, Petit S, Hofstetter T. 2011. Evaluation of redox-active iron sites in smectites using middle and near infrared spectroscopy. Geochimica et Cosmochimica Acta, 75: 2336-2355.

Odlare M, Svensson K, Pell M. 2005. Near infrared reflectance spectroscopy for assessment of spatial soil variation in an agricultural field. Geoderma, 126: 193-202.

Pedersen J A, Simpson M A, Bockheim J G, et al. 2011. Characterization of soil organic carbon in drained thaw-lake basins of Arctic Alaska using NMR and FTIR photoacoustic spectroscopy. Organic Geochemistry, 42: 947-954.

Reeves J B. 1994. Near-versus mid-infrared diffuse reflectance spectroscopy for the quantitative determination of the composition of forages and by-products. Journal of Near Infrared Spectroscopy, 2: 49-57.

Reeves J B. 1996. Improvement in Fourier near-and mid-infrared diffuse reflectance spectroscopic calibrations through the use of a sample transport device. Applied Spectroscopy, 50: 965-969.

Reeves J B. 2010. Near-versus mid-infrared diffuse reflectance spectroscopy for soil analysis emphasizing carbon and laboratory versus on-site analysis: Where are we and what needs to be done? Geoderma, 158: 3-14.

Reeves J B, Smith D. 2009. The potential of mid-and near-infrared diffuse reflectance spectroscopy for determining major-and trace-element concentrations in soils from a geochemical survey of North America. Applied Geochemistry, 24: 1472-1481.

Sankey J B, Brown D J, Bernard M L, et al. 2008. Comparing local vs. global visible and near-infrared (VisNIR) diffuse reflectance spectroscopy (DRS) calibrations for the prediction of soil clay, organic C and inorganic C. Geoderma, 148: 149-158.

Stenberg B, Viscarra Rossel R A, Mouazen A M, et al. 2010. Visible and near infrared spectroscopy in soil science. Advances in Agronomy, 107: 163-215.

Summers D, Lewis M, Ostendorf B, et al. 2011. Visible near-infrared reflectance spectroscopy as a predictive indicator of soil properties. Ecological Indicators, 11: 123-131.

Tatzber M, Stemmer M, Spiegel H, et al. 2007. An alternative method to measure carbonate in soils by FT-IR spectroscopy. Environmental Chemistry Letters, 5: 9-12.

Terhoeven-Urselmans T, Schmidt H, Joergensen R G, et al. 2008. Usefulness of near-infrared spectroscopy to determine biological and chemical soil properties: Importance of sample pretreatment. Soil Biology & Biochemistry, 40: 1178-1188.

Vasques G M, Grunwald S, Sickman J O. 2008. Comparison of multivariate methods for inferential modeling of soil carbon using visible/near-infrared spectra. Geoderma, 146: 14-25.

Viscarra Rossel R A, Cattle S R, Ortega A, et al. 2009. In situ measurements of soil colour, mineral composition and clay content by vis-NIR spectroscopy. Geoderma, 150: 253-266.

Viscarra Rossel R A, Jeon Y S, Odeh I O A, et al. 2008. Using a legacy soil sample to develop a mid-IR spectral library. Australian Journal of Soil Research, 46: 1-16.

Viscarra Rossel R A, McBratney A B, Minasny B. 2010. Proximal Soil Sensing. Berlin: Springer.

Viscarra Rossel R A, McGlynn R N, McBratney A B. 2006a. Determining the composition of mineral-organic mixes using UV-vis-NIR diffuse reflectance spectroscopy. Geoderma, 137: 70-82.

Viscarra Rossel R A, Walvoort D J J, McBratney A B, et al. 2006b. Visible, near infrared, mid infrared or combined diffuse reflectance spectroscopy for simultaneous assessment of various soil properties. Geoderma, 131: 59-75.

Wetterlind J, Stenberg B, Soderström M. 2008. The use of near infrared (NIR) spectroscopy to improve soil mapping at the farm scale. Precision Agric, 9: 57-69.

Wetterlind J, Stenberg B, Soderström M. 2010. Increased sample point density in farm soil mapping by local calibration of visible and near infrared prediction models. Geoderma, 156: 152-160.

Wu Y Z, Chen J, Wu X M, et al. 2005. Possibilities of reflectance spectroscopy for the assessment of contaminant elements in suburban soils. Applied Geochemistry, 20: 1051-1059.

Zimmermann M, Leifeld J, Fuhrer J. 2007. Quantifying soil organic carbon fractions by infrared-spectroscopy. Soil Biology & Biochemistry, 39: 224-231.

第五章　基于红外光声光谱的土壤微结构表征

第一节　土壤黏土矿物 - 有机物复合体

一、概述

土壤黏土矿物、有机质及微生物是土壤中重要的三种物质组成，但它们之间并不是单独存在，而是相互作用在一起，构成了土壤的基本微结构，并对土壤的生物地球化学反应产生重要影响，包括促进金属氧化物的形成，对胡敏酸形成具有催化作用，保护酶的稳定及活性，促进矿物质的转化，体系的迁移，C、N、P、S 的生物地球化学循环和有机及无机污染物的转化和归趋等，从而影响土壤肥力、健康、环境和农业可持续发展（Schulten and Leinweber，2000；魏朝富等，2003；Nardi et al.，2004；Huang et al.，2005；Lutzow et al.，2006；Wiseman and Puttmann，2006；侯雪莹和韩晓增，2008；Mikutta et al.，2009；Bruun et al.，2010）。

由于土壤有机 - 无机复合体的形成及其转化比较复杂，直接对其研究比较困难。Baisden 等（2002）在其文中指出，90% 以上的土壤有机质（soil organic matter，SOM）是与黏土矿物结合在一起的，但两者间相互作用的过程很复杂。根据 Baldock 和 Nelson（1999）对有机质的定义（表 5-1），土壤根系分泌物、细菌、真菌、蛋白质、胡敏酸、木质素等作为有机质中的一部分，都可能参与了土壤有机 - 无机复合体的形成。另外，形成条件的多样化（不同 pH 条件、不同温度、不同地域等）、作用方式的多样化［多价离子、静电吸附等（熊毅，2003）］、矿物类型的多样化（Baldock and Skjemstad，2000）等，更使土壤有机 - 无机复合体的形成过程复杂化；土壤有机 - 无机复合体的形成及其转化非常复杂，对它的研究显得比较困难。由于土壤中黏粒和有机物质在质和量上的差异都很大，作用方式又复杂万端，复合体的性质很不一致，对土壤性质的影响也各有不同，因此，研究土壤有机 - 无机复合体如何影响土壤性质具有重要意义。

目前，随着计算机的发展、仪器分析技术的提高和化学计量学方法的应用，土壤有机－无机复合体在结构、功能及形成机制等方面都有了较大的发展，于是，关于它们研究进展方面的论述也越来越多（Huang and Schnitzer，1986；赵兰坡，1994；Christensen，1996；Schulten and Leinweber，2000；魏朝富等，2003；Huang et al.，2005；侯雪莹和韩晓增，2008）。并且土壤矿物、土壤有机物及土壤微生物相结合的分析方法在有机－无机复合体的研究中也具有越来越重要的地位。Fortin 和 Beveridge（1997）等认为，微生物能在黏土矿物表面创造和维持一个独特的局域环境。Bloemberg 和 Lugtenberg（2004）也认为在土壤中，细菌可能活化了螯合物，并影响植物根系周围溶液中营养物质的转移，转移过程包括局域内酸度和离子平衡的变化由于微生物与黏土矿物间的相互作用而得到强烈地缓冲。另外，土壤有机－无机复合体在提高土壤质量上具有重要作用，而微生物也有助于修复土壤的污染问题（Kuiper et al.，2004）。可见，在研究土壤有机－无机复合体的功能和机制时，微生物在其中所发挥的作用也不可忽视。

表 5-1　土壤有机质及其组分的定义

组分		定义
土壤有机质		居住在土壤基质内和直接在土壤表面的包括热改性物质在内的所有生物衍生有机质
活性成分		活体植物、土壤微生物和土壤动物的细胞和组织相连的有机质
非活性成分	可溶性有机质	小于 0.45 μm 的水溶性有机质
	颗粒状有机质	来自任何可辨识的细胞组织中的有机片段，但通常主要来自于植物
腐殖质		无定形有机质的混合体，包含可识别的生物分子（如多糖、蛋白质、血脂等）和不可识别的分子（如腐殖质物质）
惰性有机质		高度碳化的有机质，包括木炭、焦黑植物残体、石墨和煤炭

大部分土壤微生物都能分泌多糖，并逐渐扩散至土壤中。土壤多糖构成了土壤中 10% 的有机质（Cheshire et al，1979），且土壤黏土颗粒主要受微生物分泌的多糖控制而非植物（Feller and Beare，1997）。Swincer 等（1969）指出，当微生物结合土壤颗粒形成稳定的聚合体时，黏土矿物表面与土壤多糖之间的反应就会发生，并且土壤微生物分泌的多糖和土壤黏土矿物相互作用可形成原生的矿物－有机物复合体（primary organic-mineral complex）（Chenu and Plante，2006），而这种原生的矿物－有机物复合体促进了矿物－有机物复合体的形成，因此土壤多糖是土壤黏土矿物－有机物复合体形成的前体和表面活化剂（active supporting preconditioning）（Bos et al.，1999）。Parikh 和 Chorover（2008）进一步指出，与矿物结合的多糖结构可分为三部分：O-抗原层、外核层和内核层。多糖分子一端（O-抗原层）与矿物表面结合形成生物膜，另一端（内核层）与其他有机大分子

结合或发生自聚（Bos et al.，1999），经过一系列复杂的步骤最后形成了矿物－有机物复合体（Chenu and Roberson，1996）。因此，由土壤黏土矿物和微生物多糖合成的黏土矿物－多糖复合体可作为实验模型，来研究土壤和微生物之间的界面特征，包括水分性质、微观结构等（Chenu，1993）。Chenu（1989）利用此模型研究真菌多糖对黏土矿物微观结构可能造成的影响时发现：高岭石的结构是卡式房状（card-house）结构，蒙脱石是准晶体三维网状结构，两者的结构均没有因为多糖的吸附而发生改变，但却因为多糖的存在而极大提高了两者的水分稳定性，从而得出多糖的聚集作用主要表现在以下两个方面的结论：胞外多糖将黏土矿物颗粒变为聚集体，在结构重置上是一个物理过程；并通过黏结作用（物理化学过程）来稳定聚集体。

黏土矿物与多糖之间的吸附作用受多糖分子质量、pH 及离子状况的影响。Parfitt 和 Greenland 等（1970）采用不同分子质量的葡聚糖和相应分子质量的淀粉研究多糖和矿物间的吸附机制时发现：没有测到小分子质量葡聚糖吸收信息的可能原因在于它的分子结构组成；淀粉分子质量与葡聚糖分子质量相似，其吸附机制与葡聚糖相似；分子质量不同的葡聚糖，由于它们的分子结构组成不同，对于水的作用差异也很大，并且这种差异会相应地影响它们与矿物之间的作用。因此，他们总结到，要想预测中性多糖与矿物之间的吸附行为，就必须对多糖的分子结构及其对水作用的影响有一个详细的了解。Clapp 和 Emerson（1972）选取了 11 种中性的及带不同电荷的土壤葡聚糖，采用热水、NaCl、$NaIO_4$、$Na_4P_2O_7$ 等方法对黏土矿物－葡聚糖复合体进行多糖提取和氧化，以验证多糖是否增强了黏土矿物颗粒间的连接性。结果表明，分子质量越大的多糖，与溶液结合的强度就越大；且无论针对哪种方法，从土壤中提取多糖都不容易，其中热水只能提取小分子质量的聚合物，而 $Na_4P_2O_7$ 仅能破坏黏土矿物－多糖复合体中的部分键。Pasika 和 Cragg（1962）也指出，中性多糖在水中的黏滞性与它的分子质量有关，并且不会因为分支结构而发生明显降低。Dontsova 和 Bigham（2005）研究了不同环境条件（包括 pH、离子强度和离子类型）对黄原糖在矿物表面吸附的影响，结果表明：在增加吸附的程度上，多价离子（Sr^{2+}、Ca^{2+} 和 Mg^{2+}）高于单价离子（K^+、Na^+、Li^+），意味着离子参与了黄原糖与黏土矿物表面的结合；在电解质浓度方面，$Ca(NO_3)_2$ 的存在增加了黄原糖的吸附量；所有矿物，对黄原糖的总吸附量与 pH 存在一定关系（pH = 4 时高于 pH = 7 时），并且吸附量随电解质浓度的提高而增加。那么，吸附后的多糖在黏土矿物表面的结构与多糖本身是否有关呢？研究表明，结构简单、不带电荷的蔗糖在蒙脱石表面呈现的是一个平整的结构（Greenland，1956），而结构复杂的多糖像黄原糖，它与矿物作用时则趋向于保持它的螺旋状三维结构（Chenu et al.，1987）。另外，多糖在黏土矿物表面的吸附很少呈单层吸附的形式。Olness 和 Clapp（1975）、Parfitt 和 Greenland（1970）以及 Moavad（1974）等研究发现，多糖在黏土矿物表面是多层吸附的，这可能导致多糖吸附量超过黏土矿物可利用的表面积。基于这点认识，根据多糖结构来计算它在矿物表面的覆盖量变得很难。

此外，黏土矿物与土壤多糖之间的吸附作用还因多糖及矿物类型的不同而不同。陈和生等（2002）应用红外透射光谱的方法研究了 3 种多糖（茯苓多糖、黄原胶和魔芋多糖）纳米 SiO_2 复合体的结构特征，结果表明：多糖的存在引起纳米 SiO_2 的某些特征吸收峰，如羟基吸收峰及 978 cm^{-1} 处的吸收峰强度明显减弱或消失，原因可能是由多糖羟基与纳米 SiO_2 表面活性羟基起化学作用，形成 Si—O—C（Si—OH + HO—C→Si—O—C）键所致；茯苓多糖 PC_3 和黄原胶这两种多糖形成的纳米 SiO_2 复合体的羟基吸收峰，呈现随多糖浓度增大先减弱后增强的现象；而魔芋多糖就讨论的两种浓度而言，羟基吸收峰随多糖浓度增大而增强。造成这种不同现象的原因在于它们具有不同的多糖分子结构：前两种多糖分子结构相对简单，茯苓多糖是线型的 β-(1→3)-D-葡聚糖，黄原胶主链为 β-(1→4)-D-葡聚糖，其中每隔两个单糖连接一条三糖侧链。因此，当浓度较小时，它们的分子在溶液中呈卷曲或伸展状况，它们的羟基就易与纳米 SiO_2 表面活性羟基起化学作用和形成氢键；反之，当浓度较大时，它们的分子在溶液中呈蜷曲或聚集状况，它们的羟基较难与纳米 SiO_2 的表面活性羟基起化学作用和形成氢键。另外，随着多糖浓度的增大，多糖羟基含量也增大，导致多糖羟基远远多于纳米 SiO_2 的表面活性羟基，也使得多糖羟基除与纳米 SiO_2 的表面活性羟基起化学作用和形成氢键外，多糖羟基之间也起化学作用形成 C—O—C 键及链间、链内形成氢键。魔芋多糖相比前两种多糖而言，其分子结构更复杂。它是由 D-葡萄糖和 D-甘露糖以物质的量比 1:2，通过 β-(1→4) 键结合的复合多糖，且在主链上甘露糖残基的 C-3 位置上有 β-(1→3) 键组成的支链，并有乙酰基、葡萄糖醛酸基、磷酸基等，当浓度较小时，它的分子在溶液中也可呈伸展状况，它的羟基也可与纳米 SiO_2 表面活性羟基起化学作用和形成氢键，然而，当浓度较大时，它的分子在溶液中主要可能呈蜷曲或聚集状况，它的羟基虽也可与纳米 SiO_2 表面活性羟基起化学作用和形成氢键，但更多的是多糖羟基之间起化学作用形成 C—O—C 键及链内、链间形成氢键。

矿物类型的不同也影响所吸附的多糖量。Finch 等（1967）认为，蒙脱石所吸附的多糖要比高岭石多，并将这种区别归因为蒙脱石具有较大的表面积。但 Guckert 等（1975）却持相反的意见，他们认为蒙脱石上所吸附的多糖量与可交换性离子有关，而跟其表面积无关。并且 Dontsova 和 Bigham（2005）进一步总结：低电荷蒙脱石吸附的黄原胶量是最大的，高岭石最少，高电荷的蒙脱石介于两者之间；伊利石的表现与高电荷蒙脱石类似。这两个相反的观点在某种特定的条件下都可能成立，并且在中性反应条件下，多糖的吸附量可能跟黏土矿物的表面积有关。尽管矿物类型不同导致多糖吸附量不同，但有一点可以肯定的是，黏土矿物对多糖的吸附量很少：聚集体稳定时最大吸附中性多糖的量为 10 g/kg（Chenu et al.，1987），阴性多糖量为 20 g/kg（Labille et al.，2003）。虽然多糖的吸附量很少，但在保持土壤结构稳定性上作用很大：Clapp 和 Emerson（1972）的研究结果中显示仅仅吸附 1~2 g/kg 黄原胶就足够阻止蒙脱石的分散。

但不同类型矿物与不同多糖间的表面反应及表面层特征还不清楚。传统的研究方法大都是通过粒级或密度分级的方法将土壤有机－无机复合体从土壤中分离出来（Schulten and Leinweber，2000），再用先进的仪器或其他手段进行下一步分析。例如，Arnarson 和 Keil（2001）研究海底沉积物中有机－无机复合体的作用机制时，用密度分级方法从土壤中分离出不同有机质组分后，再用 X 射线光电子能谱的方法观察其表面复合体物质组成。密度分级法可以分别对不同有机质组分进行研究，但其缺点是需要量化有机质中的不同组分与矿物结合的紧密程度，否则分离效果很不理想。再如，Plante 等（2005）用两步物理分馏的方法提取不同粒级的土壤黏粒，再用不同的热分析方法（如热重分析）研究与黏土矿物紧密结合在一起的有机质碳损耗规律。

但这些方法很可能会破坏土壤有机－无机复合体的微观结构，更难表征多糖所参与的前体反应，以至于在研究土壤有机－无机复合体的形成和转化及多糖在其中的催化作用时，其机制尚不明了。因此需要一种原位的仪器分析方法进行深入研究，而红外光谱分析技术则为此提供了新手段。

二、 红外光声光谱原理及其特点

光声光谱（photoacoustic spectroscopy，PAS）分析法是基于光声效应，即物质吸收调制或脉冲的光辐射产生声波或其他热弹效应，而建立起来的一种光谱分析方法（McClelland et al.，1992；Gosselin et al.，1996）。

在光声（photoacoustic，PA）测量过程中，PA 信号的大小取决于传至表面的热能多少，其与样品的热扩散深度有关，只有在热扩散深度范围内产生的热才对 PA 信号有贡献。当试样厚度大于热扩散深度时，热扩散深度相当于有效采样深度，即光声信号来自于热扩散深度内试样的贡献。热扩散深度、样品的热扩散率及红外光的调制频率有如下关系（Pan and Nguyen，2007）：

$$L = \left(\frac{D}{\pi f}\right)^{\frac{1}{2}} \tag{5-1}$$

式中，L 为样品的热扩散深度（μm）；D 为样品的热扩散率，$D = k/\rho c$，其中 ρ、k、c 分别为样品的密度、比热和热导；f 为红外光的调制频率：

$$f = s \cdot v \tag{5-2}$$

其中，s 为动镜速率（cm/s）；v 为波数（cm^{-1}）。

从式（5-1）可以看出，通过改变仪器的调制频率（或动镜速率），就可以改变样品的热扩散深度，从而实现逐层扫描。例如，可以通过频率的选择，增强 PA 信号幅值，或用来控制需要观察的样品厚度，进行结构分析（Kirkbright et al.，1984；Yun and Seo，1983）。

聚合物的热扩散率一般为 $D \approx 10^{-3}$ cm/s（Zhang et al.，2009），则式（5-1）可表示为

$$L = \frac{178}{f^{\frac{1}{2}}} \tag{5-3}$$

根据式（5-1）和式（5-2），光声采样的深度同时依赖于动镜速率和红外波数。在同一动镜速率下，对于均一样品来说，在 400 cm^{-1} 处的探测深度大约是 4000 cm^{-1} 时的 3 倍 [式（5-3）]：

$$\frac{L_{400}}{L_{4000}} = \left(\frac{f_{4000}}{f_{400}}\right)^{\frac{1}{2}} = \left(\frac{4000}{400}\right)^{\frac{1}{2}} = 3.16$$

在整个波数范围内（4000~400 cm^{-1}），采样深度与波数间的关系可用图 5-1 进行简单表示。

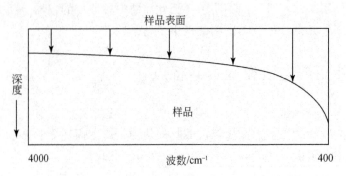

图 5-1　光声光谱中采样深度随波数的变化关系图

对于非均一性样品来说，由于在不同采样深度处，样品的热扩散率各不相同，情况变得较复杂。

土壤有机–无机复合体也是一个不均一性的体系，直接对其进行研究比较困难。选择其前体物质土壤黏土矿物–多糖复合体作为模型复合体进行研究，可简化问题。土壤黏土矿物–多糖复合体的表面层具有不均一性，其在形成的过程

中，养分、水分都可能参与其中，作用方式复杂万端，因此用光声光谱法进行研究，可表征其不同层结构的光谱特征。在计算表面层厚度时，可假设其为均一性物质，进行估计。

三、小结

土壤黏土矿物－多糖复合体是土壤有机－无机复合体形成的前体，作为前体物质之一的多糖，促进了土壤有机－无机复合体的形成和转化，然而具体的作用机制尚不清楚。由于土壤有机－无机复合体结构的不均一性，应用常规的物理或化学提取方法对此进行研究时，很难表征其在土壤中的真实情况，更难表征多糖所参与的前体反应，因此需要一种原位的仪器分析方法进行深入研究，而红外光声光谱则为此提供了可能。与传统的红外光谱（透射光谱和反射光谱）相比，红外光声光谱具有样品无需处理和原位逐层扫描的功能，特别适用于研究不均一性的土壤黏土矿物－多糖复合体表面反应及表面层特征。因此，本节利用红外光声光谱法研究土壤黏土矿物－多糖复合体的表面反应及表面层特征，揭示土壤中黏土矿物和多糖的相互作用机制、转化过程及其影响因素，从而为研究土壤黏土矿物－有机物复合体的形成及转化提供理论依据。

第二节　光谱采集参数优化及谱图预处理方法

一、概述

红外光谱可实现对土壤样品的快速定性及定量分析。然而不同样品即使在同一试验参数下得到的光谱也各不相同。为了使用最佳质量的光谱数据进行分析，往往需要优化特定样品的光谱采集参数，并对原始谱图进行前处理后方可进行谱图解析。

二、材料与方法

（一）试验材料

选用矿物为高岭石 KGa-1b 和蒙脱石 STx-1b（Source clay，American Clay Society），详细信息见相关文献（Costanzo，2001）。

微生物多糖为黄原糖，购于 Sigma 公司（Catalog No. G1253），是细菌黄单胞杆菌（*Xanthomonas campestris*）分泌的大分子质量阴性多糖，较易溶于水，在常温下，黄原糖溶于水时形成稳定、规则的双螺旋结构（Sutherland，1994），干燥时则呈纤维网状。

（二）样品制备

将多糖水溶液（2 g/kg）和黏土矿物悬浮液（100 g/kg）充分混合成2%的混合液后，立即置于25℃培养箱中分别培养1天和1周，未被吸附的多糖通过离心法（10 000 g，25℃，25 min）除去，沉淀物即黏土矿物 – 多糖复合体风干后，放于4℃冰箱中保存待用。同样方法制备好蒙脱石悬液后，多糖溶液以同样体积的水代替，按照制备复合体的方法制备，作为对照。

（三）仪器

美国热电 Nicolet 380 型傅里叶变换红外光谱仪、光声附件（Model 300，MTEC，USA）。仪器在长时间未用时，应在开机前先使用氮气吹扫10min，以免直接开机时水分对分束器造成破坏。进行光声光谱测定时，要同时对样品进行高纯氦气的吹扫，一方面可进一步排除水分和 CO_2 对测定结果的影响，另一方面，高纯氦气是光声效应的最佳热传导气体，可提高信号灵敏度。另外，测定样品前要先采集背景，直到三次连续重复测定的光谱基本重合时，说明此时仪器性能较稳定，重现性好，此时方可进行样品的测定。在本实验中，每隔30 min 测定一次背景，必要时缩短时间（视不同工作环境决定）。样品在扫描时，仪器自动进行背景扣除。

（四）土壤样品光谱采集的参数优化

分别在不同扫描次数、不同调制频率和不同分辨率下采集样品光谱。

（五）光谱前处理方法

分别对样品的原始谱图进行归一化、平滑、求导等处理，以便获得原始光谱中的有效信息。

三、结果与分析

（一）红外光谱采集参数优化

多次扫描求平均可以提高光谱的信噪比，降低噪声，改善光谱分析结果。扫

描次数的选取遵循 2^n ，即 2 次、4 次、8 次、16 次、32 次、64 次、128 次等。一般扫描次数增多时，信噪比也随之提高，但并不是扫描次数越多越好。一方面是由于扫描次数增加后，采集光谱的时间也会相应地延长；另一方面，通过增加扫描次数来消减噪声，提高信噪比，只是在次数较低时作用明显，次数越多作用越不明显。采集光谱时存在最佳扫描次数。

为了确定本试验条件下的最佳样品扫描次数，选取蒙脱石 – 黄原糖复合体，扫描次数分别为 4 次、16 次、32 次、64 次、128 次的情况下，每个扫描次数下反复测 9 遍，对每个扫描次数下的 9 条光谱求标准差，得到结果如图 5-2 所示。

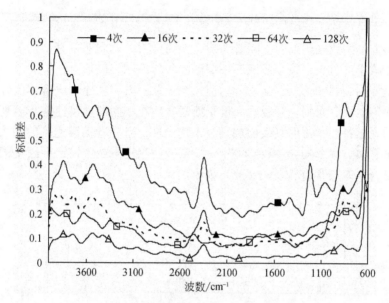

图 5-2　不同扫描次数的标准差示意图

从图 5-2 中可以看到，4～128 次平均标准差逐渐递减，信噪比也逐渐提高（光谱更加平滑）。4～32 次时，标准差降低较明显，但从 32 次扫描到 128 次时，扫描次数的增加对标准差的减小差别越不明显，尤其是 32～64 次。考虑到样品采集时间问题，本试验最终选择 32 次作为样品采集时的扫描次数。

本实验所用傅里叶变换红外仪是通过动镜速率来调节频率的，带有 5 个动镜速率，即 0.16 cm/s、0.32 cm/s、0.48 cm/s、0.63 cm/s、1.89 cm/s，分别对应的调制频率［根据式（5-2）计算］和热扩散距离［根据式（5-3）计算］见表5-2。

从表 5-2 中可以看到，由于使用的红外光谱仪最大调制频率是 7560 Hz，此时的热扩散距离最小，约为 2 μm，不同动镜速率跨度达 4 μm，土壤黏土矿物 –

多糖复合体的表面层及其微结构小于 4 μm 时，其厚度估计就会有较大的误差，但至少可实现定量表征。

表 5-2   不同动镜速率下各波数处的调制频率和热扩散距离

动镜速率 /(cm·s^{-1})	调制频率/Hz		热扩散距离/μm	
	400 cm^{-1}	4000 cm^{-1}	400 cm^{-1}	4000 cm^{-1}
0.16	64	640	22.25	7.04
0.32	128	1280	15.73	4.98
0.64	256	2560	11.13	3.52
1.89	756	7560	6.47	2.05

表 5-2 中的数据还说明，随着动镜速率的增大，调制频率逐渐增大，热扩散距离随之减小。可见，较小的频率下探测的是样品深层的信息，较大的频率下探测的则是样品表层的信息。从不同动镜速率下蒙脱石－黄原糖复合体的红外光声光谱图 5-3 中可以看到，蒙脱石－黄原糖复合体在不同的动镜速率下表现出了明显不同的光谱特征，说明其表面层具有不均一性，且随着动镜速率的增大，出峰数也越来越多，尤其是 1800～2600 cm^{-1} 光谱信息越来越丰富，原因是蒙脱石－黄原糖复合体表层含有较多的黄原糖吸收信息。

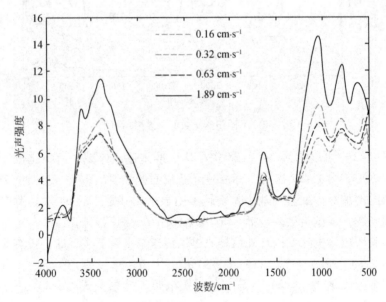

图 5-3   不同动镜速率下蒙脱石－黄原糖复合体的红外光声光谱

在进行常规的光谱特征分析时（区别于层结构），0.16 cm·s^{-1} 和 0.32 cm·s^{-1}

都能采用。但是 0.16 cm·s^{-1}时仪器扫描速度不仅较慢，且很容易出现光声饱和的现象；0.32 cm·s^{-1} 又为大多数文献所使用，故进行光谱特征分析时选用动镜速率 0.32 cm·s^{-1}较好。

　　仪器的分辨率是指最小波长间隔，受仪器的单色带宽限制，带宽越小的，分辨率越高，它是仪器最重要的性能指标之一。通常认为，高的光谱分辨率有可能给出较为丰富的光谱信息。但高的光谱分辨率会导致收集光谱的时间延长，并可能引入更多的光谱噪声。一台仪器的分辨率是否满足要求，与待测样品的光谱特征有很大的关系。赵丽丽等（2004）以小麦粉状样品为例，研究了傅里叶变换近红外光谱仪在不同分辨率、不同激光频率下扫描样品对近红外光谱分析小麦样品蛋白质含量的影响，其结果表明：以 4 cm^{-1}、8 cm^{-1}、16 cm^{-1}的分辨率扫描样品或激光频率改变幅度在 1 cm^{-1}以内时对小麦蛋白质模型的影响不显著。严衍禄等（2005）在研究傅里叶变换近红外漫反射光谱分析仪器参数对建立模型的影响时认为：如果建立模型时的扫描条件和后来用来分析的样品扫描条件不同，则用此模型分析当前样品光谱时将产生较大误差。王一兵等（2006）认为近红外分辨率对定量分析结果的影响还因样品而异：对乙酰氨基苯酚而言，4 cm^{-1}分辨率最佳，8 cm^{-1}分辨率最差；对乙酰水杨胺来说，1 cm^{-1}分辨率最差，4 cm^{-1}和 8 cm^{-1}分辨率都较好。可见，根据样品的性质选择适宜的光谱分辨率，才能获得较满意的分析结果。本节以蒙脱石–黄原糖复合体为样品，分别在 4 cm^{-1}和 8 cm^{-1}分辨率下采集光谱，结果见图 5-4。

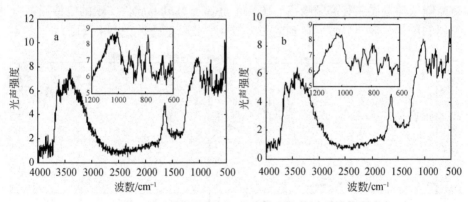

图 5-4　不同分辨率蒙脱石–黄原糖复合体红外光声光谱

a. 4 cm^{-1}；b. 8 cm^{-1}

　　从谱形看，两种分辨率下的样品光谱差别非常小。将 600~1200 cm^{-1}范围的谱图进行放大，更加清晰地看出分辨率为 8 cm^{-1}时，光谱更加平滑；分辨率为 4 cm^{-1} 时显示出更为精细的结构。但分辨率越高，扫描速度越慢，扫描时间延长，并且谱图所占空间增大，如分辨率为 4 cm^{-1}和 8 cm^{-1}时，1 个样品的光谱文件大小分别为 53 kb、27 kb，并且这两种分辨率反映了基本相同的特征信息。从有用信息基本相同及采集时间、数据量大小等方面综合考虑，认为仪器的分辨率取 8 cm^{-1}已经满足要求，没有必要选取更高的分辨率，所以试验中选取 8 cm^{-1}作为常规试验的分辨率。

（二）红外光谱的预处理

红外光谱的预处理包含三个方面的内容：一是剔除异常样品，异常样品即指浓度标准值或光谱数据存在较大误差的样品；二是消除光谱噪声；三是优化光谱范围，净化谱图信息，即对反映样品信息突出的光谱区域进行挑选，筛选出最有效的光谱区域，提高运算效率。由于本节主要是机理方面的研究，第一部分和第三部分没有较多涉及，故只考虑去噪处理。

噪声信号的来源包括检测器本身的噪声、红外光源强度微小变化引起的噪声、杂散光引起的噪声、外界振动干扰引起的噪声、电子线路引起的噪声等，其中检测器噪声是各种噪声中最主要的和不可避免的。为了消除噪声干扰，光谱需要做数学前处理，常用的有平滑、求导等。

获取的光谱信号可分为两部分：低频信息信号和高频信息信号。低频信息信号保留原信号的有效成分多，而高频信息信号则主要属于噪声信号，一般去噪处理都是通过各种滤波器去掉高频信息，使得光谱变得平滑。因此平滑预处理，可以有效降低随机误差和高频噪声。图 5-5 是基于 Matlab 软件实现的巴特沃斯低通滤波器和零相位数字滤波器得到的蒙脱石－黄原糖复合体光谱平滑图。

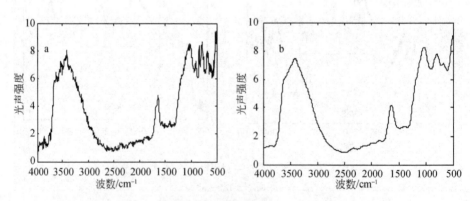

图 5-5　蒙脱石－黄原糖复合体红外光声光谱图

a. 原谱图；b. 平滑后谱图

对比原始图可以发现，平滑预处理后光谱的噪声明显减少，谱线也显得较平滑。对光谱做一阶求导（1st Der）和二阶求导（2nd Der）处理不仅可以进行基线校正，同时锐化谱峰，减小峰叠加。对光谱求导一般有直接差分和塞维兹－戈莱（Savitzky-Golay）卷积求导两种方法。本节采用直接差分法，直接通过 Matlab 软件编程实现。对培养 1 天和 1 周所得到的蒙脱石－黄原糖复合体样品，做导数处理，得图 5-6 和图 5-7。

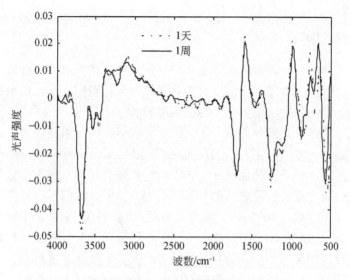

图 5-6　一阶导数光谱图

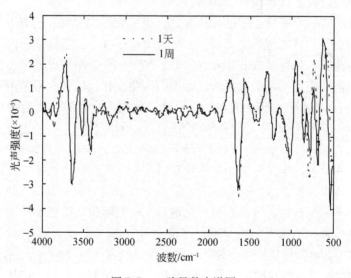

图 5-7　二阶导数光谱图

一阶导数光谱图与原始图比较，峰形变尖，峰数增加；二阶导数光谱图与一阶导数光谱图相比，峰数又明显增多。可见，通过导数处理可有效地消除基线和其他背景的干扰，减少谱峰重叠，从而提高分辨率和灵敏度（耿响，2010）。尽管光谱的微处理具有分峰的能力，但求导的过程中会引入噪声，求导阶数越高，噪声越大，也就是信噪比越低，因此在应用中多用到一阶微分或二阶微分光谱，很少用到三阶或三阶以上的微分光谱。

（三）谱图解析

预处理后的样品光谱，可用于化合物鉴定及分子结构表征；亦可用于定量分析，以获得试样中一种或多种组分的相对含量，但它们都离不开谱图的解析。谱图解析贯穿于定性分析与定量分析的整个过程。

习惯上，把红外光谱分为两个区：特征区和指纹区。实验表明，组成分子的各种基团，如 O—H、N—H、C—H、C $=$ C、C $\equiv$ C、C $=$ O 等，都有各自特定的红外吸收区域，分子的其他部分对其吸收位置影响较小。通常把这种能代表其存在、并有较高强度的吸收谱带称为基团频率，其所在的位置一般又称为特征吸收峰，通常位于 1500 ~ 4000 cm^{-1} 区域（特征区）。而 650 ~ 1500 cm^{-1} 的低频区，由于各种单键的伸缩振动之间以及和 C—H 变形振动之间互相发生耦合，使这个区域里的吸收带变得非常复杂，并且对结构上的微小变化非常敏感，因此当分子结构稍有不同时，该区域的吸收就会有明显差异，就如同人的指纹一样，因此该区域又被称为指纹区（李民赞，2006）。

分析谱图常按"先官能团区后指纹区，先强峰后次强峰和弱峰，先否定后肯定"的原则进行，并指配峰的归属。1500 ~ 4000 cm^{-1} 范围的特征区可以用来判断化合物的种类，如饱和或非饱和化合物；650 ~ 1500 cm^{-1} 范围的指纹区能反映整个分子结构的特点，可用于判断是否为同一化合物。例如，羟基的存在可以由 3200 ~ 3650 cm^{-1} 区域的吸收带判断，但是区别伯醇、仲醇、叔醇要用指纹区的 1000 ~ 1410 cm^{-1} 的吸收带（常建华和董绮功，2005）。

红外光谱解析有三要素：峰位、峰强和峰形。首先看峰位，进行谱峰归属，其次看峰强和峰形，来推断分子结构。有时峰数也可以用于简单的定性判断：如果特征区出峰少，那么这个化合物有可能是小分子质量的有机或无机化合物，或者是一些简单的聚合物。下面在整个光谱范围内就峰位、峰强和峰形三要素进行简单解析（Coates，2000）：在 2700 ~ 3200 cm^{-1} 处，如果在 3000 cm^{-1} 以下有吸收，那么这个化合物可能是脂肪族化合物。反之，在 3000 cm^{-1} 以上有吸收，那么这个化合物可能是不饱和的或者是芳香族化合物。如果在 2935 cm^{-1}、2860 cm^{-1}、1470 cm^{-1}、720 cm^{-1} 处均有吸收，那么这个化合物结构中可能含有较长的线性脂肪族链。在 3250 ~ 3650 cm^{-1} 处，主要是羟基或氨基的吸收。如果在此区域的主要吸收峰比较宽泛，同时在 1300 ~ 1600 cm^{-1}、1000 ~ 1200 cm^{-1} 或 600 ~ 800 cm^{-1} 还有一些额外的中等强度吸收峰存在，那么化合物中含有缔合的羟基；相反，如果在 3550 ~ 3670 有相对尖锐的峰出现，那么化合物中含有自由羟基，无机化合物和黏土矿物结构中常含有此类的羟基。在 1990 ~ 2300 cm^{-1} 处，是一些多价的含氮化合物、$C \equiv C$、含氢化合物等的吸收。此处的吸收常因分子中其他组分的耦合吸收而使峰强呈现弱—中—强的变化。在 1650 ~ 1850 cm^{-1} 处，主要是 $C = O$（羰基化合物）的吸收，但因与其他元素结合而使波数发生红移或蓝移。如果 $C = O$ 吸收峰落在 1700 ~ 1750 cm^{-1}，那么这个化合物只是简单的羰基化合物，如羧酸、酮、醛和酯。反之，高于 1750 cm^{-1} 时，则化合物中含有活性的羰基，如酐、内酯、酸性卤化物等（蓝移现象）；低于 1700 cm^{-1} 时，则可能是羰基与双键、芳香环等发生了缔合，从而降低了羰基的吸收频率（红移现象）。在 900 ~ 1500 cm^{-1} 处主要是一些单键的吸收，如 $\equiv C—C \equiv$、$Si—O$ 等，其中 1375 cm^{-1} 附近的谱带为甲基的对称弯曲振动，对识别甲基非常有用，$C—O$ 键的伸缩振动在 1000 ~ 1300 cm^{-1}，是该区域最强的峰。

在进行谱图分析时，有时还需要排除一些由环境因素带来的"假谱带"（如水、CO_2 等的吸收）。水的吸收常在 3400 cm^{-1}、1640 cm^{-1} 和 650 cm^{-1} 等区域；CO_2 的吸收在 2350 cm^{-1} 和 667 cm^{-1} 等区域。

另外，充分了解已知样品的结构、物理化学属性及样品的来源和测试方法，对解谱也会有很大帮助（孟令芝和何永炳，2003）。

（四）黏土矿物、多糖、NPK 养分离子等中红外光谱吸收频率表

与本书有关的黏土矿物、多糖、尿素、磷酸二氢钾及氯化钾等中红外光谱吸收频率位置见表 5-3。

表 5-3 黏土矿物、多糖、NPK 养分离子等红外光谱谱峰归属

物质	波区/cm^{-1}	吸收峰	参考文献
黏土矿物（clay）	3610	结构羟基 O—H 伸缩振动（OH）	Katti 等（2006）；Farmer（1974）；Einarsrud 等（1997）
	3410	氢键缔合水 H—OH（H$_2$O）	
	1635	水的羟基 O—H 弯曲振动（OH）	
	1110	Si—O 面内伸缩振动	
	1093	Si—O 面外伸缩振动	
	1045，1026，991	Si—O 面内伸缩振动	
	956	Si—OH 振动	

物质	波区/cm^{-1}	吸收峰	参考文献
黏土矿物（clay）	918	Al—OH 羟基伸缩振动	
	883	AlFe—OH 羟基振动	
	844	AlMg—OH 羟基振动	
	628	Si—O—Si 变形振动	
	522	Si—O—Al 变形振动	
	470	Si—O—Mg 变形振动	
多糖（polysaccharide）	3417	分子内羟基振动（OH）	Lii 等（2002）；Su 等（2003）
	2912	脂肪族亚甲基碳氢键振动（C—H）	
	1733	羧酸振动（COOH）	
	1642	羰基振动（C＝O），羟基变形振动（OH）	
	1538	羧基振动（COO—）	
	1396	羧基振动（COO—），碳氢键振动（C—H）	
	1256	碳氢键振动（C—H）	
	1152	葡萄糖单位羰基振动（C＝O）	
	1061	碳氧键（C—O）、碳碳键（C—C）等振动	
	1028	碳氧键（C—O）、碳碳键（C—C）等振动	
尿素 [CO（NH$_2$）$_2$]	3440	N—H 反对称伸缩振动	
	3346	N—H 对称伸缩振动	
	1605	无环单烷基脲（NH—CO—NH）	
	1650	C＝O 伸缩振动	
	1154	C—N 振动	
磷酸二氢铵（NH$_4$H$_2$PO$_4$）	3300～3550，3250～3450	游离 N—H 振动	朱淮武（2005）
	3300～3400，3250～3300	缔合 N—H 振动	
	1050～1100	PO$_4$ 反对称伸缩振动，强	
	940～970	PO$_4$ 对称伸缩振动，强	
	630～540	PO$_4$ 反对称变角振动，弱	
	470～410	PO$_4$ 对称变角振动，弱	
氯化钾（KCl）	800～600	Cl 振动	

四、　小结

本章优化和确定了中红外区光谱采集参数：扫描次数 32 次，分辨率 8 cm^{-1}，动镜速率 0.32 cm/s。分析了傅里叶变换中红外光声光谱仪由于无法实现调制频率连续可调带来的仪器误差问题。讨论了谱图的前处理方法，并在此基础上简要阐明谱图解析方法，制出了本书所涉及物质的中红外吸收频率表。

第三节　土壤矿物－黄原糖复合体的 FTIR-PAS
特征和表面层特征

一、　概述

土壤有机质在提高土壤团聚体稳定性、保持土壤肥力等方面的重要性已是共识（Martin et al.，1955；Schulten and Leinweber，2000）。土壤微生物多糖作为土壤有机质的一部分，在发挥增强土壤持水力、提高土壤团聚体强度从而稳定土壤团聚体方面的作用也早已受到关注（Parfitt and Greenland，1970；Clapp and Emerson，1972；Chenu，1989；Huang，2004）。黄原糖作为土壤细菌多糖的代表，在较广的 pH 范围内具有优异的流变性和稳定性（Chenu，1993）。因此，本章使用黏土矿物和黄原糖制备模型复合体，利用傅里叶变换红外光声光谱法原位表征其光谱特征和表面层特征。

二、　材料与方法

（一）试验材料

采用第二节所制备的复合体材料。

（二）样品表征

X 衍射图谱由日本理学 D/max—Ⅲ C 型 X 射线衍射仪获得，样品测定使用 Cu 靶 X 光管，管压 40 kV，管流 20 mA。使用 N/CN 元素分析仪（Vario Max CN，Elementar）测定黏土矿物－多糖复合体中 C、N 含量。采用傅里叶变换红外光谱仪（Nicolet 380），利用光声附件（METC，Model 300）测定样品的光声光谱。光谱扫描范围 400 ~ 4000 cm^{-1}，分辨率 8 cm^{-1}，扫描次数 32 次。分别在 4 种动镜速率（0.16 cm·s^{-1}、0.32 cm·s^{-1}、0.63 cm·s^{-1}、1.89 cm·s^{-1}）下测定样品，从而得到样品不同层次的光谱信息。光谱数据采用 Matlab 进行处理。

三、 结果与分析

（一）X 射线衍射结果与分析

蒙脱石是 2∶1 型黏土矿物的代表，由两个硅氧四面体片中间夹一个铝氧八面体片组成；高岭石是 1∶1 型黏土矿物的代表，由一个硅氧四面体片和一个铝氧八面体片组成（图 5-8）。水分子、离子及一些小分子质量的化合物可进入蒙脱石层间，而大分子却很难进入。

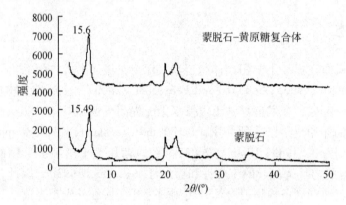

图 5-8　蒙脱石－黄原糖复合体和蒙脱石的 X 射线衍射图

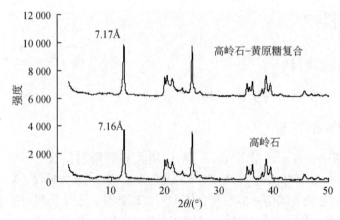

图 5-9　高岭石－黄原糖复合体和高岭石的 X 射线衍射图

从图 5-8 和图 5-9 中复合体和纯矿物的层间距可知，黄原糖并未进入黏土矿物的层间，因此黄原糖与黏土矿物之间的反应主要发生在矿物表面。本节使用的黄原糖属于大分子质量的具有双螺旋结构的聚合物（图 5-10），理论上很难进入矿物层间。

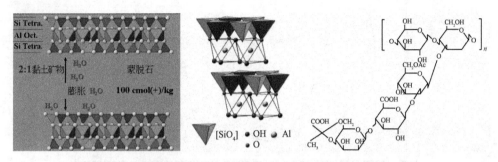

图 5-10　蒙脱石（左）、高岭石（中）和黄原糖（右）的结构图

（二）黏土矿物－黄原糖复合体的光声光谱特征

图 5-11 显示了黏土矿物、黄原糖及其复合体的红外光声光谱（动镜速率 $0.32\ cm \cdot s^{-1}$）。在蒙脱石－黄原糖复合体谱图中，黄原糖与蒙脱石具有明显不同的吸收特征，两者的红外光声光谱有明显差异；两者相互作用形成的复合体与蒙脱石的红外光声光谱轮廓基本相同，但峰强存在明显的差异，如在 $3400\ cm^{-1}$ 处蒙脱石－黄原糖复合体的吸收强度明显增强，表明矿物表面吸附着一层黄原糖。

高岭石－黄原糖复合体与纯矿物间的光谱差异，也说明矿物表面吸附着一层黄原糖。但与蒙脱石－黄原糖复合体相比，变化不如前者明显，尤其是在指纹吸收区 $600 \sim 1200\ cm^{-1}$ 处。

黄原糖和黏土矿物的吸收主要来自氢氧键、碳氢键、碳氧键、硅氧键、碳碳键等（表 5-3）。$3610\ cm^{-1}$ 为蒙脱石中 Si—O—H 伸缩振动吸收，$3400\ cm^{-1}$ 归属于蒙脱石水羟基或黄原糖羟基的特征吸收。图 5-11 显示，在蒙脱石与黄原糖作用后，形成的复合体在此处的吸收峰强度与蒙脱石的相比略有增强，但变化不大；$1635\ cm^{-1}$ 处的吸收峰是黄原糖羰基（C＝O）振动及羟基变形振动的吸收峰和蒙脱石表面水羟基（OH）的吸收峰，蒙脱石与多糖作用后，此处的羟基峰强度也略微增强；在整个波段中，变化最为明显的是指纹吸收区 $600 \sim 1200\ cm^{-1}$ 处，如 $1045\ cm^{-1}$ 处 Si—O 键的吸收及 $750\ cm^{-1}$ 处 Al—O 键的吸收等。

$3610\ cm^{-1}$ 处也是高岭石 Si—O—H 伸缩振动吸收峰，高岭石与黄原糖作用后，在此处的峰强略微降低，可能由于氢键缔合反应的发生，导致了该处峰强

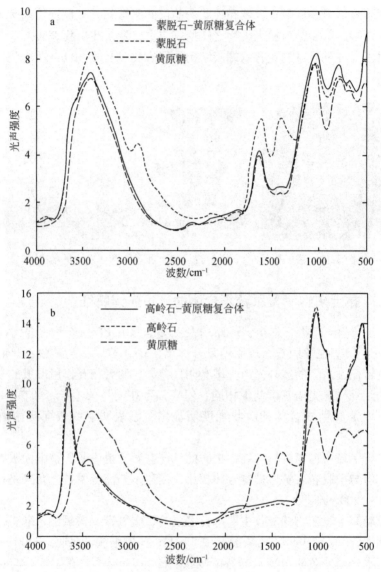

图 5-11　黏土矿物、黄原糖及其复合体的红外光声光谱
a. 蒙脱石、黄原糖及其复合体；b. 高岭石、黄原糖及其复合体

的降低。此外，在 1045 cm^{-1} 处归属黄原糖 C—O 及 C—C 振动和高岭石 Si—O 面内伸缩振动的吸收峰峰强与纯矿物相比也略微降低，可能黄原糖中 C—O 键与高岭石中 Si—O 键发生反应，形成 Si—C 键，从而降低了二者在此处的吸收强度。

（三）黏土矿物 - 黄原糖复合体的表面层特征

图 5-12 是不同动镜速率（0.16 cm·s^{-1}、0.32 cm·s^{-1}、0.63 cm·s^{-1}、1.89 cm·

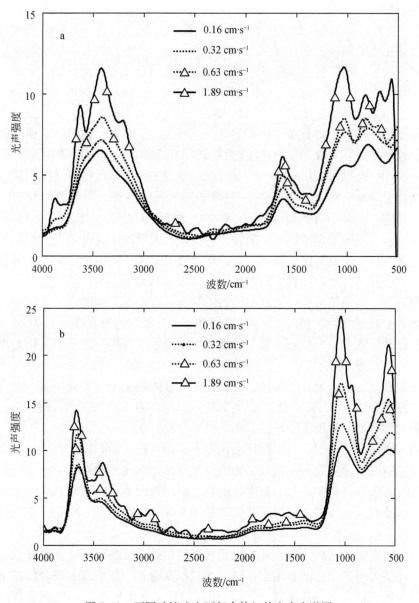

图 5-12　不同动镜速率下复合体红外光声光谱图

a. 蒙脱石 - 黄原糖复合体；b. 高岭石 - 黄原糖复合体

s^{-1}）下蒙脱石－黄原糖复合体和高岭石－黄原糖复合体的红外光声光谱图。两者在不同的动镜速率下表现出了明显不同的光声光谱特征，且随着动镜速率的增大，即调制频率的增大，峰强逐渐增强。可见，黏土矿物－黄原糖复合体的表面层具有不均一性。

在 3410 cm^{-1} 处归属黏土矿物表面以氢键缔合的水分吸收峰，蒙脱石－黄原糖复合体在此处的峰强变化规律为：0.32 $cm \cdot s^{-1}$ 动镜速率下的与 0.16 $cm \cdot s^{-1}$ 下的基本持平，随后随着动镜速率的增大，峰强逐渐增强。理论上，对于均一性物质，峰强随着动镜速率的增大而逐渐降低，但 0.32 $cm \cdot s^{-1}$ 时的与 0.16 $cm \cdot s^{-1}$ 时的基本不变，说明在动镜速率为 0.32 $cm \cdot s^{-1}$ 时已经探测到了较大比例的黄原糖吸收信息。随后，随着动镜速率的增大，峰强逐渐增强，说明探测到的黄原糖吸收信息越来越多。蒙脱石－黄原糖复合体在 3610 cm^{-1} 归属结构羟基振动及 1045 cm^{-1} 处归属蒙脱石 Si—O 与黄原糖 C—O 及 C—C 振动在不同探测深度下的光谱变化也说明了此点。1640 cm^{-1} 是水羟基 O—H 振动，此处的峰强不同指示着矿物持水力的大小（杜昌文等，2009）。蒙脱石－黄原糖复合体在 1640 cm^{-1} 处表现为随着动镜速率的增大，峰强逐渐增强，说明越靠近表面，黄原糖的吸收信息越多，持水力就越大。可见，黄原糖增强了蒙脱石的持水力，在蒙脱石－黄原糖复合体持水性上发挥着重要的作用（Chenu，1993）。

高岭石－黄原糖复合体表现出了与蒙脱石－黄原糖类似的光谱变化规律，但在少数几个峰变化上表现出了不同。在 3400 cm^{-1} 处水的吸收峰及 1640 cm^{-1} 处水羟基的振动吸收上，高岭石－黄原糖复合体无论是在峰强、峰形的变化上均不如蒙脱石－黄原糖复合体大。可见，高岭石－黄原糖复合体的持水力要小于蒙脱石－黄原糖复合体。另外，蒙脱石－黄原糖复合体在动镜速率为 0.32 $cm \cdot s^{-1}$ 时的光谱图与 0.16 $cm \cdot s^{-1}$ 的相比，在 700 cm^{-1} 左右有一新峰出现，但高岭石－黄原糖复合体在此处表现不明显。

以上光谱变化说明，在不同探测深度下，高岭石－黄原糖复合体虽然表现出了与蒙脱石－黄原糖复合体相似的光谱变化规律，但在光谱变化上小于后者，意味着蒙脱石表面有更多的黄原糖吸收信息。这与化学测定值的结果是一致的：蒙脱石－黄原糖复合体表面层中碳含量增加到 9.8%，高岭石－黄原糖复合体表面层中为 6.1%，前者较后者高出了 60%。

红外光声光谱的典型特点是可以实现逐层扫描，扫描深度依赖于波数和动镜速率。动镜速率越小，波数越小，则扫描的深度越大。基于以上复合体在不同动镜速率下的光谱变化，利用式（5-1）初步估算了黏土矿物－黄原糖复合体的表面层厚度（表5-4）。从表5-4 中可以看到，蒙脱石－黄原糖复合体的表面层厚度与高岭石－黄原糖复合体相比差别不大，远不及在光谱变化及化学测定值上的差异。于是需要讨论调制频率不连续可调所带来的仪器误差问题。从图 5-13 可以看到在整个波数范围内，其中 1045 cm^{-1} 左右的光谱变化表现最为明显，在动镜速率为 1.89 cm · s^{-1} 时的谱峰强度增加最大。因此，以 1045 cm^{-1} 处不同动镜速率下探测深度间差异为例，进行讨论。仪器误差为前一个动镜速率时的厚度减去后一个的值，见表 5-5。

表 5-4　黏土矿物 – 黄原糖复合体的表面层厚度

样品	表面层厚度/μm
蒙脱石 – 黄原糖复合体	9.8
高岭石 – 黄原糖复合体	9.7

注：表中数据根据蒙脱石 – 黄原糖复合体在波数 1030 cm^{-1} 左右，高岭石 – 黄原糖复合体在波数 1052 cm^{-1} 左右，动镜速率均为 0.32 cm · s^{-1} 时计算得到。

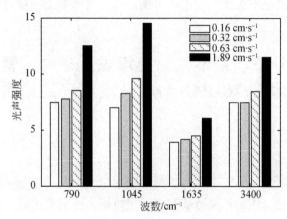

图 5-13　蒙脱石 – 黄原糖复合体在不同动镜速率下光声强度变化

表 5-5　1045 cm^{-1} 处热扩散距离在相邻动镜速率间的仪器误差

动镜速率/ (cm · s^{-1})	热扩散距离 (1045 cm^{-1} 处) /μm	仪器误差/μm
0.16	13.7	3.9
0.32	9.8	2.9
0.63	6.9	2.9
1.89	4.0	

从表 5-5 中可以看到，由仪器调制频率非连续可调所导致的误差为：0.16 cm · s^{-1} 动镜速率与 0.32 cm · s^{-1} 动镜速率间的为 3.9 μm，0.32 cm · s^{-1} 与 0.63 cm · s^{-1} 之间的为 2.9 μm，0.63 cm · s^{-1} 与 1.89 cm · s^{-1} 之间的为 2.9 μm。这意味着 0.16 cm · s^{-1} 与 0.32 cm · s^{-1} 之间的 3.9 μm 的光谱差异无法定量分析出来，其他依此类推。从光谱变化上看，在这 3.9 μm 上蒙脱石 – 黄原糖复合体占有较大

的比例，高岭石－黄原糖复合体占有较小的比例，但是比例具体为多少，现有的仪器精度无法衡量出来，这也就导致了在光谱变化上，蒙脱石－黄原糖复合体表面有更多的黄原糖吸附信息，但在表面层厚度上却体现不明显。

四、 小结

黏土矿物与黄原糖的相互作用主要发生在矿物的表面，形成矿物表面层；光谱分析结果表明黏土矿物－黄原糖复合体表面层具有不均一性；蒙脱石－黄原糖复合体较蒙脱石及高岭石－黄原糖复合体有更强的持水能力；基于吸收特征峰，红外光谱逐层扫描结果估算表明，蒙脱石－黄原糖复合体和高岭石－黄原糖复合体在表面层厚度上差异不如光谱变化和化学测定值变化明显，原因是傅里叶变换光声光谱仪的调制频率无法实现连续可调，其分析精度无法精确地区分表面层厚度的差异。

第四节　分子质量不同对土壤黏土矿物－葡聚糖复合体 FTIR-PAS 特征及表面层的影响

一、 概述

多糖分子质量影响黏土矿物对多糖的吸附量，因此多糖分子质量也影响土壤黏土矿物－多糖复合体的光谱特征和表面层特征。本节利用黏土矿物和葡聚糖制备复合体，用傅里叶变换光声光谱法来表征其光谱特征和表面层特征，研究葡聚糖分子质量的大小对表面层特征的影响。

二、 材料与方法

（一）试验材料

矿物为高岭石 KGa-1b 和蒙脱石 STx-1b（Source clay，American Clay Society），详细信息见相关文献（Costanzo，2001）。微生物多糖为葡聚糖（Sigma），有两种相对分子质量：6000 和 200 000，其结构和性质可参照 Olness 和 Clapp（1975）。

（二）样品制备

将多糖水溶液（2 g · kg^{-1}）和黏土矿物悬浮液（100 g · kg^{-1}）充分混合成

2% 混合液后，立即置于 25℃ 培养箱中培养 1 天，未被吸附的多糖通过离心法（10 000 g，25℃，25 min）除去，沉淀物即黏土矿物 – 多糖复合体风干后，放于 4℃ 冰箱中保存待用。同样方法制备好黏土矿物悬液后，多糖溶液以同样体积的水代替，按照制备复合体的方法制备，作为对照。

（三）样品表征

使用 N/CN 元素分析仪（Vario Max CN，Elementar）测定黏土矿物 – 多糖复合体表层的 C、N 含量。

X 射线衍射图谱由日本理学 D/max—Ⅲ C 型 X 射线衍射仪获得，样品测定使用 Cu 靶 X 光管，管压 40 kV，管流 20 mA。

采用傅里叶变换红外光谱仪（Nicolet 380），利用光声附件（METC，Model 300）测定样品的光声光谱。光谱扫描范围 400 ~ 4000 cm^{-1}，分辨率 8 cm^{-1}，扫描次数 32 次。分别在 4 种动镜速率（0.16 cm·s^{-1}、0.32 cm·s^{-1}、0.63 cm·s^{-1}、1.89 cm·s^{-1}）下测定样品，从而得到样品不同层次的光谱信息。光谱数据采用 Matlab 7.0 进行处理。

三、 结果与分析

（一）X 射线衍射结果与分析

图 5-14 XRD 图比较了黏土矿物 – 葡聚糖复合体和黏土矿物的层间距。

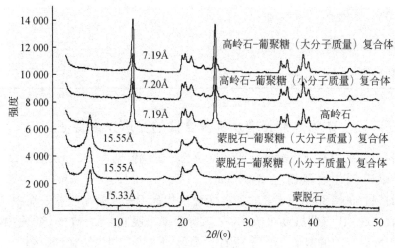

图 5-14　黏土矿物、葡聚糖及其复合体的 X 射线衍射图

从图5-14中可见，不同分子质量的蒙脱石－葡聚糖复合体及不同分子质量的高岭石－葡聚糖复合体的层间距与纯矿物相比，没有发生较明显的改变，说明葡聚糖主要吸附在黏土矿物表面与之发生作用而很难进入其层间。但是，也有葡聚糖进入蒙脱石层间的报道（Parfitt and Greenland，1970；Clapp and Olness，1968），原因在于使用的矿物类型不同。在本实验中使用的是Ca-蒙脱石，它的层间距不容易被水及大分子进入，只有一些较小的离子可入内。而报道中使用的蒙脱石是Na-蒙脱石，它的层间距比较容易进入，小分子质量的葡聚糖也有可能会进去，这样在黏土矿物表面和层间都有葡聚糖的吸附，因此通常Na-蒙脱石吸附的葡聚糖含量将近是Ca-蒙脱石的2倍。

（二） N/CN元素分析仪结果

从表5-6可以看到，复合体的碳含量大幅度上升。无论是蒙脱石表面还是高岭石表面，大分子质量的葡聚糖所形成复合体的碳增加量明显高于小分子质量的。这与前人的研究结果是一致的（Parfitt and Greenland，1970）。造成这一现象的原因可能跟葡聚糖的结构和黏滞性有关（Clapp and Emerson，1972）。另外，高岭石表面的碳增加量要高于蒙脱石的，原因可能与吸附强度、振荡及离心过程中带来的试验误差等有关。

表5-6　黏土矿物－葡聚糖复合体表面层中碳增加量

黏土矿物－葡聚糖复合体	碳增加幅度/%
高岭石－葡聚糖（小分子质量）复合体	217
高岭石－葡聚糖（大分子质量）复合体	260
蒙脱石－葡聚糖（小分子质量）复合体	133
蒙脱石－葡聚糖（大分子质量）复合体	240

（三） 黏土矿物、葡聚糖及其复合体的光声光谱特征

蒙脱石、高岭石及葡聚糖特征吸收峰的归属位置见表5-3。从图5-15和图5-16中可以看到，葡聚糖在3400 cm^{-1}、2910 cm^{-1}、1640 cm^{-1}、1492 cm^{-1}、1040 cm^{-1}和600～800 cm^{-1}处的吸收峰分别代表O—H振动吸收、亚甲基C—H振动吸收、O—H弯曲振动吸收、C—H弯曲振动吸收、C—O—C弯曲振动吸收和C—H弯曲振动的吸收等。蒙脱石和高岭石有3个主要的吸收区域：3000～3800 cm^{-1}，1300～1800 cm^{-1}和600～1200 cm^{-1}。蒙脱石在3400 cm^{-1}左右有一

个强吸收，是羟基的振动吸收，对应于高岭石是在 3600 cm^{-1} 左右，是 Si—O—H 的强吸收；蒙脱石在 1640 cm^{-1} 处水分吸收峰明显高于高岭石。在指纹区，高岭石在 1040 cm^{-1} 处有 Si—O 强吸收，而蒙脱石不仅在 1040 cm^{-1} 处有 Si—O 强吸收，在 750 cm^{-1} 处还有 Al—O 的吸收。

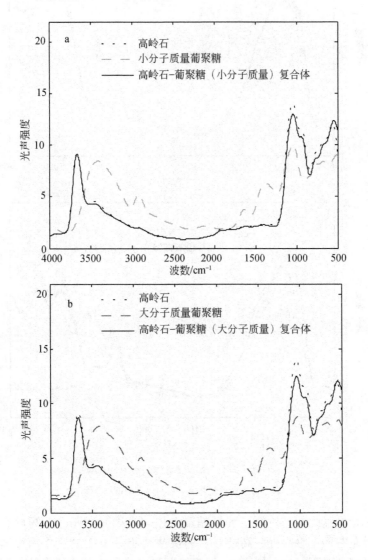

图 5-15　高岭石－葡聚糖复合体红外光声光谱图

a. 高岭石、小分子葡聚糖及其复合体；b. 高岭石、大分子葡聚糖及其复合体

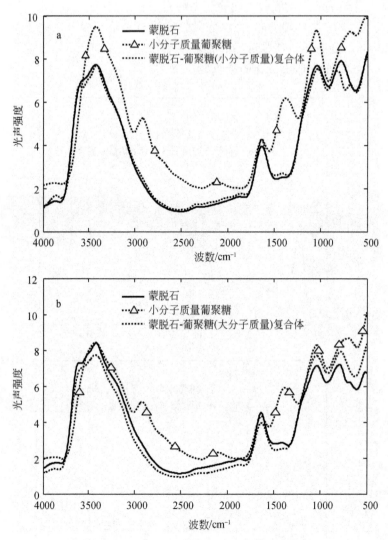

图 5-16　蒙脱石 – 葡聚糖复合体红外光声光谱图

a. 小分子质量复合体；b. 大分子质量复合体

图 5-15 显示的是高岭石 – 葡聚糖复合体的光声光谱图。与高岭石相比，在 3600 cm⁻¹ 左右羟基吸收处，高岭石与葡聚糖（小分子质量）作用后形成的复合体在此处的吸收峰强度保持不变，而高岭石与大分子质量的葡聚糖作用后形成的复合体在此处明显降低。鉴于两种复合体在指纹区处没有峰形的改变，高岭石 – 葡聚糖（大分子质量）复合体在 3600 cm⁻¹ 左右峰强的降低很可能是由于高岭石表面 Si—O—H 与水（H—OH）相互作用（即氢键作用）导致的结果。

蒙脱石与葡聚糖作用后形成的复合体在 3400 cm^{-1} 左右因分子质量不同表现出不同程度的提高。从图 5-16 中可以看到，蒙脱石 – 葡聚糖（小分子质量）复合体的增加幅度高于蒙脱石 – 葡聚糖（大分子质量）复合体，意味着前者较后者结构中含有更多的羟基。1640 cm^{-1} 处是水分羟基的吸收峰，此处峰强的高低指示着矿物持水力的大小（杜昌文等，2009）。蒙脱石与小分子质量的葡聚糖作用后形成的复合体在此处的峰强增大，意味着此复合体较蒙脱石有更强的持水力；而蒙脱石 – 葡聚糖（大分子质量）复合体在此处与蒙脱石相比峰强没有变化。在指纹吸收区 600 ~ 1200 cm^{-1}，蒙脱石 – 葡聚糖（小分子质量）复合体在 1049 cm^{-1} 处峰强与蒙脱石的相比略有降低，而在蒙脱石 – 葡聚糖（大分子质量）复合体中则无此变化；但是蒙脱石 – 葡聚糖（大分子质量）复合体在 680 cm^{-1} 左右有一新峰的出现（此峰在动镜速率为 0.63 cm·s^{-1} 时表现得更加明显），而此新峰正好与葡聚糖在此处的吸收峰相对应，因此此新峰是葡聚糖 C—H 弯曲振动的双吸收。蒙脱石 – 葡聚糖（小分子质量）在 680 cm^{-1} 左右没有新峰的出现。结合以上变化可知，蒙脱石 – 葡聚糖（大分子质量）复合体较蒙脱石 – 葡聚糖（小分子质量）复合体表面有更多的葡聚糖吸收信息，但是增加的部分不足以抵消葡聚糖本身带来的羟基大小。

（四）黏土矿物 – 葡聚糖复合体的表面层特征

对于均一性样品，光声强度随着调制频率的增大而减小，也就是随着动镜速率的增大而减小，并且 400 cm^{-1} 左右的探测深度大约是 4000 cm^{-1} 时的三倍。图 5-17 和图 5-18 描述了黏土矿物 – 葡聚糖复合体在不同动镜速率下时的光声光谱图。图 5-17 显示，光声强度随着动镜速率的增大而增大，说明黏土矿物 – 葡聚糖复合体是非均一性物质。在高岭石 – 葡聚糖复合体不同层结构的光谱图中（图 5-17），3600 cm^{-1} 左右峰强的变化规律为 0.16 cm·s^{-1} 大于 0.32 cm·s^{-1}，随后随着动镜速率的增大而逐渐增大，意味着越靠近表面，葡聚糖信息在整个光谱信息中所占的比例也越来越大，但高岭石与不同分子质量的葡聚糖作用后形成的复合体在动镜速率为 0.63 cm·s^{-1} 与 0.16 cm·s^{-1} 间的光谱差异上有所不同，高岭石 – 葡聚糖（大分子质量）复合体比高岭石 – 葡聚糖（小分子质量）复合体高出了 6.7%，说明前者较后者有更多的葡聚糖吸收信息。这还可以由两者在指纹区 1049 cm^{-1} 处的峰强变化规律得到验证。1049 cm^{-1} 是高岭石表面 Si—O 伸缩振动吸收峰和葡聚糖结构中 C—O—C 伸缩振动吸收的叠加。与高岭石相比，当动镜速率从 0.16 cm·s^{-1} 提高到 0.32 cm·s^{-1} 时，高岭石 – 葡聚糖（小分子质量）复合体在此处的峰强变化很小，远小于高岭石 – 葡聚糖（大分子质量）复合体在此处的变化规律，且在 600 ~ 900 cm^{-1} 处的峰形差异上也不如后者，意味着后

者有更多的葡聚糖吸收信息存在，这与化学测定值相一致。在 3400 cm⁻¹ 处属于
水羟基吸收振动吸收，高岭石 – 葡聚糖（小分子质量）复合体在此处的峰强明
显高于高岭石 – 葡聚糖（大分子质量）复合体，尤其在动镜速率为 1.89 cm·s⁻¹
时，意味着前者较后者有更强的持水力。这也可以由 2910 cm⁻¹ 处属于脂肪族
C—H 振动吸收峰峰强变化（峰强越大，说明疏水性越强，持水力越弱）得以间
接验证。前者在 2910 cm⁻¹ 处的吸收峰峰强明显小于后者，说明前者的疏水性小
于后者，侧面反映前者的持水力大于后者。

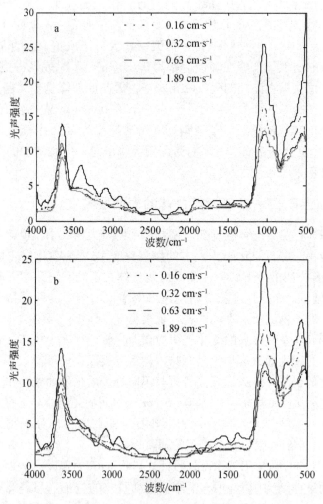

图 5-17　不同动镜速率下高岭石 – 葡聚糖红外光声光谱
a. 小分子质量复合体；b. 大分子质量复合体

图 5-18 是蒙脱石 – 葡聚糖复合体在不同动镜速率下的光声光谱图。在 3400 cm⁻¹ 处的变化规律为：0.16 cm·s⁻¹ 时的光谱强度大于 0.32 cm·s⁻¹ 的，且蒙脱石 – 葡聚糖（小分子质量）复合体变化小于蒙脱石 – 葡聚糖（大分子质量）；随后随着动镜速率的增大，光谱强度也逐渐增大。说明 0.32 cm·s⁻¹ 探测深度到样品内部探测到的是蒙脱石区域，从动镜速率 0.63 cm·s⁻¹ 开始，因表面葡聚糖吸收信息所占比例的增大，光谱强度逐渐增大。在动镜速率为 0.63 cm·s⁻¹ 时，蒙脱石 – 葡聚糖（大分子质量）复合体在 680 cm⁻¹ 左右有一新峰的出现，

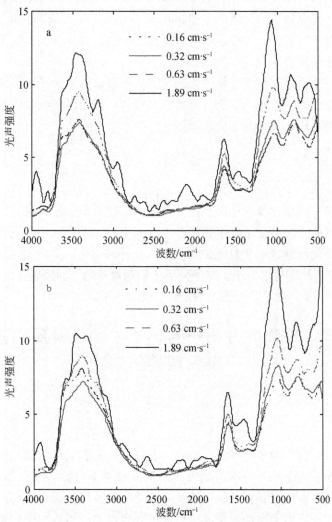

图 5-18　不同动镜速率下蒙脱石 – 葡聚糖红外光声光谱

a. 小分子质量复合体；b. 大分子质量复合体

而此新峰在蒙脱石－葡聚糖（小分子质量）复合体中表现不明显，由前面的光谱特征分析可知，此新峰是葡聚糖C—H振动的双吸收，说明前者较后者有更多的葡聚糖吸收信息存在，这与化学测定值相一致。1640 cm^{-1}处峰强的高低指示着持水力的大小，蒙脱石－葡聚糖复合体在0.32 cm·s^{-1}和0.16 cm·s^{-1}的变化规律基本不变，随后随着动镜速率的增大，峰强逐渐升高，说明越靠近表面，持水力就越大；到1.89时蒙脱石－葡聚糖（大分子质量）复合体在此处的峰强较蒙脱石－葡聚糖（小分子质量）复合体高出了5%，可见前者不仅有较多的葡聚糖吸收信息，还有较强的持水力。但在0.63 cm·s^{-1}与0.32 cm·s^{-1}的光谱差异上，前者明显不如后者，说明后者有较厚的表面层，这从侧面反映了表面层厚度与葡聚糖吸收信息多少没有必然联系。

从黏土矿物－葡聚糖复合体的表面层特征可以总结到，黏土矿物－葡聚糖复合体是不均一性物质；黏土矿物－葡聚糖复合体中的葡聚糖吸收信息多少和持水力大小因多糖、矿物类型的不同而不同。

四、 小结

黏土矿物－葡聚糖复合体因形成复合体的矿物类型及葡聚糖分子质量不同而表现出了不同的光谱特征：在多糖类型上，与小分子质量的葡聚糖相比，更多的大分子质量的葡聚糖吸附在黏土矿物表面；在持水力上，高岭石与大分子质量葡聚糖形成的复合体的持水力小于与小分子质量葡聚糖的，而蒙脱石恰好与之相反。水可能参与了黏土矿物表面与葡聚糖之间的吸附作用。

第五节　NPK养分离子对黏土矿物－黄原糖复合体表面层的影响

一、 概述

土壤黏土矿物与微生物多糖作用时，在黏土矿物表面可形成一生物膜。该生物膜具有较强的水分和养分吸附能力，但养分与该生物膜的相互作用尚不清楚。揭示其相互作用可为土壤养分的吸持及有效性的差异提供微观解释。本节通过傅里叶变换中红外光声光谱法对样品进行原位测定，并应用其逐层扫描功能探测不同层结构的光谱信息，以探讨NPK养分离子与黏土矿物－黄原糖复合体生物膜的相互作用。

二、 材料与方法

（一）试验材料

矿物：高岭石和蒙脱石，来自美国黏土矿物学会，其国际统一编号为STx-1b和KGa-1b，详细信息见相关文献（Costanzo，2001）。

多糖：黄原糖，购于 Sigma 公司（Catalog No. G1253），是细菌黄单胞杆菌（*Xanthomonas campestris*）分泌的天然存在的大分子质量的阴性多糖，较易溶于水，在常温下，黄原糖溶于水时形成稳定、规则的双螺旋结构（Sutherland，1994），干燥时则呈纤维网状。

N、P、K 分别采用尿素、磷酸二氢铵和氯化钾。

（二）样品制备

称取矿物 2 g，加水 15 mL，振动 30 min，此为矿物溶液；称取黄原糖 0.04 g，加水 15 mL，搅拌至溶解，此为黄原糖溶液；NPK 混合液的配制：根据土壤保持健康时所需最大 N、P、K 量，设置 N∶P∶K 比例为 100∶30∶200。配制方法为：称取尿素 0.129 g，磷酸二氢铵 0.078 g，氯化钾 0.268 g，分别溶于水后，混合成 100 mL 的溶液即可。

将黄原糖溶液和 NPK 混合液按不同先后顺序分别加入矿物溶液后，立即置于 25℃培养箱中培养 1 天，然后在 10 000 g 下离心三次，所得的沉淀物自然风干后，放于冰箱中保存待用。为了便于区分，将先加入黄原糖溶液，再加入 NPK溶液所形成的复合体表示为黏土矿物–黄原糖–NPK 复合体；反之，则表示为黏土矿物–NPK–黄原糖复合体。

（三）样品表征

采用傅里叶变换红外光谱仪（Nicolet 380），利用光声附件（METC，Model300）测定样品的光声光谱。光谱扫描范围 4000 ~ 400 cm^{-1}，分辨率 8 cm^{-1}，扫描次数 32 次。分别在 4 种动镜速率（0.16 $cm \cdot s^{-1}$、0.32 $cm \cdot s^{-1}$、0.63 $cm \cdot s^{-1}$、1.89 $cm \cdot s^{-1}$）下测定样品，从而得到样品表面下不同层次的光谱信息。光谱数据采用 Matlab 进行处理。

使用 N/CN 元素分析仪（Vario Max CN，Elementar）得到黏土矿物–多糖复合体表层的 C、N 含量。根据《土壤农业化学分析方法》（鲁如坤，2000）方法与步骤测定复合体表面的速效磷和速效钾含量。

三、 结果与分析

（一） NPK 离子条件下的黏土矿物－黄原糖复合体红外光谱吸收特征

黄原糖溶液和 NPK 混合液按不同先后顺序分别加入蒙脱石悬浮液后形成 NPK 养分离子条件下的蒙脱石－黄原糖复合体，光谱图见图 5-19。

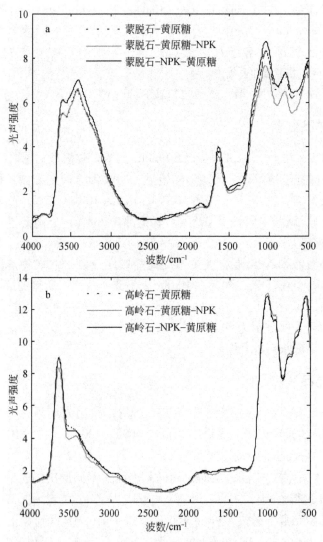

图 5-19　黏土矿物、黄原糖、NPK 复合体的红外光声光谱图
a. 蒙脱石；b. 高岭石

为便于区分，蒙脱石－黄原糖－NPK 表示的是先加黄原糖溶液，后加 NPK 混合液形成的蒙脱石－黄原糖复合体；蒙脱石－NPK－黄原糖表示的是先加 NPK 混合液，后加黄原糖溶液形成的蒙脱石－黄原糖复合体。高岭石－黄原糖复合体部分类推。

在图 5-19 中，从整体上看，蒙脱石－NPK－黄原糖复合体峰强明显大于蒙脱石－黄原糖－NPK 复合体的。例如，在 3610 cm^{-1} 及 3400 cm^{-1} 处分别归属蒙脱石结构羟基和氢键缔合的水吸收峰，蒙脱石－NPK－黄原糖复合体在此处的峰强大于蒙脱石－黄原糖－NPK 复合体的，意味着前者较后者含有更多的羟基数。1640 cm^{-1} 是水羟基振动，蒙脱石－NPK－黄原糖复合体在此处的峰强也明显大于蒙脱石－黄原糖－NPK 复合体的，说明前者较后者有更强的持水力。在指纹区 600~1200 cm^{-1}，蒙脱石－NPK－黄原糖复合体峰强仍然大于蒙脱石－黄原糖－NPK 复合体的，意味着前者有较厚的生物膜。

将 NPK 离子条件下的蒙脱石－黄原糖复合体与不加 NPK 离子时的复合体相比发现，先加 NPK 混合液后加黄原糖溶液时（蒙脱石－NPK－黄原糖复合体），NPK 离子的存在增强了复合体在整个波区的吸收峰强度，但指纹区的峰形、峰数没有发生改变，可见 NPK 离子的存在可能只使黄原糖分子中更多的羟基及碳氧键等暴露出来，而黄原糖含量不一定有所改变；而先加黄原糖溶液后加 NPK 混合液时（蒙脱石－黄原糖－NPK 复合体），NPK 离子的存在不改变复合体在 3610 cm^{-1} 及 3400 cm^{-1} 处的羟基吸收强度，却使其在其他处的吸收峰强度均有所降低，且指纹区的峰形、峰数没有发生改变，可能由于 NPK 在黄原糖最表层的覆盖降低了黄原糖的吸收强度及其带来的持水力大小。

NPK 离子条件下的高岭石－黄原糖复合体表现出了与蒙脱石－黄原糖相似的变化规律，但是变化幅度不及蒙脱石－黄原糖复合体明显，尤其在指纹区，高岭石－NPK－黄原糖复合体与高岭石－黄原糖－NPK 复合体间几乎没有差别，说明 NPK 混合液与黄原糖溶液加入的先后顺序对高岭石－黄原糖复合体的影响要小于蒙脱石－黄原糖复合体。

将 NPK 离子条件下的高岭石－黄原糖复合体与不加 NPK 离子时的复合体也进行对比时发现，先加 NPK 混合液后加黄原糖溶液时（高岭石－NPK－黄原糖复合体），NPK 离子的存在不影响复合体在整个波区的吸收变化，即对黄原糖的吸附没有影响；而先加黄原糖溶液后加 NPK 混合液时（高岭石－黄原糖－NPK 复合体），NPK 离子的存在只降低了复合体在 3610 cm^{-1} 和 3400 cm^{-1} 处的吸收峰强度，其他吸收区处几乎没变化。

（二）NPK 离子条件下的黏土矿物－黄原糖复合体表面层特征

蒙脱石－黄原糖－NPK 和蒙脱石－NPK－黄原糖复合体在不同动镜速率下的

光声光谱特征表现为：在整个光谱范围内表现的趋势是随着动镜速率的增大，峰强逐渐增强。说明由内而外，复合体的表面层性质逐渐发生了改变。

在蒙脱石－黄原糖－NPK复合体的层结构光谱图中（图5-20），0.32 cm·s^{-1}时的光谱强度较0.16 cm·s^{-1}时的有所提高，意味着0.32 cm·s^{-1}时的层结构性质与0.16 cm·s^{-1}时的相比，发生根本的改变，可见0.32 cm·s^{-1}时探测的已是界面层的信息了。另外，0.32 cm·s^{-1}动镜速率下的光谱图与0.16 cm·s^{-1}相比，在

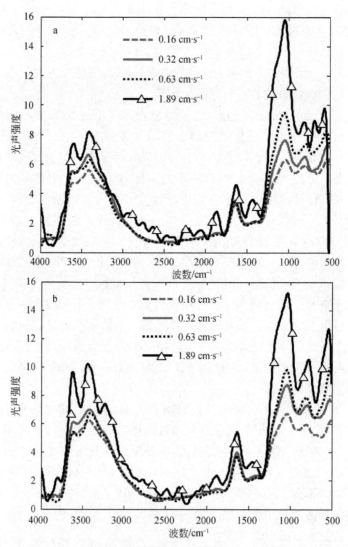

图5-20　不同动镜速率下复合体红外光声光谱图

a. 蒙脱石－NPK－黄原糖复合体；b. 蒙脱石－黄原糖－NPK

700 cm^{-1}左右的小峰逐渐消失，动镜速率提高到 0.63 cm·s^{-1}时此峰变得更加不明显，直到 1.89 cm·s^{-1}时才重新显现出来。可见，0.63 cm·s^{-1}与0.32 cm·s^{-1}之间的深度肯定位于界面层，但是0.63 cm·s^{-1}与1.89 cm·s^{-1}之间的厚度还有多深仍位于界面层内则不清楚。由于动镜速率升到 1.89 cm·s^{-1}时峰强变得异常尖而强，峰位也有略微红移，并且有许多新的小峰出现，尤其是在2900 cm^{-1}左右脂肪族 C—H、1800 cm^{-1}左右 C =O（在蒙脱石 - 黄原糖复合体中无此峰）、1470 cm^{-1}左右 C—H、COO$^-$，及指纹区 600 ~ 900 cm^{-1}有双峰存在，且峰形极像黄原糖的，说明1.89 cm·s^{-1}深度时已有较多的黄原糖吸收信息存在且可能多于蒙脱石 - 黄原糖复合体中的。因此，1.89 cm·s^{-1}时的深度可认为是养分层厚度。

蒙脱石 - NPK - 黄原糖复合体的层结构光谱图与蒙脱石 - 黄原糖 - NPK 相比，变化趋势是相同的，但 0.63 cm·s^{-1} 时的光谱强度在 3400 ~ 3600 cm^{-1} 较 0.32 cm·s^{-1}时降低得更多，在 600 ~1200 cm^{-1}处与 0.32 cm·s^{-1}时的峰强差异也不如蒙脱石 - 黄原糖 - NPK 的大。可见，0.63 cm·s^{-1}时探测的深度仍位于界面层，且在整个界面层厚度中所占的比例要小于蒙脱石 - 黄原糖 - NPK 的。这说明蒙脱石 - NPK - 黄原糖复合体的界面层厚度大于蒙脱石 - 黄原糖 - NPK 复合体的。

Coates（2000）指出，如果在 2935 cm^{-1}、2860 cm^{-1}、1470 cm^{-1}、720 cm^{-1}处均有吸收，那么这个化合物结构中可能含有较长的线性脂肪族链，由两者在 1.89 cm·s^{-1}时的光谱图可以看到，蒙脱石 - 黄原糖 - NPK 复合体（前者）在这几处的吸收峰强度总体上高于蒙脱石 - NPK - 黄原糖复合体（后者），尤其是在 2935 cm^{-1}、2860 cm^{-1}、1470 cm^{-1}处，可见前者较后者可能有更长的线性脂肪族链，即后者自聚化作用可能大于前者，从而导致后者较前者有较厚的表面层厚度。

1.89 cm/s 时两者的光谱特征更加有意思。蒙脱石 - NPK - 黄原糖复合体（前者）与蒙脱石 - 黄原糖 - NPK（后者）相比，在 2900 cm^{-1}左右脂肪族 C—H 的吸收峰不明显，1470 cm^{-1}左右 C—H、COO$^-$吸收峰峰强也远不如后者，但在 3250 cm^{-1}左右却出现了 N—H 键吸收峰；在指纹区 600 ~ 900 cm^{-1}，只出现了 700 cm^{-1}左右的强吸收峰，没有双峰现象，意味着黄原糖的吸收信息少于后者。此外，前者在2990 cm^{-1}左右吸收峰强度弱于后者，却在 1640 cm^{-1}左右峰强明显强于后者（高出了 17.4%），意味着前者较后者有更强的持水力。综合以上变化可知，蒙脱石 - NPK - 黄原糖复合体（前者）较蒙脱石 - 黄原糖 - NPK 复合体（后者）有更厚的界面层，即有更厚的表面层。前者较后者有较少的黄原糖信息却有较强的持水力。

从表 5-7 中可知，蒙脱石 - 黄原糖 - NPK 复合体除了在 N 含量上低于蒙脱石 - NPK - 黄原糖复合体外，在 C、P、K 含量上均高于后者。这与光谱变化一一对应。可见，表面层厚度与养分含量不是呈正比例关系的。在蒙脱石 - NPK -

黄原糖复合体中，可能由于 NPK 表面的吸附位点少于蒙脱石，所以导致最外层的黄原糖吸附量减少。

表 5-7　蒙脱石－NPK－黄原糖和蒙脱石－黄原糖－NPK 复合体的 C、N、P、K 含量

元素	C/%	N/%	P/(mg·kg^{-1})	K/(mg·kg^{-1})
蒙脱石－黄原糖－NPK 复合体	0.05	0.12	17.4	152.8
蒙脱石－NPK－黄原糖复合体	0.03	0.13	16.7	124.7

从图 5-21 高岭石－黄原糖－NPK 和高岭石－NPK－黄原糖复合体在不同动

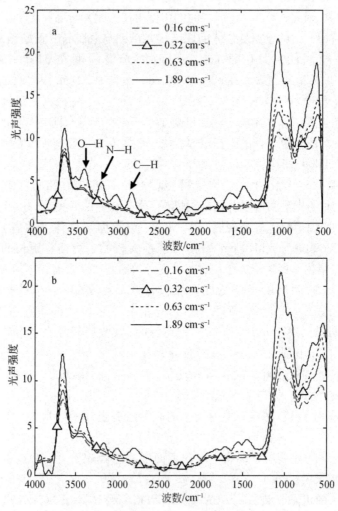

图 5-21　不同动镜速率下复合体红外光声光谱图

a. 高岭石－NPK－黄原糖复合体；b. 高岭石－黄原糖－NPK

镜速率下的光谱图中可以看到，在整个光谱范围内，随着动镜速率的增大，峰强逐渐增强。可见高岭石－黄原糖－NPK 和高岭石－NPK－黄原糖复合体的表面层具有不均一性。

3400 cm^{-1} 处是氢缔合的水振动吸收，两者在不同动镜速率间的变化趋势仍相同，但相邻之间变化幅度不同：高岭石－NPK－黄原糖复合体（前者）的变化幅度大于高岭石－黄原糖－NPK 复合体（后者）的，且动镜速率为 1.89 cm·s^{-1} 时，前者的峰强较后者高出了 3.5%，意味着前者较后者有更强的持水力。这也可以由它们在 2900 cm^{-1} 左右 C—H 键的吸收峰（此处吸收峰强度指示着疏水力大小）得以间接验证：前者较后者低 14%，意味着前者的疏水力小于后者，即持水力大于后者。在 3250 cm^{-1} 左右 N—H 键吸收处，后者吸收峰强大于前者，意味着后者中含有较多的 N 吸收信息。

在 3600 cm^{-1} 左右（归属高岭石结构羟基的吸收峰），高岭石－黄原糖－NPK 复合体和高岭石－NPK－黄原糖复合体峰强的变化规律大体一致，即峰强随着动镜速率的增大而增大，但在相邻动镜速率间的增加幅度上，高岭石－NPK－黄原糖复合体（前者）要大于高岭石－黄原糖－NPK 复合体（后者），且在动镜速率为 1.89 cm·s^{-1} 时，前者的峰强较后者高出了 15.4%。

在指纹区，0.16 cm·s^{-1} 时，高岭石－黄原糖－NPK 复合体在 767 cm^{-1} 处有一强吸收峰，动镜速率提高到 0.32 cm·s^{-1} 时变得不明显，0.63 cm·s^{-1} 时更加不明显，直到 1.89 cm·s^{-1} 时又清晰地显现出来。在高岭石－NPK－黄原糖复合体中，在 767 cm^{-1} 处表现出了与高岭石－黄原糖－NPK 复合体相似的变化规律，但 1.89 cm·s^{-1} 时在 660 cm^{-1} 又出现了一新的吸收峰，黄原糖在 767 cm^{-1} 和 660 cm^{-1} 左右均有吸收，由此可见，高岭石－NPK－黄原糖复合体表层中较高岭石－黄原糖－NPK 复合体有更多的黄原糖吸收信息，这也许正是前者较后者有更强的持水力的原因。为了进一步证明，同时分析了两种复合体表层中养分的化学含量，见表 5-8。

表 5-8 高岭石－NPK－黄原糖和高岭石－黄原糖－NPK 复合体的 C、N、P、K 含量

元素	C/%	N/%	P/(mg·kg^{-1})	K/(mg·kg^{-1})
高岭石－黄原糖－NPK 复合体	0.13	0.14	29.8	32.1
高岭石－NPK－黄原糖复合体	0.18	0.12	40.2	36.9

注：由于减去高岭石－黄原糖中 N 含量，结果是负值，所以未减去，也没有减去磷酸二氢铵中所含的氮量。其余均是减去高岭石－黄原糖复合体相应含量后所得值。

从表 5-8 中可以看到，除了尿素（即 N）含量，高岭石－NPK－黄原糖复合体在 C、P、K 含量上均高于高岭石－黄原糖－NPK 复合体。可见，高岭石－

NPK - 黄原糖复合体中确实有较多的黄原糖吸收信息。

四、 小结

本节主要利用傅里叶变换红外光声光谱法研究了 NPK 养分离子条件下形成的黏土矿物 - 黄原糖复合体的光声光谱特征和表面层特征。结果表明，不同养分（NPK 混合液和黄原糖溶液）添加顺序不同时形成的复合体具有明显不同的光谱特征。无论是蒙脱石还是高岭石，先加 NPK 混合液，后加黄原糖溶液形成的复合体具有较强的持水力。为便于区分，将先加黄原糖，后加 NPK 混合液形成的复合体称为黏土矿物 - 黄原糖 - NPK 复合体，反之则为黏土矿物 - NPK - 黄原糖复合体。

蒙脱石 - NPK - 黄原糖复合体（前者）较蒙脱石 - 黄原糖 - NPK 复合体（后者）有更厚的表面层，但表面层厚度与养分含量不是呈正比例关系，化学测定值表明前者较后者有更少的含碳量（即更少的黄原糖吸收信息），但却较后者有更强的持水力，可见黄原糖是否在最表层对持水力影响很大。高岭石 - 黄原糖 - NPK 复合体（前者）与高岭石 - NPK - 黄原糖复合体（后者）相比，其表面层剖面结构有明显差异，其中后者较前者有较多的黄原糖吸附信息和较强的持水力。

第六节　土壤蒙脱石 - 多糖复合体的近红外光声光谱特征

一、 概述

前面几章都是用傅里叶变换型光声光谱方法研究土壤黏土矿物 - 多糖复合体的界面反应及界面反应层特征。傅里叶变换型光声光谱仪具有样品无需处理，扫描速度快，且可原位逐层扫描分析等优点。但由于实验条件的限制，尼高力 380 傅里叶变换型光声光谱仪自带的动镜速率（与调制频率相对应）只有 $0.16\ \mathrm{cm \cdot s^{-1}}$、$0.32\ \mathrm{cm \cdot s^{-1}}$、$0.48\ \mathrm{cm \cdot s^{-1}}$、$0.63\ \mathrm{cm \cdot s^{-1}}$、$1.89\ \mathrm{cm \cdot s^{-1}}$ 等几个。很明显，扫描深度依赖于动镜速率和波数，不同的动镜速率间具有一定的跳跃性，精度较差，扫描深度控制有限，无法实现真正意义上的逐层扫描，更精密的研究需要连续可调的红外光谱仪。为此搭建了光栅型近红外光声光谱仪（图 5-22），此仪器的最大优点是调制频率连续可调，但与迈克尔逊干涉仪相比，扫描速度很慢，不利于大量样品或多次扫描分析。

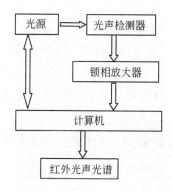

图 5-22 光栅型近红外光声光谱仪器设备示意图

当获取了某一待测成分的特征吸收后（如水、矿物等），可能实现利用点光源（发光二极管和光电二极管）进行测定，这样就可以大大精减设备，并实现测定的专业化和便携化（图 5-23）。

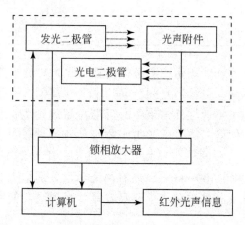

图 5-23 点光源专用近红外光声光谱仪器设备示意图

目前，市场上的近红外光谱分析方法有漫反射法、透射法和漫透射法三种。将近红外光谱仪和光声附件进行组装投入使用，在国内外尚属首次。光栅型近红外光声光谱仪的仪器设备，从右向左依次为溴钨灯光源、斩波器、光谱仪、光声附件、锁相放大器和计算机。其原理是：从光源发出的白光经过斩波器调制成断续光（调制光），再经过光栅系统分光作用，成为可调的近红外光后，照射到光声池上，被光声池内的土壤样品吸收后，产生热，传导给样品上方的氦气，引起周期性的压力波动，即声信号，经过锁相放大器显示为电压信号值后在计算机中以光谱的形式显示出来。

近红外光谱区主要是含氢基团的各级倍频与合频谱带，包括：羰基 C—H（甲基、亚甲基、甲氧基、羧基、芳基等），羟基 O—H，巯基 S—H，氨基 N—H（伯胺、仲胺、叔胺和铵盐）等。合频近红外谱带位于 2000～2500 nm 处，一级倍频位于 1400～1800 nm 处，二级倍频位于 900～1200 nm 处，三级和四级或更高级倍频则位于 780～900 nm 处。含氢基团在近红外波段吸收谱带的中心位置见表 5-9（陆婉珍，2000）。

表 5-9   含氢基团在近红外波段吸收谱带的中心位置   （单位：nm）

基团	C—H	N—H	O—H
伸缩振动基频	3300	2940	2740
弯曲振动基频	6900	6250	7700
合频	2300	2200	2000
一级倍频	1745	1540	1450
二级倍频	1210	1040	960
三级倍频	934	785	730
四级倍频	762		

常见多糖的主要近红外谱带中心近似位置与表 5-9 位置类似，具体位置因多糖类型不同而有所不同，可参考夏朝红等的论文（夏朝红等，2007）。

常见黏土矿物的主要近红外谱带中心近似位置表现为：含氢部分的与表 5-9 中相似，伊利石八面体层阳离子的谱带吸收则位于高波长处，为 2300～2500 nm（Hauff et al.，1991）。水的谱带归属：纯水的 O—H 伸缩振动的一级倍频约在 1440 nm 处，二级倍频在 960 nm 处，还有两个合频分别位于 1940 nm 和 1220 nm，其中 1440 nm 和 1940 nm 是水分的主要吸收段（林道昌和何峻荣，1998；张灵帅等，2010）。

本节以蒙脱石–多糖复合体为代表，通过比较其主要吸收峰的峰位、峰形及峰强变化，简单分析其近红外光谱特征，并与中红外光谱结果进行比较，从而得到更加详细的蒙脱石–多糖复合体表面层特征，为以后分析高岭石–多糖复合体打下一定的基础。

二、 材料与方法

（一） 试验材料

使用本章第四节试验所制备的蒙脱石–多糖复合体。

（二）光谱测定及处理

采用卓立汉光单色仪（Omni-λ150），光栅型单色器，利用光声附件（METC，Model 300），分别在调制频率为 10Hz 和 20 Hz，分辨率为 8 nm，波长范围为 800～2500 nm 的条件下进行光谱采集。光谱数据采用软件 Matlab 进行处理。

三、　结果与分析

（一）光栅型光声光谱仪的样品测定参数探讨

光声检测的调制频率不应超过弛豫时间的倒数。对直径为几个厘米的光声池，分子向池壁扩散导致气体体积变化的时间约为 1×10^{-3} s。所以，通常的调制频率为 10～1000 Hz。Pandhija 等（2006）用炭黑作为样品，采用频率范围为 10～350 Hz 进行研究发现，当频率 $f < 20$ Hz 时，PA（photoacorstic）信号不增反降；明长江等（1981）用乙烯作为样品，采用频率范围为 5～50 Hz 进行研究发现，当频率小于 20 Hz 时，PA 信号也不增反降。那么，在本实验条件下，调制频率与光声信号之间的关系如何呢？本试验采用标准物质炭黑作为样品，频率范围选为 5～50 Hz 进行光谱的采集，结果如图 5-24 所示。

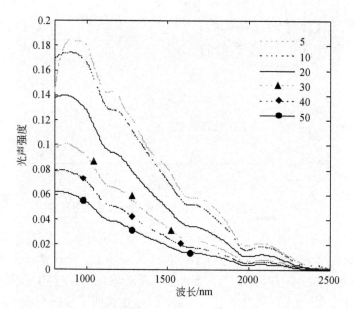

图 5-24　标准物质炭黑在不同调制频率下的近红外光声光谱

从图 5-24 中可以看到，当频率从 5 Hz 增加到 50 Hz 时，PA 信号逐渐降低。可见，PA 信号随着 f 的减小而逐渐增大，并没有出现当频率小于 20 Hz 时 PA 信号不增反降的现象。这跟中红外光谱结果正好相反（光声强度随调制频率的增大而增大，见图 5-23）。原因是中红外区使用的是不均一性的复合体来分析不同调制频率对复合体光谱特征的影响。对于均一性物质，PA 信号一般随调制频率的减小而增大。

在本实验条件下，由于设定 f = 5 Hz 时，调制频率变得非常不稳定，因此暂先将试验频率选为 10 Hz 和 20 Hz。

（二）土壤蒙脱石 – 黄原糖复合体的近红外光声光谱特征

近红外谱区的吸收主要是分子或原子振动基频在 2000 cm^{-1} 以上的倍频、合频吸收（严衍禄等，2005）。根据蒙脱石 – 黄原糖复合体在中红外 2000 cm^{-1} 以上的吸收峰特征并结合前人研究结果，初步认为 C—H 及 O—H 的合频及倍频吸收频率如图 5-25 所示。

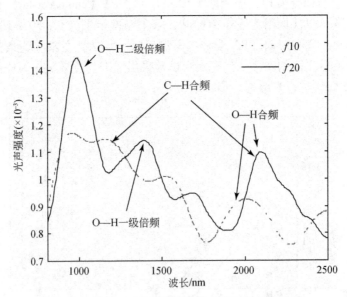

图 5-25　蒙脱石 – 黄原糖复合体的近红外光声光谱

从图 5-25 中可以看到，PA 强度随着频率升高而增高；而对于均一性样品（如炭黑）来说，光声强度是随着频率的升高而降低的，此反常结果可以这样解释：随着频率升高，即探测深度的降低，越靠近表层，由于有机质（黄原糖）吸收信息越多，因此光声强度也就越来越大，这也说明了蒙脱石 – 黄原糖复合体表面层具有不均一性。960 nm 左右 O—H 二级倍频及 2200 nm 左右 C—H 键等吸收峰强度变化也证明较高频率下含有更多的黄原糖吸收信息。

水分的近红外光谱吸收主要集中在 1450 nm 和 2000 nm 左右。从图 5-25 中可以看到，随着频率的升高，这两处的峰强也逐渐增强。可见，越靠近蒙脱石－黄原糖复合体的表面，持水力就越强。以上分析结果也间接验证了中红外光谱结果。

（三）分子质量不同对蒙脱石－多糖复合体近红外光声光谱特征的影响

从图 5-26 中可以看到，不同分子质量的蒙脱石－葡聚糖复合体在不同调制频率下表现出了不同的表面层特征。主要含氢基团的吸收峰位置如图 5-26 所示。

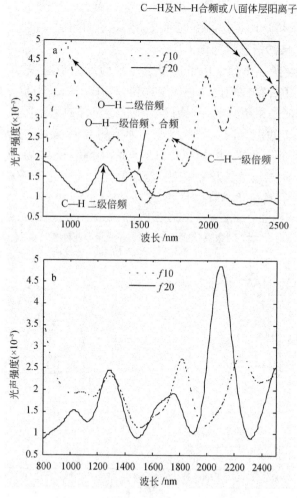

图 5-26　蒙脱石－葡聚糖的近红外光声光谱

a. 大分子质量蒙脱石－葡聚糖；b. 小分子质量蒙脱石－葡聚糖

　　近红外光可分为两种：长波近红外光（1100～2600 nm）和短波近红外光（700～1100 nm）。长波近红外光吸收较强，穿透力较弱，一般是基团的合频及一级、二级倍频吸收区；短波近红外光吸收较弱，穿透力强，一般是基团的三级、四级倍频吸收区。从蒙脱石－葡聚糖复合体的近红外谱图中可知，除 O—H 二级倍频吸收在 1000 nm 左右外，其余基团吸收均集中在长波区，即蒙脱石－葡聚糖复合体中主要是一些吸收较强的基团。蒙脱石－葡聚糖（大分子质量）复合体随着调制频率的升高，峰强逐渐降低，且在较高频率（$f=20$ Hz）下，只有较弱基团吸收峰（1000～1500 nm）存在，较强基团（1500～2500 nm）吸收峰逐渐变得不明显，即峰数减少。可见，葡聚糖在蒙脱石表面只覆盖了很薄的一层，在频率为 10 Hz 和 20 Hz 时，探测到的葡聚糖信息量占很少一部分，且在频率为 10 Hz 时探测到的葡聚糖信息量为最大。

　　蒙脱石－葡聚糖（小分子质量）复合体（前者）与蒙脱石－葡聚糖（大分子质量）复合体（后者）相比，总体变化趋势是相似的（2000～2200 nm 出现的"异峰突起"，可能是由于其他客观因素造成的，具体原因不明）：频率为 10～20 Hz 的光谱差异随着短波区向长波区的平移而变得越来越大，但后者在两个频率间的光谱差异较前者显得更小一些，甚至在 1000 nm 左右 O—H 二级倍频、1300 nm 左右 C—H 二级倍频及 O—H 一级倍频处，频率为 20 Hz 时的峰较频率为 10 Hz 时更加明显，峰强也更强（图 5-27）。

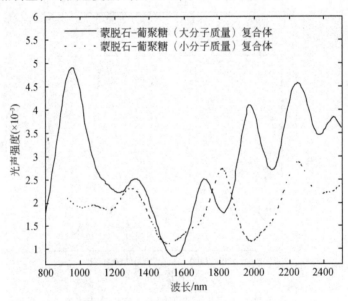

图 5-27　蒙脱石－葡聚糖（大、小分子质量）复合体的近红外光声光谱比较

可见，蒙脱石－葡聚糖（小分子质量）复合体较蒙脱石－葡聚糖（大分子质量）复合体有较厚的表面层。中红外结果显示，蒙脱石－葡聚糖（大分子质量）复合体较蒙脱石－葡聚糖（小分子质量）复合体有更多的葡聚糖吸收信息。近红外结果与中红外结果相结合说明，葡聚糖吸收信息多少与表面层厚度并没有较大的关联，可能表面层厚度还受到多糖结构、水分等众多因素的影响。在同一频率（10 Hz）下（图 5-26），即同一探测深度时，蒙脱石－葡聚糖（大分子质量）复合体（前者）与蒙脱石－葡聚糖（小分子量）复合体（后者）相比，在整个光谱范围内，无论是峰数、峰形或峰强，前者均强于后者，这与前者含有较多的葡聚糖吸收信息有关。

（四）NPK 养分条件下蒙脱石－多糖复合体近红外光声光谱特征

图 5-28 显示的是蒙脱石－NPK－黄原糖复合体和蒙脱石－黄原糖－NPK 复

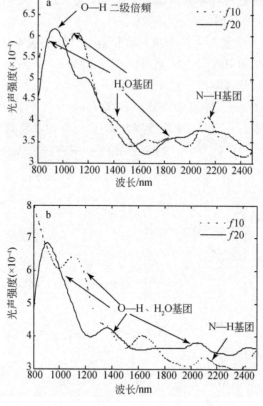

图 5-28　不同复合体近红外光声光谱
a. 蒙脱石－NPK－黄原糖；b. 蒙脱石－黄原糖－NPK

合体在不同调制频率下的表面层特征。两者表现出了相似的光谱变化特征：PA 强度随着频率的升高而略有提高，说明蒙脱石 - NPK - 黄原糖复合体和蒙脱石 - 黄原糖 - NPK 复合体的表面层具有不均一性。

水在 1940 nm、1450 nm、1190 nm、970 nm 处均有吸收，但在其他处的吸收要弱于 1450 nm 和 1940 nm 处。从图 5-28 中还可以看到，970 nm 处的吸收强度要远高于 1450 nm 和 1940 nm 处的，可见黄原糖分子中的羟基在短波区有吸收，且随着频率的增大，O—H 键的吸收峰发生明显的蓝移，说明越靠近表面养分的吸收信息就越多。其中蒙脱石 - 黄原糖 - NPK 复合体在 960 nm 左右的吸收峰强度较蒙脱石 - NPK - 黄原糖复合体分别高出了 5%（f = 10 Hz）、11%（f = 20 Hz），意味着前者较后者有更多的黄原糖吸收信息，这与中红外光谱结果相一致。水在 1940 nm 及 1450 nm 处的吸收峰随着动镜速率的增大而增大，说明越靠近复合体的表面，持水力就越强。另外，在频率为 10 Hz 时，蒙脱石 - NPK- 黄原糖复合体中 N—H 键的吸收峰表现得较蒙脱石 - 黄原糖 - NPK 复合体明显（高出 22.1%），这与中红外光谱结果也相一致。

图 5-29 显示的是蒙脱石 - 黄原糖 - NPK 复合体和蒙脱石 - NPK - 黄原糖复合体在同一调制频率（10 Hz）下的近红外光声光谱特征。从图 5-29 中可以看到，蒙脱石 - 黄原糖 - NPK 复合体在短波区的吸收峰强度高于蒙脱石 - NPK - 黄原糖复合体，而在长波区 1900 nm（水分吸收峰）及 2200 nm（N—H 吸收）等处吸收峰强度均低于后者（蒙脱石 - NPK - 黄原糖复合体），可见后者较前者有较高的持水力。

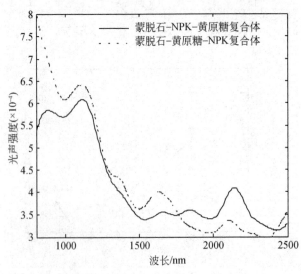

图 5-29　蒙脱石 - 黄原糖 - NPK 和蒙脱石 - NPK - 黄原糖复合体的近红外光声光谱比较

四、　小结

本节探讨了光栅型近红外光声光谱仪的组装原理、测定参数及相关基团的谱带归属，并在此基础上利用该方法表征了蒙脱石－多糖复合体的近红外光谱特征。

蒙脱石－黄原糖复合体表面层具有不均一性。越靠近蒙脱石－黄原糖复合体的表面，黄原糖信息越多，持水力越强。以上结果间接验证了中红外光谱结果。蒙脱石－葡聚糖复合体的基团吸收大都集中在长波区，即蒙脱石－葡聚糖复合体中主要是一些吸收较强的基团。蒙脱石－葡聚糖复合体的光声强度随着调制频率的升高而逐渐降低，且在同一复合体层结构光谱变化上，蒙脱石－葡聚糖（小分子质量）复合体（前者）要大于蒙脱石－葡聚糖（大分子质量）复合体（后者），表明前者较后者有更厚的表面层。中红外光谱结果显示，后者较前者有更多的葡聚糖吸收信息。近红外与中红外结果相结合说明，葡聚糖吸收信息多少与表面层厚度并没有必然联系。蒙脱石－NPK－黄原糖复合体和蒙脱石－黄原糖－NPK复合体的表面层具有不均一性，且越靠近表面持水力就越大；蒙脱石－黄原糖－NPK复合体较蒙脱石－NPK－黄原糖复合体有较多的黄原糖吸收信息，然而持水力却小于后者。

由于近红外光声光谱频率的连续可调性，使得分析结果更加详细，可实现在每一个连续变化层分析其特征。但由于试验条件和学科知识有限，更多的光谱信息尚待挖掘。

参 考 文 献

陈和生，孙振亚，孙育斌，等.2002. 三种多糖纳米 SiO_2 复合体的红外光谱研究. 武汉理工大学学报，24：39-41.

陈荣，孙波，张启运.1997. 三种固态六氟化镓离子化合物的远红外光谱研究. 光谱学与光谱分析，17：62-64.

常建华，董绮功.2005. 波谱原理及解析. 北京：科学出版社.

邓芹英，刘岚，邓慧敏.2003. 波谱分析教程. 北京：科学出版社.

杜昌文，周健民.2007. 傅里叶变换红外光声光谱法测定土壤中有效磷. 分析化学，35：119-122.

杜昌文，周桂勤，邓晶，等.2009. 基于中红外光谱的土壤粘土矿物表征及其鉴定. 农业机械学报，40：154-157.

甘化民，张一平.1992. 陕西五种土壤红外光谱特征的初步研究. 土壤学报，29：232-236.

顾志忠，胡澄.2000. 傅里叶变换红外光谱和核磁共振法对土壤中腐殖酸的表征. 分析化学，28（3）：314-317.

郭志明，赵杰文，陈全胜，等．2009．特征谱曲筛选方法在近红外光谱检测茶叶游离氨基酸含量中的应用．光学精密工程，17：1839-1843.

耿响．2010．二维红外光谱分析技术在食用植物油品质检测中的应用研究．江苏大学博士学位论文．

侯雪莹，韩晓增．2008．土壤有机无机复合体的研究进展．农业系统科学与综合研究，24：61-67.

韩小平，王沛华，崔传金，等．2010．土样盒土表特征对近红外光谱测量土壤水分精度的影响．农业工程学报，6：47-51.

刘丽华，张培萍，李献洲．2006．金属硫化物的远红外光谱表征．分析测试技术与仪器，12：34-37.

陆婉珍，袁洪福，徐广通．2000．现代近红外光谱分析技术．北京：中国石化出版社．

李小俊，胡克良，黄允兰，等．2001．红外光声光谱法研究本体聚合聚丙烯的紫外光氧化．高分子材料科学与工程，17：74-77.

李民赞．2006．光谱分析技术及其应用．北京：科学出版社．

李楠，吴景贵，夏海丰．2007．傅里叶变换红外光谱法表征玉米秆茬培肥土壤胡敏酸的变化．植物营养与肥料学报，13：974-978.

鲁如坤．2000．土壤农业化学分析方法．北京：中国农业科技出版社．

林道昌，何峻荣．1998．近红外光谱法在测定水分中的应用．聚氨酯工业，13：42-46.

孟令芝，何永炳．2003．有机波谱分析．武汉：武汉大学出版社．

明长江，王连生，陈传文，等．1981．缓冲气体对光声光谱信号的影响．应用激光，5：13-15.

宋韬，鲍一丹，何勇．2009．利用光谱数据快速检测土壤含水量的方法研究．光谱学与光谱分析，29：675-677.

魏朝富，谢德体，李保国．2003．土壤有机无机复合体的研究进展．地球科学进展，18：221-227.

王培铭．2005．材料研究方法．北京：科学出版社．

王一兵，王红宇，翟宏菊，等．2006．近红外光谱分辨率对定量分析的影响．分析化学，34：699-701.

熊毅．2003．熊毅文集．北京：科学出版社．

肖武，李小昱，李培武，等．2009．基于近红外光谱土壤水分检测模型的适应性．农业工程学报，25：33-36.

许禄，邵学广．2004．化学计量学方法（第二版）．北京：科学出版社．

谢中华．2010．MATLAB 统计分析与应用：40 个案例分析．北京：北京航空航天大学出版社．

夏朝红，戴奇，房韦，等．2007．几种多糖的红外光谱研究．武汉理工大学学报，29：45-47.

杨丽敏，翁诗甫，杨鲁勤，等．2002．几种单双糖及其部分固态金属糖络合物的远红外光谱研究．光谱学与光谱分析，20：189-191.

严衍禄，赵龙莲，韩东海．2005．近红外光谱分析基础与应用．北京：中国轻工业出版社．

张卉，宋妍，冷静，等．2007．近红外光谱分析技术．光谱实验室，24：388-395.

张晋京，窦森，谢修鸿，等．2009．长期石油污染土壤中胡敏酸结构特征的研究．光谱学与光谱分析，29：1531-1535.

张玉兰，孙彩霞，陈振华，等．2010．红外光谱法测定肥料施用26年土壤的腐殖质组分特征．光谱学与光谱分析，30：1210-1213.

张灵帅，王卫东，谷运红，等．2010．水分含量对近红外测定小麦蛋白质含量的影响．安徽农业科学，38：96-97.

赵兰坡．1994．土壤有机无机复合体研究的若干进展．吉林农业大学学报，16：196-205.

赵丽丽，赵龙莲，李军会，等．2004．傅里叶变换近红外光谱仪扫描条件对数学模型预测精度的影响．光谱学与光谱分析，24：41-44.

朱淮武．2005．有机分子结构波谱解析．北京：化学工业出版社．

Arnarson T R, Keil R G. 2001. Organic-mineral interactions in marine sediments studied using density fractionation and X-ray photoelectron spectroscopy. Organic Geochemistry, 32：1401-1415.

Baisden W T, Amundson R, Cook A C, et al. 2002. Turnover and storage of C and N in five density fractions from California annual grassland surface soils. Global Biogeochemical Cycles, 16：1117-1132.

Baldock J A, Nelson P N. 1999. Soil organic matter. In: Sumner M. 1999. Handbook of Soil Science. Boca Raton: CRC Press.

Baldock J A, Skjemstad J O. 2000. Role of the soil matrix and minerals in protecting natural organic materials against biological attack. Organic Geochemistry, 31：697-710.

Bhardwaj N K, Nguyen K L. 2007. Photoacoustic Fourier transform infrared spectroscopic study of hydrogen peroxide bleached de-inked pulps. Colloids and Surfaces A: Physicochemical and Engineering Aspects, 301：323-328.

Bos R, van der Mei H C, Busscher H J. 1999. Physico-chemistry of initial microbial adhesive interactions-its mechanism and methods for study. FEMS Microbiology Reviews, 23：179-230.

Bruun T B, Elberling B, Christensen B T. 2010. Lability of soil organic carbon in tropical soils with different clay minerals. Soil Biology & Biochemistry, 42：888-895.

Chang C W, Laird D A, Mausbach M J, et al. 2001. Near-infrared reflectance spectroscopy-principal components regression analyses of soil properties. Soil Science Society of America Journal, 65：480-490.

Chenu C. 1993. Clay-or sand-polysaccharide associations as models for the interface between micro-organisms and soil: water related properties and microstructure. Geoderma, 56：143-156.

Chenu C. 1989. Influence of a fungal polysaccharide, scleroglucan, on clay microstructures. Soil Biology and Biochemistry, 21：299-305.

Chenu C, Plante A F. 2006. Clay-sized organo-mineral complexes in a cultivation chronosequence: revisiting the concept of the 'primary organo-mineral complex'. Europe Journal of Soil Science, 57：596-607.

Chenu C, Pons C H, Robert M. 1987. Interaction of kaolinite and montmorillonite with neutral polysaccharides. *In*: Denver C O. 1987. Proceedings of the Intrenational Clay Conference. Bloomington: The Clay Minerals Society.

Chenu C, Roberson E B. 1996. Diffusion of glucose in microbial extracellular polysaccharide as affected by water potential. Soil Biology and Biochemistry, 28: 877-884.

Cheshire M V, Bracewell J M, Mundie C M, et al. 1979. Structural studies on soil polysaccharide. Journal of Soil Science, 30: 315-326.

Christensen B T. 1996. Carbon in primary and secondary organomineral complexes. *In*: Carter M R, Stewart B A. 1996. Structure and Organic Matter Storage in Agricultural Soils. Boca Raton: CRC Press.

Clapp C E, Emerson W W. 1972. Reactions between Ca-montmorillonite and polysaccharides. Soil Science, 114: 210-216.

Clapp C E, Olness A E, Hoffmann D J. 1968. Adsorption studies of a dextran on montmorillonite. Trans. 9th Int. Congr. Soil Science, Adelaide, 1: 627-634.

Coates J. 2000. Interpretation of infrared spectra, a practial approach. *In*: Meyers R A. 2000. Encyclopedia of Analytical Chemistry. Chichester: John Wiley & Sons Ltd.

Costanzo P M. 2001. Baseline studies of the clay minerals society source clay: Introduction. Clays and Clay Minerals, 49: 372-373.

Dai J, Ran W, Xing B, et al. 2006. Characterization of fulvic acid fractions obtained by sequential extractions with pH buffers, water, and ethanol from paddy soils. Geoderma, 135: 284-295.

Dontsova K M, Bigham J M. 2005. Anionic polysaccharide sorption by clay minerals. Soil Science Society of America Journal, 69: 1026-1035.

Du C, Linker R, Shaviv A, et al. 2008. Identification of agricultural Mediterranean soils using midinfrared photoacoustic spectroscopy. Geoderma, 143: 85-90.

Farmer V. 1974. The Infrared Spectra of Minerals. London: Mineralogical Society.

Fearn T. 2002. Assessing calibrations: SEP, RPD, RER and R^2. NIR News, 13: 12-14.

Feller C, Beare M H. 1997. Physical control of soil organic matter dynamics in the tropics. Geoderma, 79: 69-116.

Finch P, Hayes M H B, Stacey M. 1967. Studies on soil polysacchrides and their interactions with clay preparations. *In*: Jacks G V. 1967. Soil Chemistry and Fertility. International Society of Soil Science. Scotland: Aberdeen.

Fortin D, Beveridge T J. 1997. Role of the bacterium Thiobacillus in the formation of silicates in acid mine tailings. Chemical Geology, 141: 235-250.

Gonon L, Mallegol J, Commereuc S, et al. 2001. Step-scan FTIR and photoacoustic detection to assess depth profile of photooxidized polymer. Vibrational Spectroscopy, 26: 43-49

Gosselin F, Renzo M D, Ellis T H, et al. 1996. Photoacoustic FTIR spectroscopy, a nondestructive method for sensitive analysis of solid-phase organic chemistry. The Journal of Organic Chemistry, 61: 7980-7981.

Greenland D J. 1956. The adsorption of sugars by montmorillonite: I. X-ray studies. Journal of Soil Science, 7: 319-328.

Guckert A. 1975. Adsorption of humic acids and soil polysaccharides on montmorillonite. Pochvovedenie, 2: 41-47.

Hauff P, Kruse F, Madrid R. 1991. Illite crystallinity-case histories using X-ray diffraction and reflectance spectroscopy to define host environments. In: Denver C O. 1991. 8th Thematic Conference on Geologic Remote Sensing, Environmental Research Institute of Michigan United States.

Huang P M, Schnitzer M. 1986. Interactions of soil minerals with natural organic and microbes. Soil Science Society of America, Madison, USA.

Huang P M. 2004. Soil mineral-organic matter-microorganism interactions: fundamentals and impacts. Advanves in Agronomy, 82: 391-472.

Huang P M, Wang M K, Chiu C Y. 2005. Soil mineral-organic matter-microbe interactions: impacts on biogeochemical processes and biodiversity in soils. Pedobiologia, 49: 609-635.

Joseph I, Hong Y, Sivakesava S. 2002. Differentiation and detection of microorganisms using Fourier transform infrared photoacoustic spectroscopy. Journal of Molecular Structure, 606: 181-188.

Katti K S, Sikdar D, Katti D R, et al. 2006. Molecular interactions in intercalated organically modified clay and clay-polycaprolactam nanocomposites: experiments and modeling. Polymer, 47: 403-414.

Kirkbright G F, Miller R M, Spillane D E M, et al. 1984. Depth-resolved spectroscopic analysis of solid samples using photoacoustic spectroscopy. Analytical Chemistry, 56: 2043-2048.

Kuiper I, Lagendijk E L, Bloemberg G V, et al. 2004. Rhizoremediation: a beneficial plant-microbe interaction. Molecular Plant-Microbe Interactions, 17: 6-15.

Labille J, Thomas F, Bihannic I, et al. 2003. Destabilization of montmorillonite suspensions by Ca^{2+} and succinoglycan. Clay Minerals, 38: 173-185.

Lii C-Y, Liaw S C, Lai V M F, et al. 2002. Xanthan gum-gelatin complexes. European Polymer Journal, 38: 1377-1381.

Linker R, Shmulevich I, Kenny A, et al. 2005. Soil identification and chemometrics for direct determination of nitrate in soils using FTIR-ATR mid-infrared spectroscopy. Chemosphere, 61: 652-658.

Lugtenberg B J J, Bloemberg G V. 2004. Life in the rhizosphere. In: Ramos J L. 2004. Pseudomonas, Vol 1. New York: Kluwer Academic/Plenum Publishers.

Lutzow M V, Kogel-Knabner I, Ekschmitt K, et al. 2006. Stabilization of organic matter in temperate forest soils: mechanisms and their relevance under different soil conditions-a review. European Journal of Soil Science, 57: 426-445.

Mafra A L, Senesi N, Brunetti G, et al. 2007. Humic acids from hydromorphics soils of the upper Negro river basin, Amazonas: chemical and spectroscopic characterization. Geoderma, 138: 170-176.

Martin J P, Martin W P, Page J B. 1955. Soil aggregation. Advances in Agronomy, 7: 1-37.

McClelland J F, Jones R W, Luo S. 1992. A practical guide to FTIR photoacoustic spectroscopy. In: Coleman P B, Boca Raton F L. 1992. Practical Sampling Techniques for Infrared Analysis. Boca Raton：CRC Press.

Mikutta R，Schaumann G E，Gildemeister D，et al. 2009. Biogeochemistry of mineral-organic associations across a long term mineralogical soil gradient (0. 3-4100 kyr)，Hawaiian Islands. Geochimica et Cosmochimica Acta, 73：2034-2060.

Moavad H. 1974. Adsorption of extracellular polysaccharide of the yeast Lipomyces lipofer on kaolinite. Pochvovedenie, 11：79-84.

Nardi S，Morari F，Berti A，et al. 2004. Soil organic matter properties after 40 years of different use of organic and mineral fertilizers. European Journal of Agronomy, 21：357-367.

Olness A，Clapp C E. 1975. Influence of polysaccharide structure on dextran adsorption by montmorillonite. Soil Biology and Biochemistry, 7：113-118.

Pandhija S，Rai N K，Singh A K. 2006. Development of photoacoustic spectroscopy technique for the study of materials. Progress in Crystal Grouth and Characterization of Materials, 52：53-60.

Pan J，Nguyen K L. 2007. Development of the Photoacoustic rapid-scan FT-IR-Based method for measurement of ink concentration on printed paper. Analytical Chemistry, 79：2259-2265.

Parikh R J，Chorover J. 2008. ATR-FTIR study of lipopolysaccharides at mineral surface. Colloids and Surfaces B：Biointerfaces, 62：188-198.

Parfitt R L，Greenland D J. 1970. Adsorption of polysaccharides by montmorillonite. Proceedings-Soil Science Society of America, 34：862-865.

Pasika W M，Cragg L H. 1962. The viscosity bahavior of linear and branched dextran sulfates. Journal of Polymer Science, 57：301-310.

Plante A F，Pernes M，Chenu C. 2005. Changes in clay-associated organic matter quality in a C depletion sequence as measured by differential thermal analyses. Geoderma, 129：186-199.

Ryczkowski J. 2007. Application of infrared photoacoustic spectroscopy in catalysis. Catalysis Today, 124：11-20.

Schulten H R，Leinweber P. 2000. New insights into organic-mineral particles：composition，properties and models of molecular structure. Biology and Fertility of Soils, 30：399-432.

Sivakesava S，Irudayaraj J. 2000. Analysis of potato chips using FTIR photoacoustic spectroscopy. Journal of the Science and Food and Agriculture, 80：1805-1810.

Stuart B. 2004. Infrared Spectroscopy：Fundamentals and Applications. Hoboben：John Wiley & Sons, Ltd.

Su L，Ji W K，Lan W Z，et al. 2003. Chemical modification of xanthan gum to increase dissolution rate. Carbohydrate Polymers, 53：497-499.

Summers D，Lewis M，Ostendorf B，et al. 2011. Visible near-infrared reflectance spectroscopy as a predictive indicator of soil properties. Ecological Indicators, 11 (1)：123-131.

Sutherland I W. 1994. Structure-function relationships in microbial exopolysaccharides. Biotechnol Advances, 12：393-448.

Swincer G D，Oades J M，Greenland D J. 1969. The extraction，characterization and significance of soil polysaccharides. Advance in Agronomy, 21: 195-235.

Viscarra Rossel R A, Walvoort D J J, McBratney A B, et al. 2006. Visible, near infrared, mid infrared or combined diffuse reflectance spectroscopy for simultaneous assessment of various soil properties. Geoderma, 131: 59-75.

Williams P C. 2001. Implementation of near-infrared technology. *In*: Williams P, Norris K H. 2001. Near-infrared Technology in the Agricultural and Food Industries. St Paul: American Association of Cereal Chemist.

Wiseman C L S, Puttmann W. 2006. Interactions between mineral phases in the preservation of soil organic matter. Geoderma, 134: 109-118.

Yamauchi S, Sudiyani Y, Imamura Y, et al. 2004. Depth profiling of weathered tropical wood using Fourier transform infrared photoacoustic spectroscopy. Journal of Wood Science, 50: 433-438.

Yun S I, Seo H J. 1983. Photoacoustic measurements of thermal diffusivity or thickness of multi-layer solids. Journal de Physique Colloque C6, 44: 459-462.

Zhang W R, Lowe C, Smith R. 2009. Depth profiling of coil coating using step-scan photoacoustic FT-IR. Progress in Organic Coatings, 65: 469-476.

Zornoza R, Guerrero C, Mataix-Solera J, et al. 2008. Near infrared spectroscopy for determination of various physical, chemical and biochemical properities in Mediterranean soils. Soil Biology and Biochemistry, 40: 1923-1930.

附　　录

附录 1：典型黏土矿物中红外光声光谱图
（a. 原谱；b. 一阶微分谱）

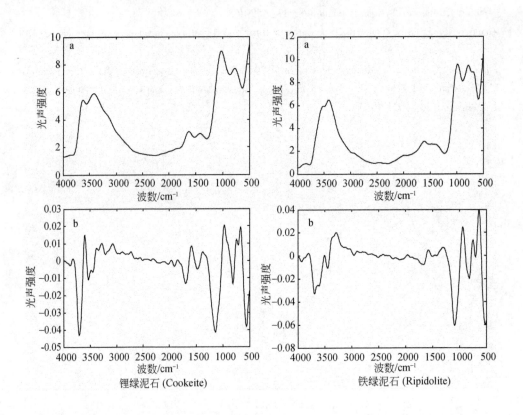

锂绿泥石 (Cookeite)　　　　　　　铁绿泥石 (Ripidolite)

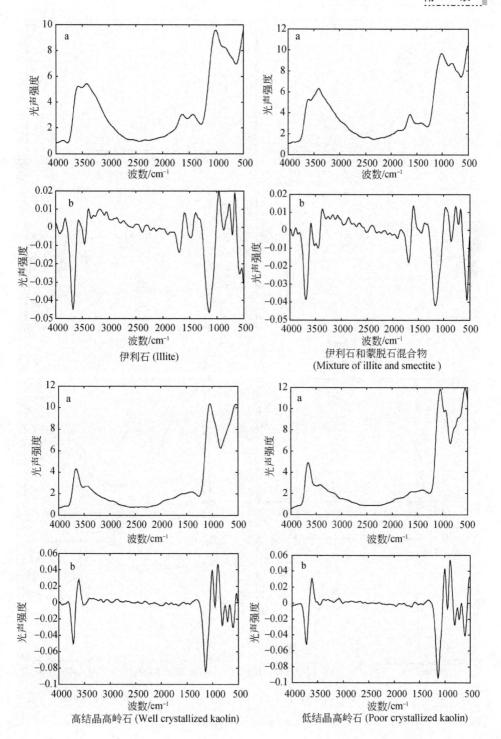

伊利石 (Illite)

伊利石和蒙脱石混合物
(Mixture of illite and smectite)

高结晶高岭石 (Well crystallized kaolin)

低结晶高岭石 (Poor crystallized kaolin)

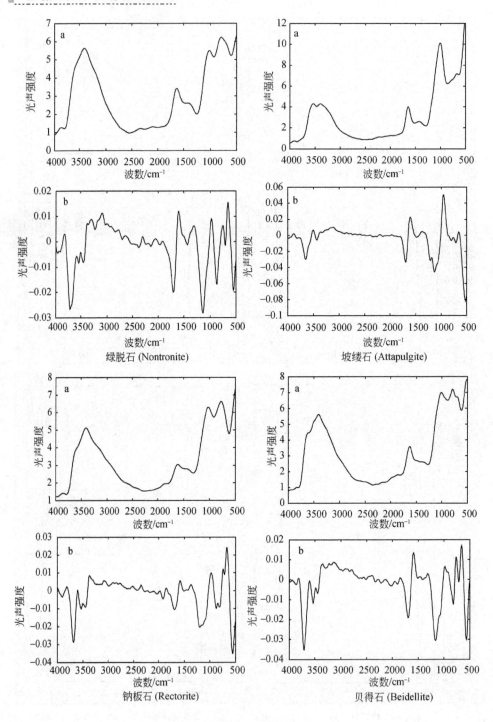

绿脱石 (Nontronite)

坡缕石 (Attapulgite)

钠板石 (Rectorite)

贝得石 (Beidellite)

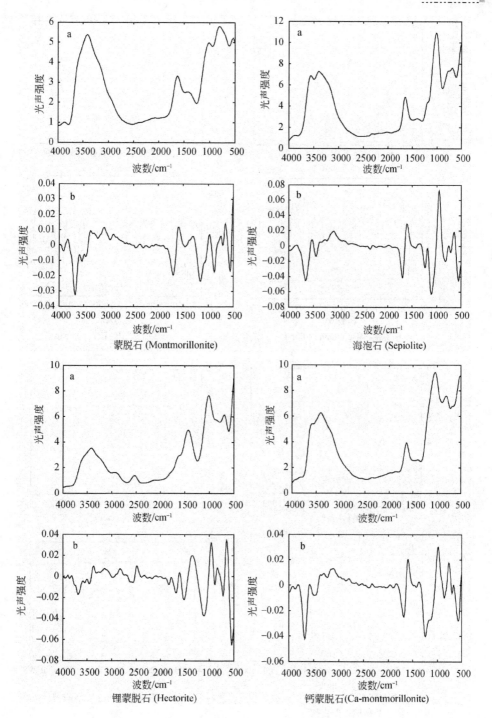

蒙脱石 (Montmorillonite)

海泡石 (Sepiolite)

锂蒙脱石 (Hectorite)

钙蒙脱石(Ca-montmorillonite)

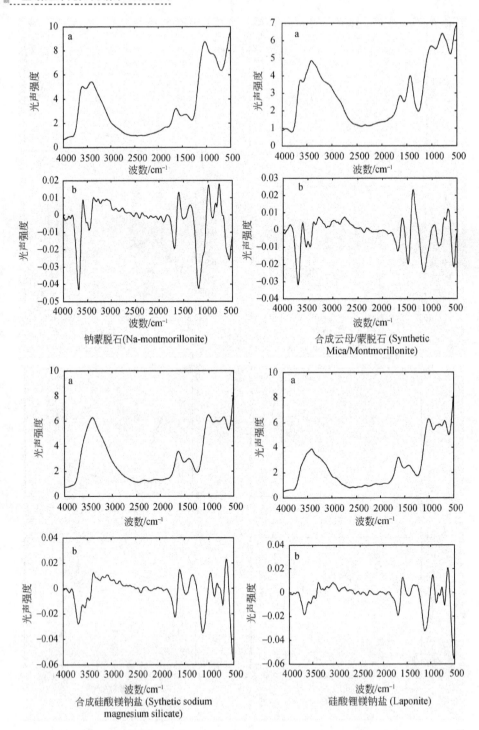

钠蒙脱石(Na-montmorillonite)

合成云母/蒙脱石 (Synthetic Mica/Montmorillonite)

合成硅酸镁钠盐 (Sythetic sodium magnesium silicate)

硅酸锂镁钠盐 (Laponite)

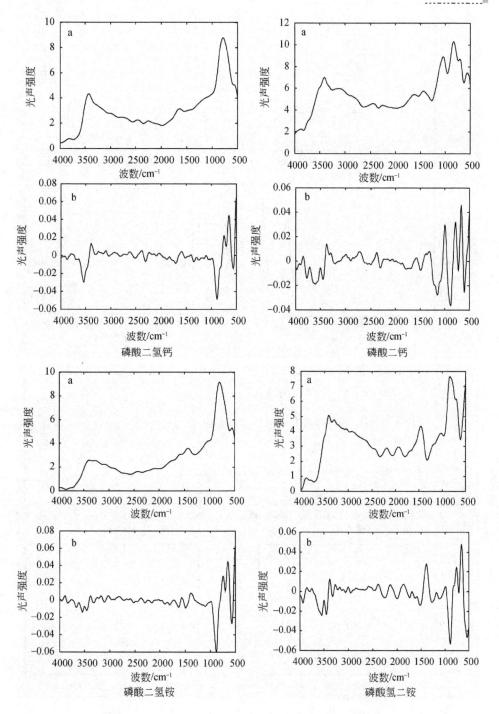

磷酸二氢钙

磷酸二钙

磷酸二氢铵

磷酸氢二铵

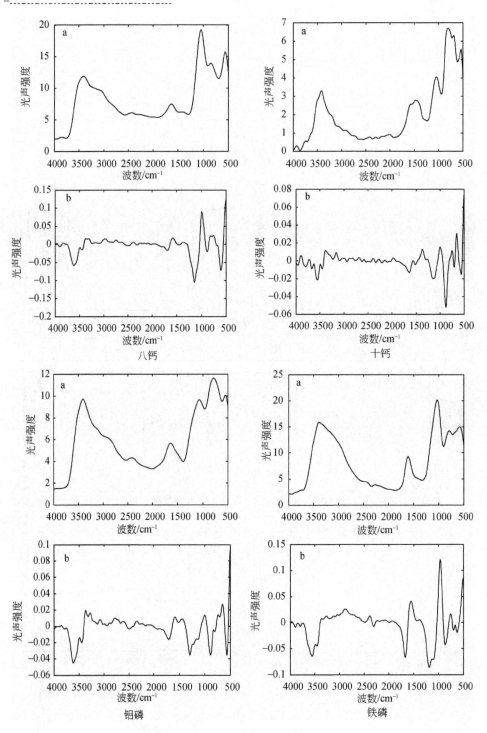

附录 2：典型土壤腐殖物红外光声光谱图（a. 原谱；b. 一阶微分谱）

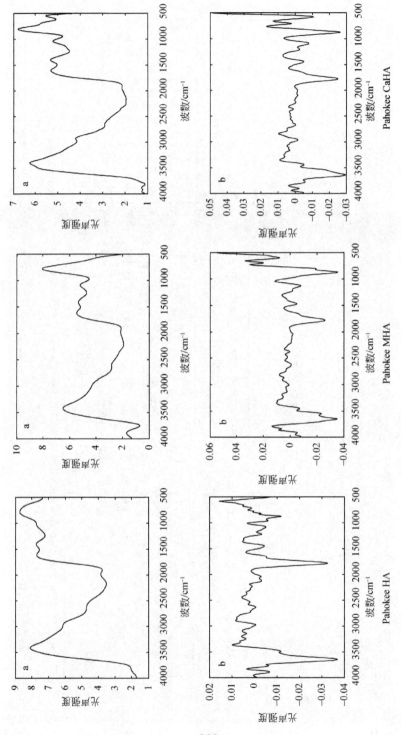

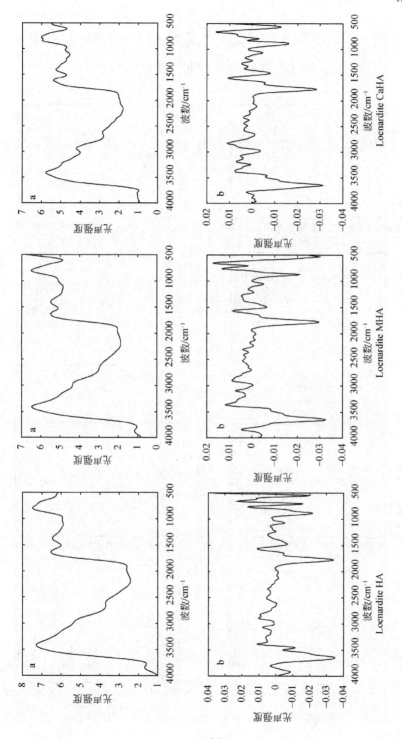

附录3：我国典型农田土壤中红外光声光谱图
（a. 原谱；b. 一阶微分谱）

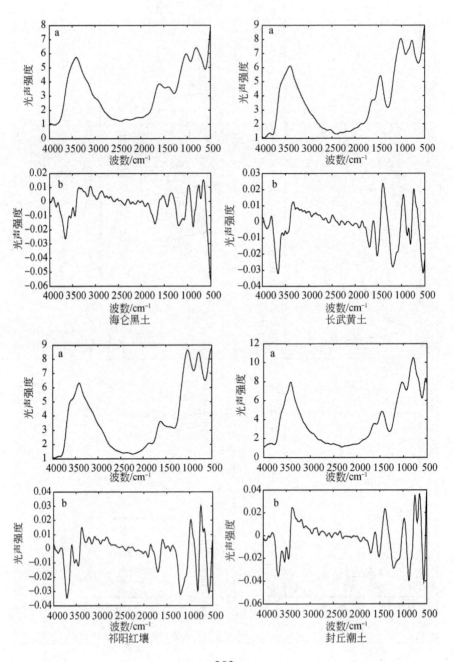

海仑黑土

长武黄土

祁阳红壤

封丘潮土

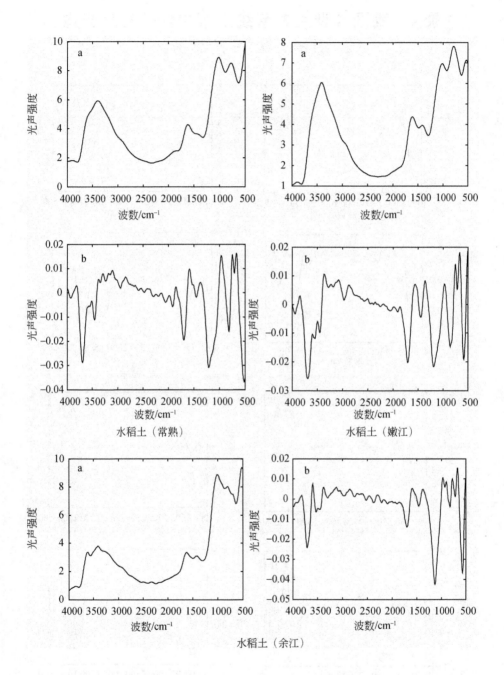

水稻土（常熟）　　　　　　水稻土（嫩江）

水稻土（余江）

附录4：我国典型生态系统土壤中红外光声光谱图
（a. 原谱；b. 一阶微分谱）

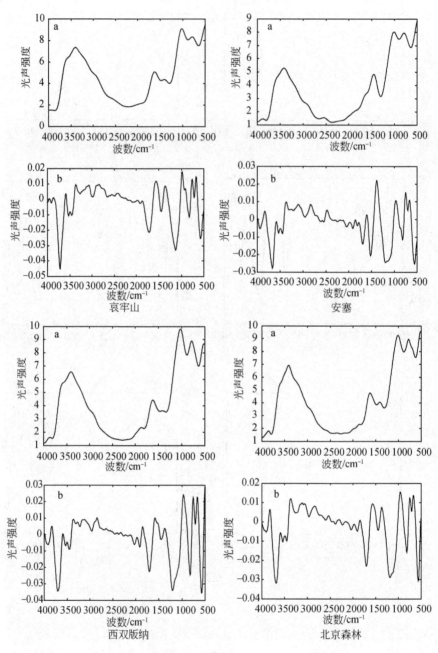

哀牢山

安塞

西双版纳

北京森林

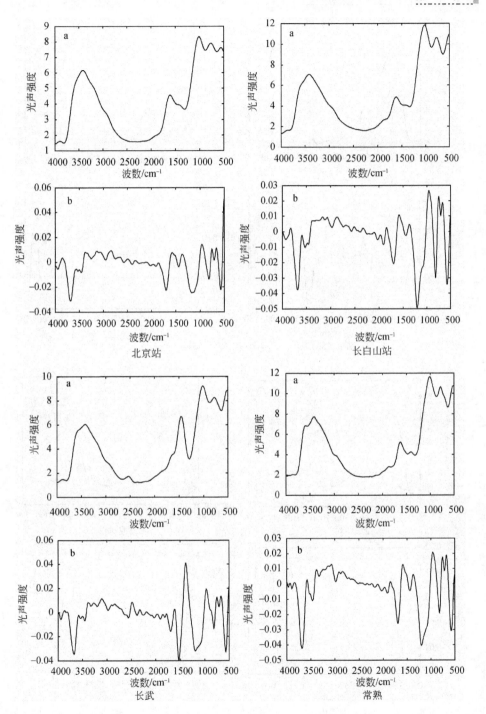

北京站

长白山站

长武

常熟

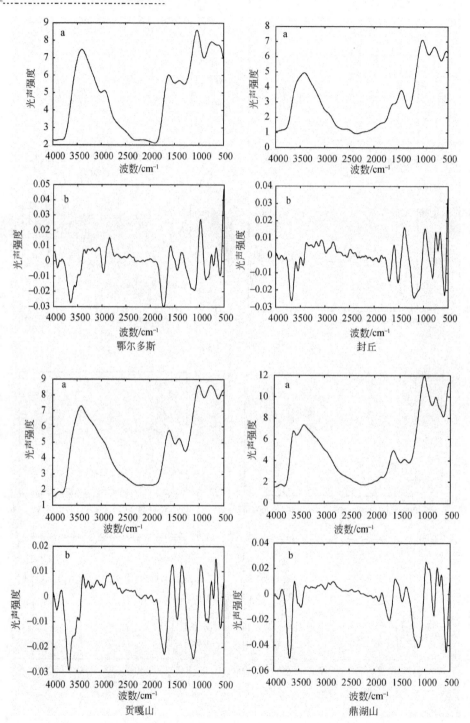

鄂尔多斯

封丘

贡嘎山

鼎湖山

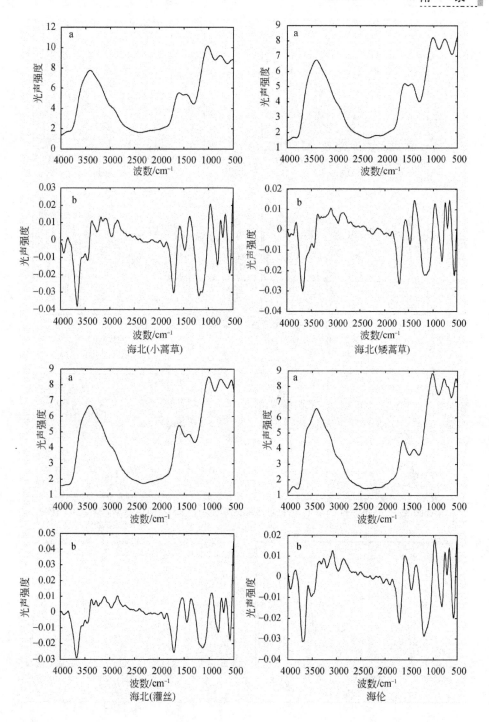

海北(小嵩草)　　　海北(矮嵩草)

海北(灌丝)　　　海伦

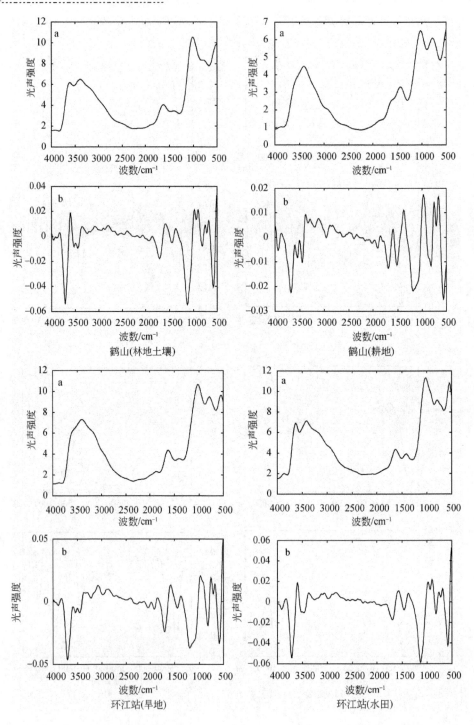

鹤山(林地土壤)

鹤山(耕地)

环江站(旱地)

环江站(水田)

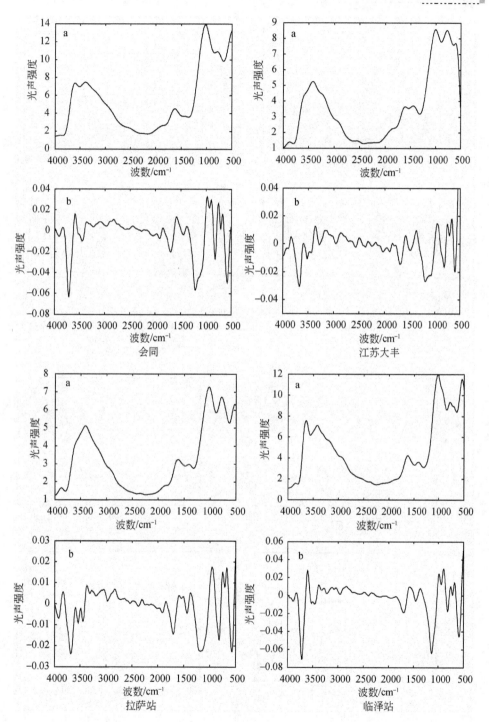

会同

江苏大丰

拉萨站

临泽站

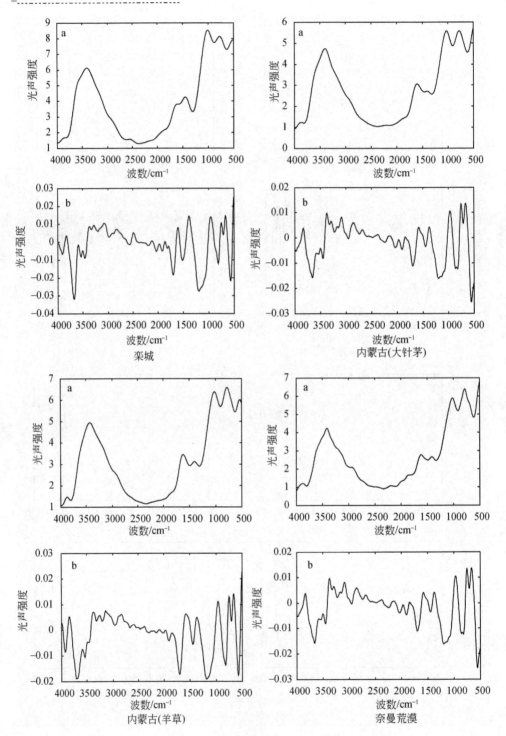

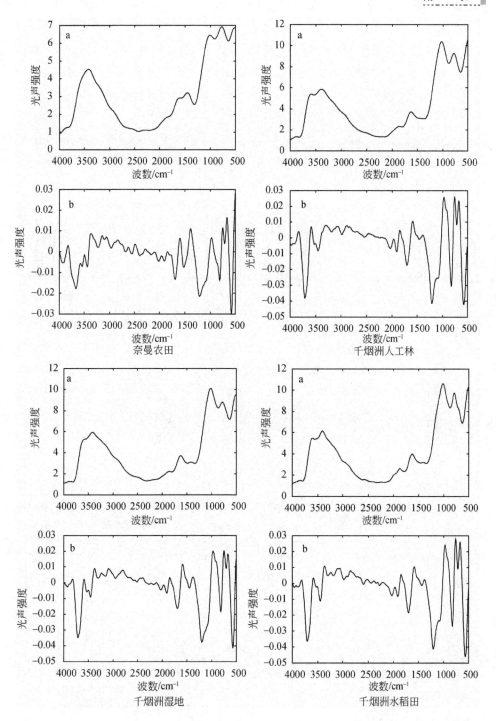

奈曼农田

千烟洲人工林

千烟洲湿地

千烟洲水稻田

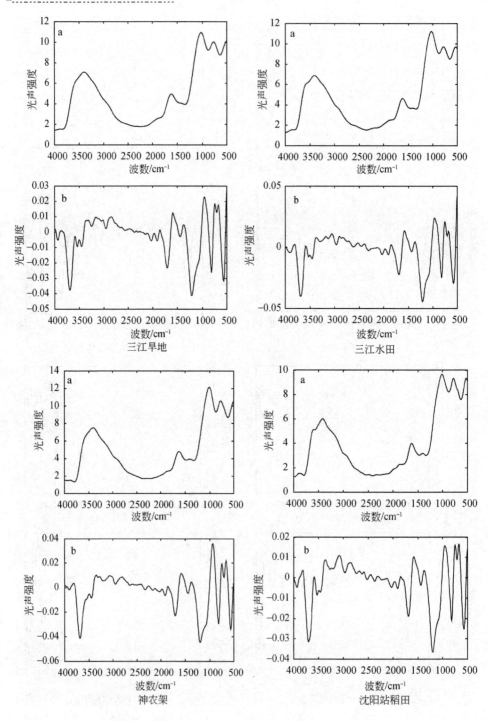

三江旱地

三江水田

神农架

沈阳站稻田

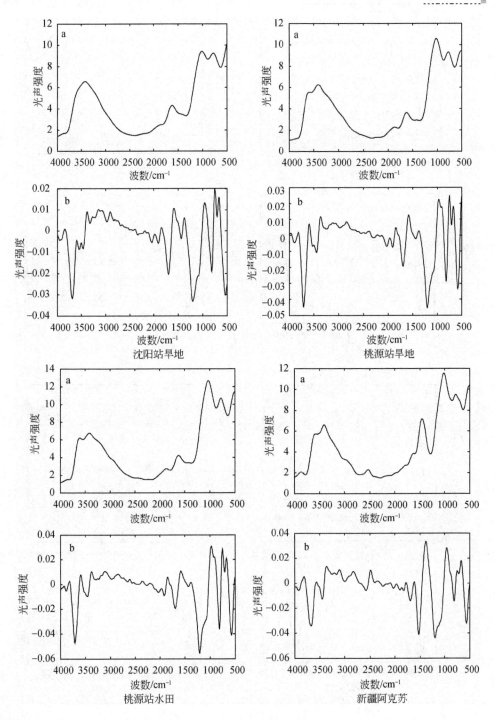

沈阳站旱地　　　　　　　　桃源站旱地

桃源站水田　　　　　　　　新疆阿克苏

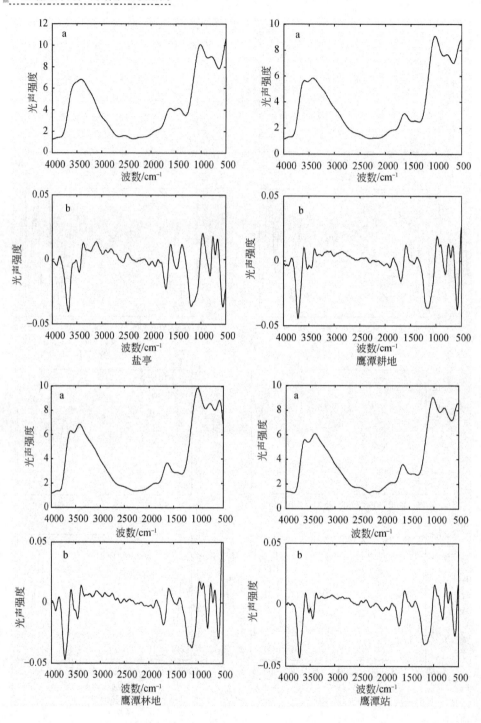

盐亭

鹰潭耕地

鹰潭林地

鹰潭站

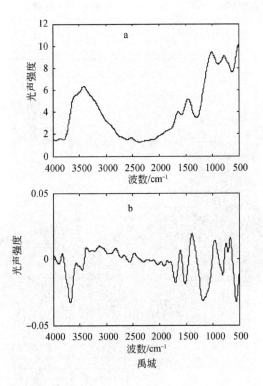

禹城

附录 5：中国科学院中国生态网络生态站分布图

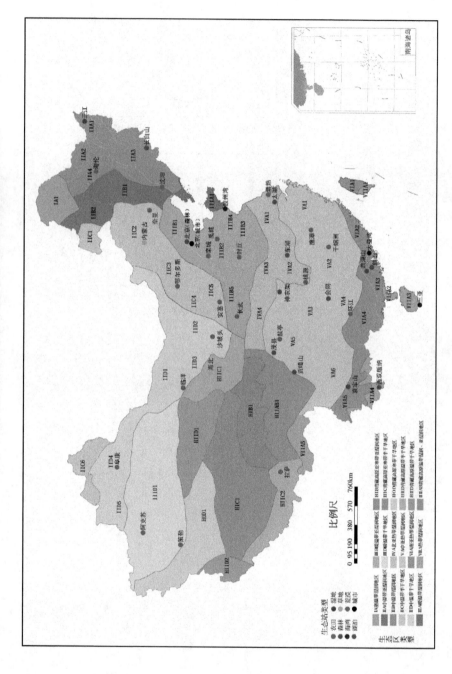

后　　记

2009 年我就开始计划和着手此书，历经三年的撰写、修改和补充，终于脱稿，蓦然回首，不免心生些许感慨。

2005 年我受以色列高等教育委员会博士后奖学金的资助前往以色列理工学院土木与环境工程学院从事博士后研究，在 Avi Shaviv 教授和 Raphael Linker 博士的支持和指导下开展了土壤红外光谱的研究。刚开始我研究的是衰减全反射光谱，由于一个很偶然的机会发现了红外光声光谱的独特功能，该功能在土壤分析中显示出独特的应用潜力，由此开始了土壤红外光声光谱的研究。

由于土壤光谱研究涉及土壤学、化学、物理学、数学和计算机科学等多学科的交叉，工作难度很大，我很庆幸没有退却，而是借着当时的一股闯劲选择了迎难而上，我有点惊讶于我当时的勇气；但我深感自身知识的先天不足，尤其是数学知识。因此，我花了大量时间在图书馆反复研读工程数学和应用数学的相关文献资料，并开始学习使用 Matlab 软件。自学的过程漫长而枯燥，个中艰辛，只有自己知道，但苦乐相依，苦中有乐。通过这段博士后期间的工作和学习，我掌握了土壤光谱分析所需要的基本知识和技能，也使得我的认知能力明显提高。

2006 年回国以后，在周健民研究员的支持和朱兆良院士的鼓励下，我着手推进有关土壤红外光声光谱的研究工作，并于当年获得国家人事部留学回国人员择优资助项目，虽然只有 2 万元的资助经费，但这是我获得的第一个有关土壤光谱研究的项目，也是我回国后独立开展土壤光谱研究的起点；继而，张佳宝研究员从他主持的"863"计划项目十分有限的经费中拨出 20 万元给我，用于土壤光谱的研究，分析测试中心的韩勇研究员协助购进了红外光谱仪；这一系列支持和帮助使得该工作得以延续。随着研究工作的开展，我取得了一些较好的研究进展，积累了较好的工作基础，使得该工作相继得到了中国科学院知识创新重要方向性项目（KZCX2-YW-QN411）和国家自然科学基金项目（40871113，41130749）的资助，本书也是在这些项目的支持下所取得研究结果的阶段性总结，所做工作难免存在一些缺陷和不足，我将在以后的研究中逐步修正和改进。

土壤红外光声光谱的研究从空白起步，一直到今天取得较好的研究进展，并得到了国内外同行的认可，我深知除了自己的不断努力之外，还离不开许多外界条件和支持。除了领导、老师和同事不可或缺的支持和帮助外，国际合作与交流也很重要。以色列理工学院的 Avi Shaviv 教授和 Raphael Linker 博士、加拿大多伦多大学张延亮博士、美国爱荷华州立大学 John McClelland 教授、澳大利亚 CSIRO 水土研究所 Raphael Viscarra Rossel 博士、美国缅因大学 He Zhongqi 博士以及美国密苏里大学 Goyne Keith 教授对本研究提供了重要的指导、支持和帮助。同时，我的研究生也为本研究付出了辛勤的劳动，他们分别是邓晶、申亚珍、周桂勤和马赵扬，没有他们，很多工作无法得到有效的开展；此外，我要特别感谢妻子刘静梅女士，在工作上她给予了我大力支持，使得我能更好地协调家庭和事业的关系，并能静下心来开展工作。

未来的路很长，我将总结过去，立足现在，着眼未来，努力前行，将工作不断向前推进，为科技进步贡献自己微薄的力量。

杜昌文

2011 年 12 月于南京